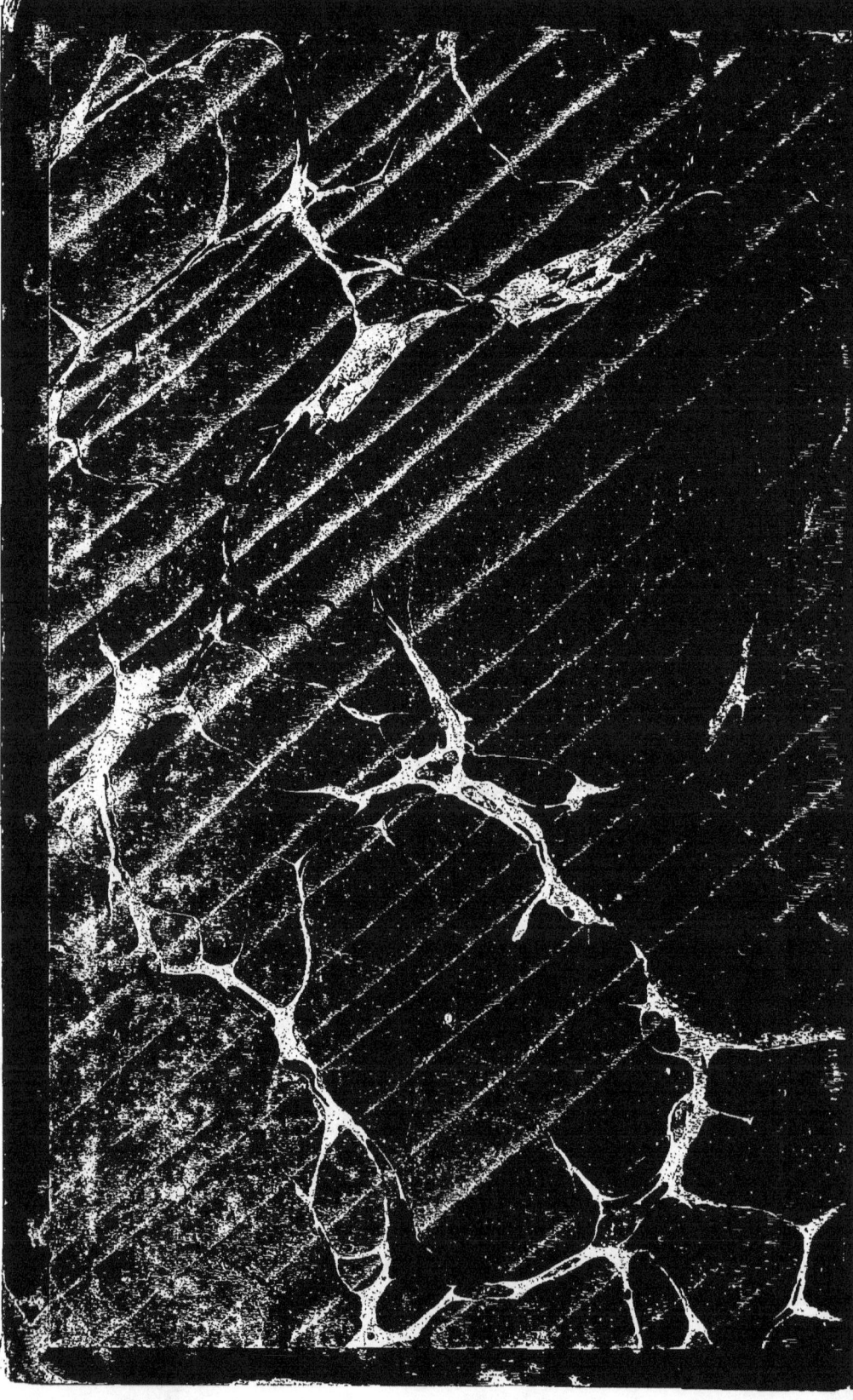

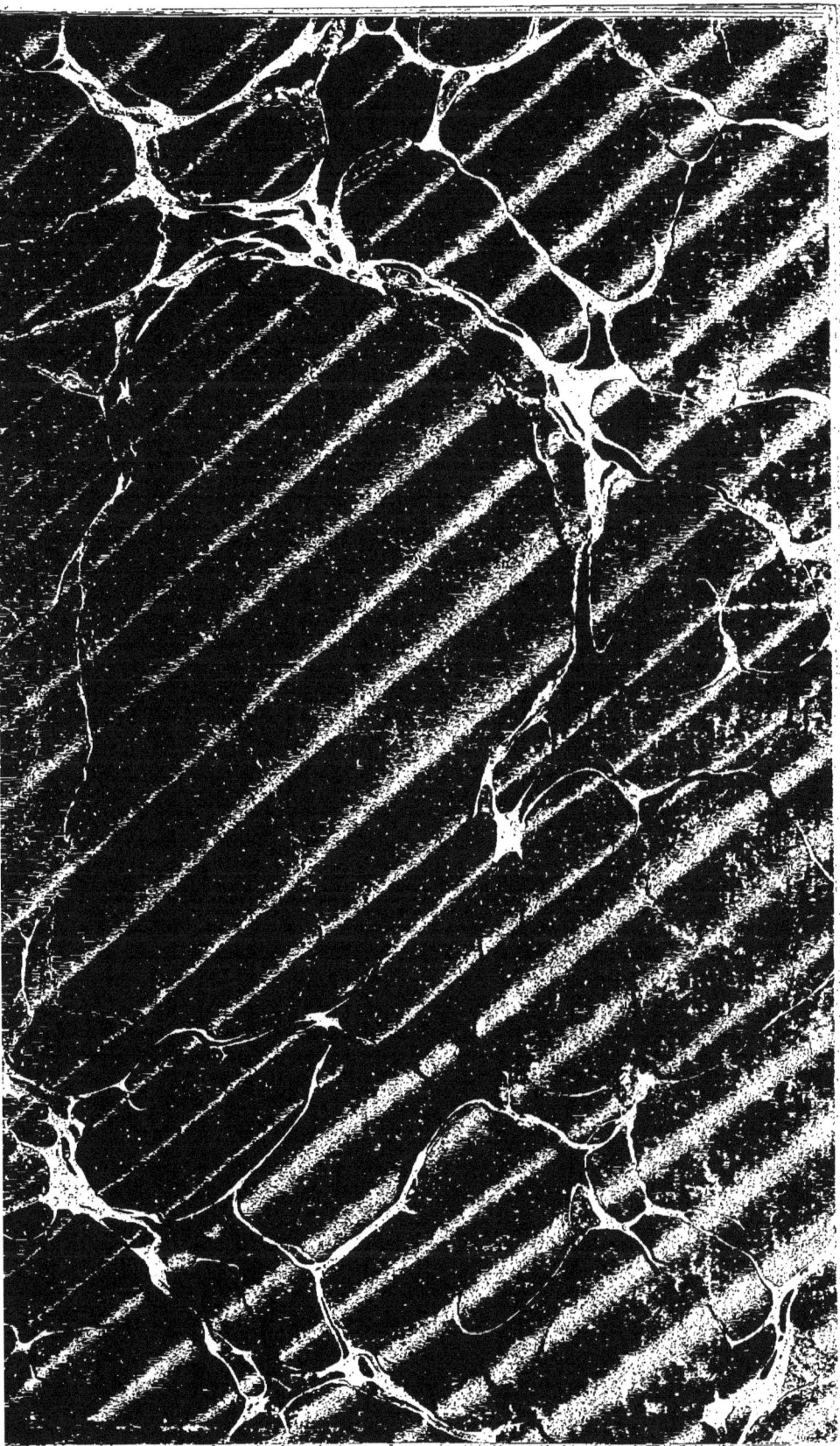

G

# AUSTRALIE

L'auteur et l'éditeur déclarent se réserver leurs droits de traduction et de reproduction à l'étranger.

Cet ouvrage a été déposé au ministère de l'intérieur (section de la librairie) en mars 1869.

PARIS. TYPOGRAPHIE DE HENRI PLON, IMPRIMEUR DE L'EMPEREUR
RUE GARANCIÈRE, 10.

AUSTRALIE

VOYAGE AUTOUR DU MONDE

PAR

LE COMTE DE BEAUVOIR

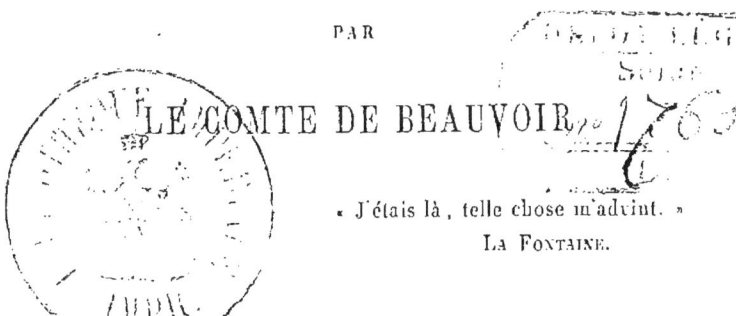

« J'étais là, telle chose m'advint. »
LA FONTAINE.

OUVRAGE ENRICHI DE CARTES ET DE PHOTOGRAPHIES

PARIS

HENRI PLON, IMPRIMEUR-ÉDITEUR
RUE GARANCIÈRE, 10
—
1869

AVANT-PROPOS.

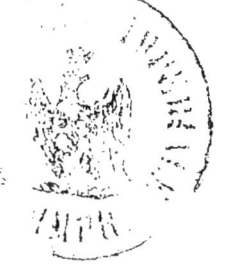

« J'étais là, telle chose m'advint. »
LA FONTAINE.

La seule raison que j'aie d'espérer la bienveillance du lecteur, en lui présentant le journal de mon voyage autour du monde, c'est que j'avais vingt ans, depuis huit jours seulement, quand je faisais voile pour l'Australie, et qu'après avoir, sur un parcours de seize mille neuf cents lieues, visité tant de contrées du globe comme en un magique panorama, je viens affronter à vingt-deux ans les périls de la publicité.

C'était uniquement pour mes parents que j'avais pensé écrire mon journal : c'était la consolation promise à ceux que je quittais. J'y ai consigné tout ce que j'ai vu et appris pendant mon long voyage; je devrais plutôt dire que j'y ai consacré le peu de temps que me laissaient, pour écrire, les accidents variés d'une vie agitée et toute remplie. Chaque soir, après les fatigues du jour, je jetais bien vite mes notes sur le papier, et chaque malle qui partait pour l'Europe apportait aux miens le trop court récit de mes mouvements.

Lorsque je contemplais devant moi cet espace infini où je ne devais pas les voir, ou bien quand je regardais en arrière vers ces parages où je les savais attristés de mon absence, c'était une heure d'encouragement et de force nouvelle, de délices et d'aspirations élevées, que celle où je traçais pour eux le journal de tous les instants de ma vie jeune, active, folle et enthousiaste, ou mélancolique, calme et sérieuse.

Mais puis-je espérer que ces lignes écrites à la hâte, tantôt sur la table vacillante d'un navire ballotté par la mer, tantôt sur mes genoux à la fin d'une journée de chasse, ou dans quelque hutte de Cannibale, inspireront à ceux qui les liront une pâle impression des joies sincères, des émotions vives et des souvenirs délicieux de mon voyage?

Ces souvenirs de chaque heure, tels qu'ils se présentaient à moi, sous la Ligne ou près du

Pôle Sud, je les ai laissés dans leur ensemble, quelquefois confus et sans transitions, ce qui est le propre du journal; et j'ai retranché seulement tout ce qui m'étant personnel, ne pouvait intéresser que ma famille.—Je viens simplement, et avec la timidité, mais aussi avec toute l'ardeur de la jeunesse, raconter ce qui m'a frappé dans la succession des grandes images, des faits curieux, des aventures, des dangers peut-être, de longues navigations et de pays lointains.

Qu'on me pardonne donc ce que peut avoir de monotone le récit, même abrégé, d'une première traversée de trois mois; qu'on me pardonne les ardeurs trop folles dans les chasses émouvantes des plaines sans fin de l'Australie ou de la jongle brûlante de Java; qu'on me pardonne mes jugements sur les constitutions politiques des colonies australiennes, ou bien les éclats de la gaieté que m'ont causés les harems des sultans javanais, les amazones du roi de Siam, ou un déjeuner à Pékin avec le régent de la Chine!

Si j'ai pu, dans un voyage rapide, embrasser tant de choses diverses, je n'ai en cela aucun mérite; je le dois à des circonstances exceptionnelles : car dans ces lointaines et dangereuses pérégrinations, je ne volais pas de mes propres ailes. J'avais l'honneur d'accompagner un jeune Prince qui, depuis ma plus tendre enfance, voulait bien m'appeler son ami ; qui, lui, avait déjà bien couru les mers comme Élève, puis comme Enseigne dans la marine des États-Unis d'Amérique, où il avait conquis ses grades par de solides et brillantes études, et qui, après six ans de service à la mer, voulait faire le tour du globe pour son instruction et son plaisir.

Dans l'espace de trois mois, trois jeunes Princes de la maison d'Orléans partaient d'Europe, pour exercer dans de lointains voyages leur intelligence et leur activité, qu'ils ne pouvaient consacrer au service de leur pays : — le Duc d'Alençon, lieutenant de l'armée espagnole, dans la glorieuse expédition des Philippines, où il commandait l'artillerie et fit si vaillamment ses premières armes ; — le Prince de Condé, aux Indes et en Australie.... où la mort, hélas! l'arrêta à l'entrée d'une carrière qui promettait d'être si belle ; — le Duc de Penthièvre, fils du Prince de Joinville, tout autour du monde !

C'est ce dernier que j'avais le bonheur de suivre : il fut partout reçu et fêté par des hommes de cœur qui lui faisaient, avec une prévenance et une somptuosité inouïes, les honneurs de leur patrie adoptive. Pour moi, si j'ai pu glaner quelques épis dans une moisson que j'aurais dû rapporter si abondante, j'ai à cœur de placer ici, avant tout, l'expression la plus vive de ma reconnaissance pour ceux qui nous ont accueillis avec la plus cordiale hospitalité; et, parmi eux, il est des noms que la délicatesse me fait taire, — je ne veux le dire qu'une seule fois, — ce sont des noms français.

Je dois aussi cet hommage à nos amis d'outremer, en mémoire d'un de nous qui n'est plus!... Car les beaux souvenirs de notre voyage tant rêvé ont été mêlés des plus cruelles douleurs, et un voile de deuil devait couvrir pour nous, au retour, le brillant passé qui avait réalisé toutes nos espérances du départ : — il devait m'être réservé le triste devoir de rapporter en France le cercueil de M. Fauvel, Lieutenant de vaisseau, cet homme d'un cœur si attachant, si élevé, et d'une science si solide, qui n'avait point quitté le Prince depuis sept ans, — que nous aimions comme un second père, — et qui, après avoir partagé toutes nos émotions comme tous nos périls dans un voyage dont il était l'âme, succombait, vingt jours avant de toucher l'Europe, aux fièvres pestilentielles des marécages tropicaux.

Maintenant que le lecteur nous connaît tous trois, qu'il voit presque un enfant pour narrateur et le tour du monde à faire, je lui demande son indulgence pour un simple *Journal de Voyage*.

Sandricourt, décembre 1868.

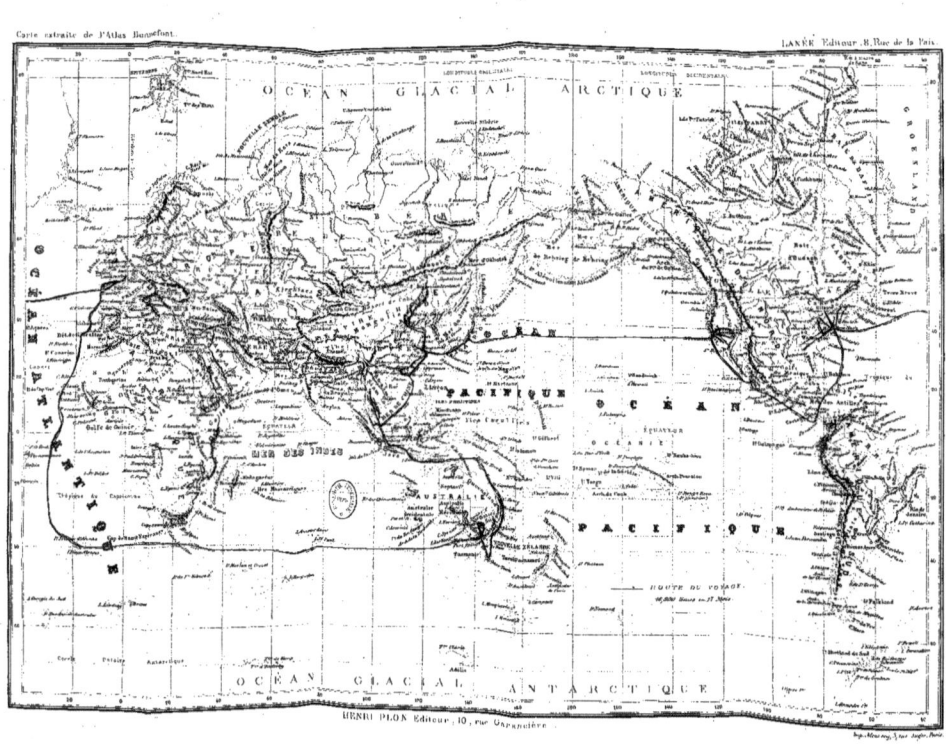

AUSTRALIE.

I.

DÉPART.

Les préparatifs sont faits : l'heure est arrivée où toutes les ardeurs des trois voyageurs doivent être étouffées par les poignantes émotions du départ. Une triste cérémonie, celle des funérailles de la reine Marie-Amélie, avait été dans cette même semaine comme le dernier et touchant tableau de notre vie d'Europe; le deuil extérieur et le deuil des cœurs étendent une ombre lugubre sur tous nos parents accourus au quai de Gravesend et dévorant du regard le navire qui va nous emporter jusque dans l'Océan Austral; leurs larmes coulent comme pour bénir le vaisseau qui, pendant six mille lieues, portera les voyageurs au milieu des tempêtes, et qui n'aura pourtant à affronter que la plus faible partie de tous les périls appréhendés par des cœurs de mères. C'est là une de ces scènes émouvantes que ceux qui les ont le plus ressenties ne peuvent ni ne veulent décrire, mais qui laissent dans l'âme une impression ineffaçable !

Tous les nôtres montèrent à bord afin de voir dans ses moindres détails ce qui allait devenir pendant trois mois notre demeure et, pour ainsi dire, notre monde. Comme le cœur s'attache aux choses matérielles, quand elles sont reliées par une union si frappante aux destinées de ceux qu'on aime! Comme on veut voir ce pont qui sera le jardin de notre île flottante, ces cabines que quelques-uns appellent nos prisons, ce carré où nous développerons nos cartes, et cette haute mâture que les vents ne briseront pas! Qui ne comprendra qu'après les premiers feux et, je l'avoue, le véritable enthousiasme que nous avait inspirés à tous la décision d'un voyage autour du monde, après l'impatience de voir les premières étapes d'une campagne dont le plan ne faisait qu'exciter, à chaque phase nouvelle, nos jeunes imaginations, qui ne comprendra qu'à cette heure solennelle où il fallut s'arracher pour longtemps.... peut-être pour la dernière fois, à nos parents bien-aimés, les forces nous aient manqué et que notre cœur se soit fondu en sanglots!

Mais le temps est inexorable, et, à une heure de l'après-midi, le 9 avril 1866, notre navire à voiles, *l'Omar-Pacha,* lève l'ancre, et deux remorqueurs l'entraînent rapidement entre les berges de la Tamise, qu'un ciel pluvieux et sombre couvre de son voile de deuil.

II.

NOTRE TRAVERSÉE JUSQU'AUX APPROCHES DE L'AUSTRALIE.

> En mer. — Océan Austral, 5 juillet 1866,
> 39° 15′ latitude sud ; 137° longitude est.

Il y a déjà près de trois mois que nous avons échangé nos derniers signaux d'adieu et que nous sommes en mer : trois ou quatre journées nous séparent encore de l'Australie, et je veux vous dire rapidement ce qu'a été notre longue traversée.

Pendant les vingt premiers jours, nous luttons constamment contre les vents contraires : à peine entrons-nous dans la Manche qu'une grande brise de Sud-Ouest soulève la mer et nous fait louvoyer sans repos. Chaque matin les côtes de France, chaque soir les feux d'Angleterre, nous apparaissent tour à tour : au bout d'une semaine, les rivages de la Bretagne s'effacent peu à peu, se confondant avec la ligne de l'horizon, et nous prenons hardiment notre aire dans l'Océan Atlantique, tantôt secoués par les chocs capricieux et saccadés d'une grosse mer, tantôt bercés par les longues et paresseuses lames d'une houle endormie.

Dans la nuit du 1er mai, tandis que la lune éclaire de sa vive lumière une mer en furie, et que les grandes ombres des voiles de l'arrière se dessinent en sombres couleurs sur la blancheur vacillante des voiles de l'avant, le navire s'arrête presque court : sa voilure de trois mille mètres carrés de toile est masquée et gonflée en sens inverse par le vent, qui a sauté bout pour bout en une seconde; c'est une heure d'angoisse poignante, et nous ne sommes sauvés que par l'énergie du capitaine, qui est un excellent marin. — Nous sommes près de Madère, et cette île enchanteresse, aux forêts de géraniums et d'orangers, est le point où cessent nos épreuves. La brise douce et régulière « adonne » ; nos yeux inquiets cherchent sur l'horizon les îles Canaries, et le Pic de Ténériffe nous apparaît dans toute sa majesté : nous en sommes encore à 75 milles (129 kilom.).

En ce moment la masse de neige argentée brille de tout son éclat; peu à peu les rayons de pourpre du soleil cessent d'éclairer une à une les voiles pâlissantes du navire; ils fuient successivement et vont se concentrer sur la cime neigeuse, pour couvrir insensiblement sa blancheur éclatante du rose le plus transparent. Nous nous trouvons dans le crépuscule, enveloppés de je ne sais quelle teinte sombre, mais le Pic brille encore! Une rougeur étincelante s'est réfugiée à son sommet; une multitude de petits nuages forme autour de lui une auréole légère, et quand le dernier rayon d'un soleil de feu vient mourir sur cette neige rosée, la brise du soir disperse ces nuages, qui semblent emporter dans leur fuite les derniers reflets d'une dernière lueur. Les vents les portent vers nous comme un voile céleste aux mille couleurs, puis ils s'éteignent et s'engloutissent un à un dans la nuit qui nous couvre déjà.

Là nous entrons dans la zone charmante des vents alizés. Plus de tempêtes, plus de brises contraires, plus d'inquiétudes, plus de ces moments terribles et émouvants de la navigation à voiles où une manœuvre mal faite met tout en danger. Le navire prend un air de fête : on dresse la tente sur le pont; toutes les voiles sont dehors; la température, qui n'excède pas 28° centigrades, nous fait convertir le pont en un vrai salon, où nous installons tous nos livres et nos instruments de musique.

Dans la solitude des mers, tout spectacle nouveau offre un nouveau charme. Voici tout autour de nous, sur la crête des vagues, des myriades de « galères », délicieux habitants des mers tropicales, qui déploient une sorte de grand éventail à mille facettes plus transparentes que le cristal. La lumière du soleil fait scintiller toutes les couleurs de l'arc-en-ciel dans ces petites voiles légères et brillantes que la brise pousse doucement sur l'écume, et le navire, dans sa marche rapide, porte le trouble au milieu de leurs petits bataillons bleus, orange, roses et lilas.

Le 4 mai, nous passons le tropique du Cancer. Chaque soir sur la mer phosphorescente notre sillage s'étend comme une route d'un marbre blanc parsemé d'innombrables étoiles brillantes, et les parois du navire sont illuminées par les millions d'étincelles électriques que la vague affolée rassemble, puis disperse, en les faisant flotter par saccades sur le bleu sombre de la mer. Par moments il y a des éclats immenses de lumière dans la profondeur de l'eau, des éclairs qui montent en zigzag à la surface, et des ondes de fluide électrique qui jettent une magique lueur, s'étendant pour vaciller, pâlir et mourir. Mais ce qui me charme le plus, ce dont aucune féerie ne donnera jamais idée, ce sont les grandes lames qui se brisent avec fracas dans le fond noir de la nuit contre le gaillard d'avant, et dont l'écume jaillit pour retomber sur le pont en une pluie de perles de feu.

Le jour, ce sont les vols de poissons volants, qui s'élancent hors de la lame comme des dards. Semblables à des hirondelles qui planent, ils effleurent à peine l'écume des vagues et s'abattent soudain comme une pierre qui tombe. Rien de plus gracieux que les reflets azurés de leurs ailes vibrantes, la transparence de tout leur petit corps et l'espièglerie de leur vol; les petits fous, dans un coup d'aile mal calculé, viennent en foule s'abattre sur le pont pour sauter dans la poêle à frire, et au lieu de retremper leurs ailes argentines dans la lame, ils vont passer au beurre sur un bon feu.

En approchant de la Ligne, nous nous attendons à tomber dans les calmes qui séparent en général les zones des deux alizés. Ces calmes, que l'on craint toujours, sont la seule ombre au tableau que présente la navigation de ces parages. Par la brise la plus douce venant modérer à chaque instant l'ardeur du soleil, que nous avons eu un instant au zénith, nous voguons doucement et sûrement sur une mer tranquille. Tout est gai, car on sait que l'alizé sera fidèle, on sait où il mènera le navire; c'est un compagnon pour des semaines entières; il ne mourra qu'à cette zone fatale des calmes qui est engendrée par sa rencontre avec l'alizé opposé, l'un venant du Nord-Est et l'autre du Sud-Est.

Pour nous, fort heureusement, au lieu de rester comme une bouée pendant des semaines, et de pouvoir jeter le long du bord chaque soir une plume qu'on retrouve dormant à la même place chaque matin, nous n'avons eu qu'un instant d'arrêt. Un alizé nous quitte, nous attendons : un grand bloc de nuages vient de l'Équateur à notre rencontre, crève sur nos têtes, qu'il inonde comme le ferait un fleuve entier tombant en cascade, et ce déluge d'une pluie tropicale, c'est le cas de le dire, nous apporte la brise régulière qui naît au cap de Bonne-Espérance et souffle sur Sainte-Hélène. — L'alizé Sud-Est, qui nous pousse maintenant dans un courant vers le Sud, nous porte avec sécurité le long des terres du Brésil, comme si nous allions au cap Horn. Mais, dans les basses latitudes, après un crochet sur la carte, nous sommes certains de trouver les grands frais d'Ouest, qui doivent nous conduire au-dessous du cap de Bonne-Espérance et jusqu'en Australie.

Quelle belle chose cependant que d'être arrivé à si bien connaitre les courants de l'atmosphère et des eaux, qu'on est assuré sur ces mers immenses d'arriver plus vite à un point donné en suivant les deux côtés d'un angle droit qu'en prenant l'hypoténuse, et de faire en trois mois, par d'étranges détours, la route d'Australie qu'on ne ferait pas en cinq par le tracé le plus court sur la carte!

C'est un jour de classique gaieté que celui du passage de la Ligne. Si on ne la fait plus voir au novice en passant un cheveu au gros bout d'une longue lunette, le « baptême de la mer » est toujours une occasion de rire. L'entrain, du reste, le travail et la jeunesse, qui ne chôment pas à bord, sont les trois autres compagnons des trois voyageurs. Pour moi, qui assistais en ignorant d'abord aux manœuvres de notre navigation à voiles, j'ai vite profité de la fortune qui m'était donnée de courir les mers avec deux marins aussi instruits que mes deux compagnons ; et l'étude de la théorie dans le « carré », de la pratique sur le pont, m'a donné une véritable passion pour « la voile ». L'alerte constante, le coup d'œil dans la manœuvre, la majesté d'une voilure inclinée par le vent, sont autant de charmes, dès qu'on est initié à cette science dont notre beau et rapide « clipper » anglais nous donne le spectacle. Voilà pourquoi le duc de Penthièvre a préféré la route d'un voilier, où il pouvait mieux suivre toutes les études du marin, à la voie des malles de Suez, où l'on est traité comme un colis. *L'Omar-Pacha* a gagné la dernière course que quatre navires ont faite de Melbourne à Londres : un steeple-chase de six mille lieues, avec les vagues immenses pour obstacles. En soixante-dix jours il est arrivé à la métropole, tandis que tel de ses rivaux en a mis jusqu'à cent onze. Il jauge douze cents tonneaux, porte quarante-deux hommes d'équipage et contient des cabines pour seize passagers : mais nous y sommes bien à l'aise, car, en dehors de nous trois et de Louis, le fidèle et actif serviteur du prince, le hasard ne nous a donné que deux compagnons de route : une jeune veuve et son fiancé, qui trouvent peut-être les Français du bord un peu bruyants, et dont l'idylle maritime est d'un plaisant spectacle, quand la molle brise du soir emporte les échos de leurs douces causeries. Ils ne prennent pas comme nous le meilleur parti, qui est celui de rire d'une nourriture qu'on ne connaît guère sur la terre ferme. De la soupe qui est de l'eau, et du poivre, et des sauces qui sont du poivre et de l'eau ; beaucoup de morue le matin et encore plus le soir, avec du hareng pour extra et de l'eau digne d'un aquarium : voilà la base de l'ordinaire. Heureusement il y a du lait en boîtes (car une vache n'est là que pour le plaisir des yeux), et dix moutons que nous dégustons en commençant par la tête et en finissant par la queue. Quant aux gallinacées, elles prennent en général leur vol par-dessus bord, et nous avons déjà échelonné quelques poules qui avaient l'air fort ébahies au milieu des lames.

Mais autant tout est fixe et régulier à bord, autant tout est continuellement changeant autour de nous. Aux mouettes ont succédé les « paille-en-queue », jolis oiseaux qui traînent derrière eux deux longues plumes minces comme une paille, et aux poissons volants, les dauphins, les dorades aux couleurs éblouissantes de bronze moiré d'or, et les requins de trois mètres, dont la prise, après une longue lutte, est une joie générale à bord. Au-dessus de nos têtes, sur un ciel d'une pureté admirable, brillent de nouvelles étoiles : les constellations de la vieille Europe se sont peu à peu abaissées : la Grande Ourse, suivie de la Polaire, a disparu sous la ligne sombre des flots de l'horizon septentrional. En pensant aux miens par ces belles nuits, aux miens qu'elle éclaire et qui la regardent peut-être en rêvant à moi à cette même heure, je lui disais adieu comme à une amie que Dieu seul sait s'il me sera donné de revoir!

En avant, la Croix du Sud s'élève chaque soir par degrés plus haut dans le firmament, comme pour nous montrer les terres voisines du pôle austral, et c'est ainsi qu'un peu de brise, frappant sur la toile de notre mâture, nous a conduits en un mois si loin, que nous ne sommes plus sous le même ciel, et que nous ne voyons plus briller les mêmes étoiles que vous.

Passant la Ligne le 13 mai, et le Capricorne le 21, nous suivons le courant des côtes du Brésil jusqu'au 30° degré de latitude Sud, par 28° de longitude Ouest. Là seulement nous commençons à « faire de l'Est » : nous laissons au Nord les rochers de Tristan d'Acunha, et le 5 juin nous coupons le méridien du cap de Bonne-Espérance, à 450 milles (208 lieues) au Sud. Nous voici plus bas que le 42° parallèle, entre l'Afrique et l'Australie, profitant des courants constants et des grands frais d'Ouest qui nous portent rapidement vers Melbourne. Je suis là sous l'impression saisissante des grandes tempêtes qui se succèdent pour nous dans l'Océan Austral.

L'ouragan venant de l'Ouest nous pousse avec une rapidité qui donne le vertige, et le spectacle emporte l'admiration. Des nuages lourdement chargés et courant bas nous bornent l'horizon à un mille ou deux : avec toute sa mâture, notre navire disparaît entièrement dans le ravin creusé par deux lames : tout écumante et haute comme lui, une muraille d'eau le suivant, le dominant sans relâche et menaçant de s'effondrer à chaque minute sur son couronnement, est poussée par des rafales d'une force extraordinaire, qui sifflent et bourdonnent à la fois dans les manœuvres dormantes de notre gréement en fer. Nous nous parlons à voix forte sans nous entendre : nous nous attachons aux râteliers des haubans pour ne pas être balayés par les « lames vertes » qui déferlent de temps à autre sur le pont, et y promènent une masse d'eau qui couvre la dunette jusqu'à trois pieds de hauteur. Quatre hommes, attachés aux reins par une corde, sont à la barre, luttant, se cramponnant de toutes leurs forces et fléchissant quelquefois épuisés sous un coup trop violent du gouvernail. Deux « grelins » sont tendus sur le pont dans le sens de la longueur, et les hommes, pour ne pas être enlevés par-dessus bord, s'y retiennent avec une sorte d'effort convulsif. Le roulis nous secoue avec de si terribles soubresauts, qu'il est impossible, même aux matelots, de se tenir debout. Nous avons jusqu'à 46° d'amplitude d'oscillation, et, sous ce souffle effrayant que les marins appellent ouragan, et qui fait 144 kilomètres à l'heure, nos mâts plient jusqu'à l'emplanture et notre coque craque partout aux chocs répétés des lames. Nous n'avons pourtant que deux voiles, un foc et le petit hunier au bas ris : tout le reste est à sec de toile et offre encore une énorme résistance au vent : un ris de moins, et toute notre mâture « viendrait en bas ». Une force tellement formidable nous emporte, qu'avec ces quelques mètres de toile nous faisons 278 milles (128 lieues) en vingt heures !

Plus de mille mètres séparent les sommets de deux vagues qui se suivent. Nous gagnons la vague de vitesse; nous échappons à celle dont la crête écumante domine d'abord le couronnement, et nous montons lentement sur celle qui nous précède, et dont tout à l'heure nous ne voyions le sommet qu'en faisant passer nos regards par-dessus les « barres de perroquets » de misaine! Nous étions enfoncés dans un ravin, nous voici pendant quelques secondes en suspens sur une crête qui marche et moutonne en nous portant : nous dominons alors toutes ces collines régulières qui se poursuivent. Quand, au contraire, nous descendons entraînés sur cette pente effrayante, nous ne pouvons plus rien voir de l'horizon, et la vague que nous venons de franchir nous abrite un moment des rafales. En effet, à une telle distance au-dessous du cap de Bonne-Espérance et du cap Horn, et dans ce grand espace circulaire autour du pôle sud, il n'est aucune terre qui arrête ou qui brise ces longues armées de lames. Dans ce mouvement perpétuel en un même sens des courants de la mer et des airs, où naissent-elles, où meurent-elles, ces vagues qui se creusent en raison directe de la distance parcourue, et dont les sommets, dans ce tour du monde antarctique, ne s'éloignent les uns des autres que pour laisser entre eux un plus grand abîme?

Un jour, le vent donne plus du travers : à trois ou quatre cents mètres de nous, passe en sens inverse un trois-mâts anglais : ceux qui le montent sont, en dehors de notre propre équipage, les premiers êtres humains que nous voyons depuis ceux des rivages de la Tamise : nous nous saluons par gestes, nous distinguons les figures, mais chaque grande lame qui arrive par le travers et qui vient se placer entre lui et nous, le dérobe entièrement à nos regards avec ses vergues, ses voiles et toute sa haute mâture! Par moments seulement, quand la mer nous relève, nous apercevons, tantôt au-dessous de la ligne de flottaison tout son ventre en plaques de cuivre laissé par l'eau à découvert jusqu'à la quille, tantôt son pont tout oblique se présentant à nous comme le flanc d'une colline. C'est alors seulement que nous nous rendons compte de notre propre situation : le soir, le soleil apparaît au moment de son coucher; sa vue nous est tour à tour donnée et retirée par le mouvement alternatif des vagues roulantes. Une extrémité de nos vergues fouette parfois la crête des flots : deux fois en six heures, le petit hunier est déchiré par le vent et vole en éclats : les lambeaux de toile, s'arrachant des « ralingues », battent avec fracas les vergues et les « galhaubans », et leurs coups sont si violents, que les hommes suspendus dans les hunes risquent d'être enveloppés par eux, sans pouvoir les maîtriser. Avec des haches, ils coupent les « drisses », et les voiles nous devancent, emportées comme un cerf-volant gigantesque.

Courir plus vite que la mer, afin que celle-ci défonçant nos sabords de l'arrière n'envahisse pas le carré, ou, balayant le pont d'un seul coup de l'arrière à l'avant, ne rompe la claire-voie et les écoutilles, établir assez de toile pour nous « appuyer » sans rompre nos mâts, telles sont les conditions de notre sécurité relative dans ce bouleversement extraordinaire des éléments. Chaque minute offre une émotion, un danger nouveau, et, contrairement à ce qui s'est passé au dernier voyage de *l'Omar-Pacha*, aucun homme n'est enlevé de dessus le pont. Je suis avec passion les péripéties de notre lutte de huit journées et de sept nuits, ne rentrant que peu d'heures dans le carré, que les odeurs des eaux de la cale rendent inhabitable, et où une lampe, balancée comme un pendule, nous guide mal dans l'obscurité à laquelle nous nous condamnons pendant tous les jours de cette semaine. La claire-voie en effet a dû être doublée extérieurement de toiles et de planches, afin qu'elle ne soit pas défoncée lorsqu'un mètre d'eau vient à la couvrir.

C'est dans une de ces tempêtes que retentit tout à coup ce cri affreux : « A man over board ! » — Dans un violent choc de roulis, un homme tombe de l'extrémité de la grand-vergue : il se heurte contre le bastingage dans sa chute, et il disparaît dans les vagues. Nous sautons sur le canot suspendu à tribord, nous coupons les cordes qui empêchent de l'amener ; c'est le seul disponible, hélas ! mais, lancés à toute vitesse comme nous le sommes sur une pareille mer, nous ne voyons même plus le malheureux ; il n'a pu se cramponner à la bouée de sauvetage jetée de l'arrière ; il a eu sans doute les reins brisés dans sa chute, et il a évidemment coulé à pic. L'angoisse est poignante ; la mer est si forte que toute embarcation sombrera à coup sûr, et le capitaine défend absolument que l'on mette le canot à la mer ; il ne veut pas laisser huit êtres vivants s'exposer à une mort aussi certaine pour rechercher seulement un cadavre. Par malheur, dans la nuit précédente, les lames avaient déferlé si fort sur le flanc du navire, qu'elles avaient brisé les « saisines » du véritable canot de sauvetage qui seul aurait pu peut-être résister à l'état de la mer ; il avait fallu dès le matin empêcher les lames de balayer cet unique moyen de salut en cas d'incendie ou de naufrage, et le mettre à l'abri sur la partie centrale du pont.

Ce pauvre jeune homme était âgé de vingt et un ans; il finissait son temps de pilotin. Je le vois encore chantant dans la matinée : quels courts instants l'ont vu passer de la vie à la mort! Mais, s'il a eu le temps de reprendre connaissance et de se soutenir sur la surface de l'eau, quelle douleur pour lui que de voir fuir le vaisseau où étaient ses compagnons, — de sentir ses bras faillir, et l'Océan rouler sur lui les flots qui allaient le submerger!

Peu de jours après cette catastrophe, nous avons enfin une acalmie, et les oiseaux de mer, poussés par la faim, approchent de plus près le navire pour glaner dans son sillage. En suspendant simplement une balle de plomb à un long fil de soie sous l'arrière, les damiers, ou pigeons du Cap, viennent s'entortiller les ailes dans ces lignes presque invisibles. — Les frégates au vol alourdi se laissent prendre de nuit dans le gréement; mais les albatros surtout nous mettent en émoi. Quand le premier solitaire des mers australes nous apparut sur l'horizon, on l'aurait pris pour une pirogue rasant l'écume des lames : peu à peu il s'approche; son grand corps, ses longues ailes sont d'une blancheur brillante; ses yeux sont roses, et un collier de même couleur est tracé sur son cou. C'est le plus grand oiseau du monde! Plusieurs s'attachèrent vite à notre navire, et leur troupe vorace ne cessa, dans d'éternels circuits, de planer autour de nous. Au bout d'une corde de cinq cents mètres, nous jetons un appât : aussitôt l'oiseau affamé décrit en planant une lente spirale, et fait briller au soleil les reflets soyeux de ses ailes qui ont quinze pieds d'envergure : il se pose sur la vague en maintenant, comme les voiles d'une galère antique, ses antennes à demi repliées, saisit sa proie, plonge à pic dès qu'il sent l'hameçon, et il faut être plusieurs pour l'amener jusque sur le pont : j'en eus toute la peau des mains emportée. — Ce qui est fort curieux, c'est qu'une fois saisis, ces oiseaux courent affolés sur le pont, sans pouvoir jamais prendre leur élan pour s'envoler, et restent captifs sans qu'aucun lien les retienne. Mais, avec quinze pieds d'envergure, quel coup d'aile lorsqu'ils fouettent le vent d'un sifflement saccadé ! Je crois vraiment que si un de ces grands monstres volants s'abattait sur nos plaines, il mettrait bien des laboureurs en fuite ; et pourtant ceux-ci pourraient se rassurer, car ce gigantesque oiseau est aussi bête que lâche : une mouette l'attaque et lui donne vite la chasse, ce qui nous amuse toujours.

En dehors de la corde qui croche d'immenses albatros, mes mains heureusement sont encore bonnes pour tenir le sextant, et c'est une grande joie pour moi de faire « le point » chaque jour. Loin de l'atmosphère viciée d'une salle d'étude de collége, où, sur des tableaux barbouillés, la cosmographie et la trigonométrie m'avaient, je l'avoue, toujours un peu ennuyé, je puis ici admirer toutes les beautés de la théorie et la mettre en pratique. — Elle fut émouvante l'heure où, dans la solitude des mers, je pus la première fois me dire, le sextant en main : « En ce jour, à cette heure, je suis là, — au point que je marque sur la carte. » Et c'est ainsi que l'on court pendant des mois les océans, en déterminant chaque jour la position précise du navire, avec le ciel pour point de repère !

Ne nous faut-il pas aussi un bon fonds d'entrain pour que nos journées, pleines d'occupations variées, ne nous paraissent point longues ? Il est vrai que, allant droit à l'Est, et faisant souvent cent lieues par jour au-devant de la marche apparente du soleil, nous n'avons que des jours de vingt-trois heures et demie !

III.

DÉBARQUEMENT A MELBOURNE.

Première vue de la terre. — Entrée dans la baie de Port-Philipp. — Nouvelle de la mort du Prince de Condé. — Débarquement. — Chemin de fer. — La ville. — Aborigènes devant l'Opéra. — Le musée. — Les prisons.

En mer, 7 juillet 1866.

Enfin, après avoir vu quatre-vingt-huit fois le globe du soleil sortir des flots en avant de nous, et s'y replonger derrière nous, c'est hier que nous attendait la dernière émotion de notre traversée. « Si les chronomètres n'ont pas varié, si nous ne nous sommes pas trompés dans nos calculs, c'est ce soir, nous disions-nous, que nous verrons les feux de la terre australienne ! » Les vigies sont anxieuses sur les barres de cacatois; un silence d'attente et de joie règne sur ce pont où tous les cœurs battent, où tous les yeux s'efforcent de percer l'horizon. Cette fois, que les heures paraissent longues ! A neuf heures et demie, nous refaisons encore le point estimé; si la brise nous pousse toujours avec la même force, il ne nous faut plus qu'une demi-heure pour atteindre le rayon éclairé par le phare. O merveille de la navigation! à l'heure dite, après trois mois passés entre le ciel et l'eau, un triple hourra poussé du haut des mâts annonce que les vigies voient la lueur du phare, voient la terre! C'est le cap Otway. Vite nous montons dans les hunes pour distinguer ces feux tant désirés : vingt minutes après, leurs rayons sont visibles de la dunette. Une fois ce point relevé, nous mettons le cap sur la baie de Port-Philipp. Rien ne peut donner une idée de l'agitation qui règne autour de nous : les échos du bord répètent nos joyeuses chansons, et personne cette fois ne dormira, tant l'animation et le tapage éclatent de toutes parts : la Providence nous rend à la terre, on ne parle plus de « faire le trou dans l'eau »; on prépare les malles, on emballe les sextants. L'Australie, l'Australie, la voilà! Nos trois mois de navigation semblent à cette heure se résumer comme un beau rêve mené à bonne fin, comme ce temps de recueillement et de mutuel épanchement à la fois, qui doit être le prélude de l'action, et comme une période délicieuse d'intimité et de travail, où les jours ont succédé aux jours sans que nous en eussions conscience.

Dès que le soleil apparaît, quel bonheur de braquer nos lunettes sur les rives que nous longeons de loin! De hautes grèves couvertes d'une sombre verdure, à l'aspect sauvage, se déroulent devant nous, et c'est une joie indicible d'apercevoir une terre que pendant tant d'années on n'a jamais pensé devoir fouler, et que six mille lieues séparent de notre Europe. — En sondant la profondeur des baies, en évitant les bancs de la côte, en relevant les promontoires saillants, il semblait que nous repassions en quelques heures toutes nos lectures sur les découvertes des grands navigateurs en ces parages, comme celui qui, après avoir lu les longs récits d'une guerre, en visite les champs de bataille.

Mais le peu que nous connaissons encore du domaine de l'histoire ne fait qu'animer plus vivement à cette heure solennelle notre curiosité pour un continent dont, pendant tant de siècles, nos aïeux ont ignoré l'existence. Il semble que nous entrions non-seulement dans un monde nouveau au point de vue géographique, mais dans un nouveau monde de pensées : ces montagnes abruptes, qui se dessinent au loin avec les caractères d'une nature vierge, contrastent avec les phares, ces œuvres de la main de l'homme. Cette civilisation naissante, sur une terre arrachée à l'inertie ou à la barbarie, n'est-ce pas un ensemble encore enveloppé d'un voile mystérieux ? Que de secrets pour nous qui arrivons ballottés par la mer avec toutes nos idées, toute notre atmosphère d'Europe ! Il est si bon d'arriver sur un rivage sans préjugé ni présomption, d'attendre la première impression, de la saisir pour la voir peut-être plus tard combattue par une plus mûre expérience. Arriver jeune sur une terre jeune, voilà qui entraîne! voilà ce qui, contrastant avec la vie de mer, où l'homme acquiert beaucoup plus par la réflexion que par les choses du dehors, remplit l'esprit de curiosité. Devant nous est la terre des mines d'or, des troupeaux immenses, des villes nées d'hier! C'est là que nous allons exercer toute notre activité de vingt ans, pour jouir de tous les spectacles..... Et pourtant le premier bonheur que j'espère y trouver, bonheur incomparable qui est l'objet de toutes mes pensées du jour et de la nuit, c'est de lire vos lettres arrivées avant moi, les lettres d'Europe!

La liesse est si grande à bord que tout le monde a un peu perdu la tête. Nous suivons la côte, et toute la matinée nous filons rapidement devant une série de grèves sablonneuses naissant l'une de l'autre : mais nous filons si bien que, tout d'un coup, grand émoi! on s'aperçoit que nous avons manqué la passe; nous allons droit sur les récifs! La passe est à douze milles derrière nous : il faut alors de longues heures pour lutter contre vent et marée : tout espoir d'arriver à quai le soir même est perdu : nous louvoyons entre ces grèves comme nous l'avons fait il y a trois mois dans la Manche. Un soleil superbe éclaire sur la crête des collines de gros buissons d'un vert sombre : au milieu de bois d'une sorte de pins-parasols, s'ouvrant à leur sommet comme des éventails, au milieu de roches et de grosses masses d'une végétation noirâtre, semblables à autant de mamelons, sont semées des petites maisons blanches avec leurs jardins, de vrais cottages de la vieille Angleterre.

A trois heures et demie la passe est franchie : elle n'a guère qu'un mille de large et le courant y est « de foudre ». La *Santé,* avec son vilain drapeau jaune, vient s'assurer que nous n'apportons ni le choléra ni la peste des animaux, puis nous entrons sous toutes voiles dans la baie de Port-Philipp, grand bassin de quatre cents milles carrés, un vrai lac sauvage entouré comme d'une grande ceinture de grèves sombres. Melbourne est au fond : un grand nombre de navires appareillent et sortent en nous saluant, espérant bien échapper aux dangers que nous venons de courir pendant des milliers de lieues : d'autres mouillent, et le bruit de leurs chaînes qui se déroulent, mêlé au chant de leurs manœuvres, vient jusqu'à nous ; d'autres dorment sur leurs ancres, échelonnés comme des bouées gigantesques sur les méandres de la route qui nous conduira à la ville. Mais le soleil se couche sans que ses rayons aient éclairé pour nos yeux l'extrémité de la baie, et tout à coup la brise tombe net, le calme est plat ! Au moment de la plus vive excitation, nous voilà arrêtés court, à vingt lieues du terme de notre navigation !

Mais, hélas! avant même que nous eussions franchi la passe et vu la terre de près, la première personne étrangère montée à bord depuis notre départ, la première voix nouvelle que nous entendions, celle du pilote, venait nous apprendre la mort récente du Prince de Condé! Ce que ce coup fut pour nous, après trois mois passés sans nouvelles des nôtres, après trois mois nourris de l'espérance que sur cette terre lointaine nous rejoindrions ce prince au cœur si aimant et aux aspirations si généreuses, ce que cette nouvelle affreuse nous causa de douleur, vous pouvez le penser, vous qu'elle a surpris avec toutes les horreurs laconiques d'un télégramme.

Mais combien notre cœur saignait davantage, à nous qui voyions cette terre où il a expiré! La veille, nous nous réjouissions de le retrouver là, de parcourir l'Australie avec lui, de partir avec lui pour la Chine et le Japon. Pauvre prince! mourir à vingt ans, loin de sa mère, à six mille lieues de son pays; mourir victime des nobles instincts qui l'avaient porté à chercher l'instruction dans les contrées les plus lointaines, à mettre à l'épreuve, avec une virile énergie, toutes les forces de son esprit et de son corps, pour répondre à toutes les belles espérances conçues de lui, parce qu'il avait déjà tant donné! Sa grande piété, la fermeté de son caractère, et l'élévation de son sens politique pourraient-elles jamais être oubliées! Pauvre prince, qui succomba doublement exilé! que la mort arracha aux ardeurs dont son âme brûlait pour cette France, que l'on porte avec soi partout et toujours, et dont il voulait, Français infatigable, faire partout aimer et admirer le nom, en travaillant pour elle jusque chez les nations des antipodes.

S'il était mort si loin de sa famille et de ses amis, si, né au palais de Saint-Cloud, il était venu expirer sur les rivages d'où la Pérouse envoya de ses nouvelles pour la dernière fois avant de mourir, et que Dumont-d'Urville, par ordre du roi Louis-Philippe, touchait en allant au pôle sud, ne croyez point pourtant qu'il y mourut sans que bien des cœurs sur ces lieux mêmes fussent frappés de douleur. Il s'était montré si grand et si affable, si instruit et si attachant, que toute une cité, inquiète durant sa maladie, fit de ses funérailles un deuil public! La Cour suprême et les Chambres suspendirent la session : le Gouverneur, les magistrats, tous les corps de l'État, les officiers de terre et de mer, toute la colonie française et nos officiers d'un navire de guerre sur rade suivaient le cortége : les boutiques furent fermées; tous les navires du port croisèrent leurs vergues : leurs pavillons et ceux des édifices publics flottaient à mi-mât. Sydney en ce jour, Sydney tout entier qu'il avait gagné à lui, avait voulu honorer sa mémoire.

Mais nous, ses amis..... quelle tristesse nous

étouffait en rêvant à lui, en pensant à lui dans le silence d'une mer de marbre, tandis que la nuit nous apportait, avec les sombres pensées, une vue que le jour nous avait refusée!

La lueur des lumières de Melbourne, semblable à la lueur de nos capitales, se détache le soir dans le lointain : les éclats du bruit et du tumulte d'une grande ville ne nous arrivent que par intervalles ; le sifflement du chemin de fer, le rauque timbre des bateaux à vapeur qui entrent et qui sortent, viennent seuls nous arracher à nos tristes rêveries.

Ainsi se prépare notre première entrée sur le continent australien : toute l'apparence de la vie d'un peuple, toutes les larmes pour la mort d'un ami! et nous avons fait la moitié du tour du globe pour ne plus même trouver de *celui* que nous aimions tant..... un cercueil!

8 juillet. — Toute une nuit, toute une matinée, toute une après-midi de calme plat nous retiennent immobiles dans ce grand lac, en vue de la ville que nous désirons tant parcourir. C'est vraiment le supplice de Tantale! notre esprit n'est plus à bord, et puis ce n'est plus un navire que notre maison flottante, immobile et sans roulis. Avec la nuit, un peu de brise vient enfin nous porter plus près de la lueur pour nous quitter encore. De nouveau les gros anneaux des chaînes de nos ancres sortent de la cale avec un bruit de tonnerre, et, pour une nuit encore, cette fois à cinq lieues du quai, l'ancre va dormir au fond de l'eau; et nous, pour la dernière fois aussi sans doute, dans les tiroirs qui nous ont servi de couchette pendant trois mois.

Mais voici un vague bruit dans le lointain : ce sont les saccades de rames qui battent la mer; régulier et en cadence, ce bruit augmente plus distinctement à chaque instant : ce sont des canots! ils accostent; sont-ce des Naturels armés de lances? Non, c'est le boucher, puis le boulanger, puis le marchand de légumes, puis un monsieur de la police, tous en chapeaux noirs et vêtus comme nous, qui, bravant la nuit, viennent s'assurer la clientèle de *l'Omar-Pacha.* Les conversations s'engagent; tout nous intrigue. Eh bien, vous seriez tombés dans la salle des Pas-Perdus du Palais-Bourbon en un jour de séance orageuse, que vous n'auriez point glané d'autres paroles! On ne nous répond que « crise politique, crise commerciale; lutte des deux Chambres; querelles animées des partisans de la protection ou du libre échange; appel au suffrage universel »; bref, nous sommes, à ce qu'il paraît, arrivés à ce bout du monde en un moment où la vie politique passionne au suprême degré les esprits. Ces bons Australiens me paraissent fort chauds dans leurs discussions; et si, ma foi, cette image des agitations de notre Europe est une surprise au premier abord, nous ne pouvons que nous dire à nous-mêmes : « Tant mieux, tant mieux! de ces discussions jaillira peut-être pour nous la vérité sur les affaires de ce pays si peu connu de nous, et toute cette machine civile et gouvernementale nous apparaîtra-t-elle dans son entier, puisque tous ses rouages vont être en mouvement? »

9 juillet. — Il n'y a plus qu'un pas à faire, et nous serons au port. Melbourne n'est pas situé sur la baie même, mais à deux ou trois milles du rivage; son port est Sandridge, relié à la ville par un chemin de fer. Nous voici au milieu d'une cinquantaine de grands navires aux hautes mâtures, et tout, autour de nous, est animé comme la rade du Havre ou de Marseille. Nos hommes sont affairés dans la mâture : ils grimpent et dégringolent comme des singes en forêt; c'est qu'ils larguent et sèchent les voiles aux rayons doucement échauffants du soleil du matin. Arrivé au port, le navire prend un tout autre aspect; on lui fait une vraie toilette, et en voyant une à une flotter comme mortes ces voiles que j'avais si souvent regardées se gonfler ou « fasseyer » au vent, en voyant mettre au repos ces cordages tout à l'heure tant agités et ces vergues qui pliaient hier encore sous les efforts des rafales, ces soins plus calmes me faisaient penser à l'éternelle histoire du pigeon voyageur séchant au soleil ses ailes fatiguées dans ses vols lointains, secouant tout ce que les intempéries des plus dangereux parages ont donné de sauvage à son aspect, et cachant les vides qu'ont laissés les plumes éparses emportées par les vents.

C'est alors que les canots nous entourent, tout chargés de fruits, de verdure, de légumes et de volailles; mais bientôt les choses prennent une teinte officielle : place soit faite à la yole d'un navire de guerre! Un officier vient demander à quelle heure nous débarquerons. Quelques instants après un autre canot arrive : c'est le capitaine de frégate commandant *la Victoria,* qui monte à bord pour saluer le Prince : « Le Gouverneur, lui dit-il, l'envoie le féliciter sur son arrivée dans la colonie, et désire savoir quand il entrera à Melbourne, afin de l'y recevoir avec tous les plus grands honneurs, pendant que *la Victoria* le saluera de vingt et un coups de canon. » Certes ce fut un moment de douce joie pour le Prince que de se voir, dès le premier pas sur cette terre, reçu et fêté en souvenir de sa race et du nom de son père, mais il supplia le commandant d'arrêter tous ces préparatifs et tous ces honneurs, qu'il ne saurait accepter à cause de l'exil et de son double deuil. La yole repart à tire-d'aile, et nous attendons un remorqueur, qui vient s'atteler à notre lourde masse. Nous prenons à notre bord son capitaine, dont les ordres sont répétés sur le Tugg par un de ces petits mousses à voix glapissante, comme chaque vapeur en a sur la Tamise ou dans le Pas-de-Calais; nous glissons lentement entre tous les navires mouillés, et à trois heures et demie nous sommes contre le quai. L'heure est arrivée, heure d'émotion et de joie, heure entrevue, rêvée et espérée pendant trois mois, où nous allons toucher la terre après un parcours de six mille trois cent quatre-vingts lieues[1] !

Certes en débarquant à Port-Philipp, dès le premier abord je fus saisi d'étonnement, voyant à quel point la civilisation y est avancée. Deux longues jetées en bois s'avancent à angle droit au milieu du port; une quarantaine de navires de gros tonnage y sont rangés de chaque bord; les rails du chemin de fer vont, sur quatre rangs, jusqu'à l'extrémité de chaque jetée : les trains ne cessent de succéder aux trains; plus de trente grues à vapeur sont en mouvement, les unes prenant à fond de cale les cargaisons des navires et les chargeant sur le train de wagons immédiatement juxtaposés, les autres remplissant les navires vides d'innombrables ballots de laine arrivant de l'intérieur. Cet ensemble de locomotives qui sifflent, de grues qui crient, de

[1] Nos vitesses ont été en avril, de 73'28 par jour, soit 135 kil.
— en mai, de 171'84 — 318 kil.
— en juin, de 182'57 — 338 kil.
— en juill., de 221'57 — 409 kil.

vapeurs qui chauffent, ne vous laisse pas croire que vous êtes dans des terres si proches du pôle sud. A cette heure nous faisons nos adieux à notre *Omar-Pacha,* et nous rendons grâce à Dieu qu'il nous ait apportés sains et saufs sur le continent austral. Mais, par un contraste curieux, nous laissons tant de souvenirs dans ce vaisseau que le quitter c'est quitter un ami.

A quatre heures un quart, nous mettons le pied à terre : c'est un moment qui étourdit un peu après trois mois passés sur des planches, et, à part toutes les idées que fait naître dans l'âme le sentiment de sentir enfin la terre sous ses pieds, je vous assure que les cailloux impressionnent beaucoup les nouveaux débarqués. — Nous passons à côté du *Moravian,* un frère de construction de *l'Omar-Pacha,* qui vient d'arriver de Londres en soixante-treize jours, avec ses mâts brisés, ses bastingages emportés, et que trois pieds d'eau dans ses cabines ont inondé pendant plus de huit jours. Comme nous sommes heureux de n'avoir pas de pareils souvenirs !

De là à la station il n'y a qu'une centaine de mètres ; nous nous présentons au guichet : on nous refuse de nous délivrer des billets, en nous disant que le gouvernement de la colonie de Victoria entend nous défrayer de tout sur ses lignes pendant notre séjour. On ne saurait être plus aimable ! En un quart d'heure nous sommes à Melbourne ; nous sautons dans un fiacre et descendons à Scott's hotel, que l'on nous a recommandé comme le meilleur de la ville. Nous sommes fort étonnés d'un mélange de garçons perdus dans leurs faux-cols et cravates blanches, et de petits domestiques chinois qui trottent dans les escaliers. Vite on nous apporte nos lettres, et nous les dévorons avec une joie indicible! Quels doux sentiments en les ouvrant! avec quelle anxiété nous nôus serrons tous trois près de la lumière pour les lire, et comme chacun communique aux autres les bonnes nouvelles!... Elles ont deux mois de date, et les premières que nous enverrons nous-mêmes n'arriveront en Europe que cinq mois et demi après notre départ!

Puis nous regardons sans relâche autour de nous, ce que l'on nous rend au centuple, bien que l'on ne nous attendît qu'au bruit du canon et de la musique militaire! Bientôt, pendant le dîner (et quel beau dîner avec des légumes verts!) on nous apporte une grande enveloppe sur un grand plat : c'est le Melbourne-Club qui nous a spontanément nommés membres et à l'unanimité : une autre enveloppe encore plus grande la suit, c'est l'administration du chemin de fer qui nous envoie des « passes-libres » pour toutes les lignes : une troisième, c'est la nomination à l'Union-Club; puis des monceaux de cartes de tous les notables et fonctionnaires de la ville, une vraie pluie! articles de journaux qui nous annoncent dans l'édition du soir ; sérénades sous les fenêtres..... que sais-je ? Sur ce, nous nous échappons aussi réjouis d'une nourriture inconnue depuis quatre-vingt-onze jours, servie sur une table immobile, sans morues pétrifiées ni haricots renaissant toujours, qu'étonnés de la magnificence de l'hôtel, un vrai « Meurice », et touchés de l'accueil si cordial annoncé partout. Ce fut vraiment une partie de plaisir pour nous que de courir ce soir-là les grandes rues de Melbourne, Collins street et Bourke street, deux belles artères parallèles, bien larges, garnies de grands trottoirs dallés, éclairées au gaz : ce sont les rues Vivienne et Richelieu de céans. D'un bout à l'autre les boutiques les mieux fournies, avec des étalages qu'envieraient toutes nos villes de second ordre en France, nous retiennent en vrais badauds. On m'avait tant dit qu'une paire de bottes coûtait ici cent francs, que je suis tout surpris d'y voir toute chose au même prix que chez nous. Oui, c'est une surprise que de débarquer à Melbourne : longues files de voitures de place comme à Londres, théâtres, promeneurs en foule, belles et luxueuses maisons à hauts étages, « policemen » irréprochablement tenus, restaurants ouverts, porteurs ambulants d'affiches posées par devant et par derrière, squares éclairés, tout donne à cette ville, sauf la largeur des rues, la ressemblance la plus frappante avec l'Angleterre ; et, depuis que nous avons vu la terre, il me semble que la couleur locale de ces pays-ci consiste précisément à n'être pas couleur locale, et que la colonie, contrairement à l'ordinaire, ressemble d'une façon inouïe à la métropole. Je ne sais si je me trompe, mais, à cette première vue de toute une ville et de tout un peuple, la pensée me vient que nous aurons ici à rechercher dans l'ordre moral comme dans l'ordre matériel, non pas de ces excentricités telles que les voyageurs avides de choses baroques veulent en voir partout, mais bien tout ce qu'il y a d'étonnant dans cette fidèle reproduction de l'ancien monde sur une terre inconnue il y a deux cents ans, vierge encore il y a trente-trois ans !

10 *juillet*. — Malgré la plus vraie des modesties, il me faut vous le dire, nous voici positivement dans les grandeurs : toute une ville s'occupe de nous : on a la bonté de s'arracher nos personnes comme nos cartes de visite. Pardonnez-moi ce *nous* que j'inscris comme ce mot fameux d'une servante de curé, «*Nous* confesserons et *nous* dirons la messe demain », mais c'est plus commode et vous me comprenez. Eh bien, c'est quelque chose ici qu'un prince ! D'abord on n'en a jamais vu dans la colonie, ensuite on lui sait un gré infini d'avoir affronté les périls et les fatigues d'une navigation de trois mois, pour venir à l'aventure visiter les créations, les tra-

vaux, les institutions d'un groupe d'hommes isolés sur un continent que les cartes d'il y a quarante ans appelaient encore *terra australis incognita*. Aussi un visiteur comme lui, inconnu jusqu'alors en ces parages, se sent-il du premier coup le grand événement du jour; aussi est-ce pour lui une joie sincère que de voir chacun rivaliser de réelle sympathie et de franche cordialité : dès lors, plus un embarras, plus un obstacle; l'hospitalité anglaise ne s'inspirant que des élans du cœur, et d'un simple désir exprimé faisant vite pour nous une réalité, déploie avec empressement à notre égard, dès la première heure, tout ce qu'elle a de classique et de loyal.

Ce matin nous étions chez le Gouverneur par intérim, le brigadier général Carrey; puis nous sortions de la ville, avides de voir de la verdure, et curieux de savoir si la nature du sol serait aussi anglaise que l'est l'apparence de tout Melbourne. Passant de la grande navigation à la petite, nous prenons une légère barque et remontons le Yarra-Yarra, fleuve qui traverse la ville d'un bout à l'autre. C'est un fleuve vu par le gros bout de la lunette, où ne peuvent naviguer que les yoles, mais n'importe : tout sur ses rives est nouveau pour moi, figuiers de Barbarie, aloès, grands caoutchoucs, bosquets de plantes grasses, grands arbres à gomme rouge et à gomme bleue : aussi passons-nous de longues heures à le remonter en ramant vigoureusement.

Mais, en somme, plus nous nous écartons de la ville, plus le pays est plat. Les rives sont verdoyantes, mais uniformes et peu jolies; les eucalyptus répandus à profusion, magnifiques comme troncs, ont un feuillage effilé, semblable à celui du saule pleureur, qui fait trop l'effet de millions de loques grisâtres suspendues verticalement aux branches, ne donnant ni ombre contre les rayons du soleil, ni abri contre la pluie.

Comme nous rentrons dans la ville, nous y trouvons une étonnante agitation : de grands placards rouges annoncent que la malle d'Europe est arrivée à Adélaïde (la capitale de l'Australie du Sud), et que les télégrammes vont être publiés. La malle n'arrive qu'une fois par mois, et il faut venir si loin pour voir combien il n'y a plus ici l'indifférence quotidienne de nos quotidiens lecteurs de feuilles publiques, mais bien une surexcitation, un besoin de nouvelles qui passionne tous les esprits : encore dix minutes, et voici les placards jaunes avec les formules à sensation :

Grandissime guerre en Europe!
Gigantesques armements!
Gigantesque panique monétaire!
Plus d'argent, plus de crédit!

Ces nouvelles nous mettent dans une grande anxiété. — Cinq minutes après, voici un placard

bleu, avec une quantité de points d'exclamation :
les groupes l'attaquent à l'assaut :

Courses d'Epsom. Derby : lord Lyon, 1ᵉʳ!!!!

Et aussitôt, parmi les parieurs anxieux, les uns de sauter de joie, les autres de se faufiler hors de la foule avec la démarche, la conscience et la mine piteuses de l'homme malheureux qui vient de perdre quelques milliers de livres sterling pour une course courue à quelques milliers de lieues d'ici. Ainsi, ce n'est point assez qu'il y ait à Epsom cette vaste enceinte pour les passions du *betting;* celles-ci prennent le télégraphe et viennent faire perdre au chercheur d'or, de ce côté de la Ligne, l'or encore enfoui dans les veines de la terre! et tout cela pour des chevaux qu'il n'a jamais vus et ne verra sans doute jamais.

Nous étions là, avides de nouvelles, au milieu de cette foule anglaise trépignant, s'agitant comme dans les rues de la Cité de Londres, quand nos yeux furent frappés soudain d'un spectacle contrastant étrangement avec toutes les idées de fusil à aiguille et de derby anglais contenues dans les télégrammes : un groupe vient à passer, groupe fétide et horrible d'hommes et de femmes à la peau plus noire que celle des crocodiles, aux cheveux crépus et immondes, au visage déprimé et bestial! Ce sont des Aborigènes! Des lambeaux de trop vieux pantalons cachent trop peu leur corps repoussant ; un ensemble pitoyable de vieilles bottines au bas d'une cuisse et d'une jambe nues, de guenilles européennes aux couleurs, qui furent peut-être écossaises, devenues aussi noires que la peau qu'elles recouvrent à peine, de chapeaux gibus réduits à l'état d'une pomme tapée, ou de « hats » emplumés dont les a gratifiés quelque Irlandaise craignant de rougir de leurs vêtements absents, un ramassis de loques misérables sur des corps tout petits, grêles, ignobles, plus affreux que ceux de tous les singes du monde, tel est l'aspect des antiques possesseurs de ce continent ! telle est la race à laquelle, à tort ou à raison, nous sommes venus disputer ce sol immense pour la refouler chaque jour plus avant dans les bois ! Les uns enivrés de tabac et de liqueurs fortes, deux choses sans doute bien nouvelles pour eux, se heurtaient, en se traînant, aux murs de ces magnifiques maisons construites à l'européenne, ou aux glaces des vitrines, qui contiennent exposées les plus belles pépites d'or trouvées sur les placers, ces trésors inconnus que foula si longtemps aux pieds cette race noire, mendiante aujourd'hui, et qui ont donné à la race blanche des palais et des villes. Les autres, c'étaient surtout des femmes, prenant le milieu de la rue, semblaient tout interroger autour d'elles, et, la bouche béante, les bras tombants, promenaient sur la foule des regards ébahis. Voyant ainsi ces badauds du désert accourus pour contempler les merveilles d'une ville civilisée, je me demandais tout ce qui devait se passer dans leur âme, — leur âme... — oui, sans doute ils en ont une, quelque repoussante qu'en soit l'enveloppe! Ceux d'entre eux qu'un paquet inculte de cheveux blancs couronnait comme une boule de neige sur un torse, des bras et des jambes d'ébène, mais d'ébène sale, ces vieillards amaigris aux membres semblables à des bâtons, qui sait s'ils n'étaient pas venus il y a trente-quatre ans, quand la terre et la forêt étaient vierges, là où s'élève aujourd'hui une ville de 130,000 âmes, éclairée au gaz? Qui sait s'ils n'avaient pas chassé l'opossum dans les arbres creux, là où l'on fait queue aujourd'hui sur un trottoir dallé, pour prendre des billets d'Opéra? En moins de la moitié d'une vie humaine, le sifflement des locomotives a succédé aux cris aigus et sauvages des cacatois, et, au lieu des feux des Anthropophages allumés la nuit de sommet en sommet pour signaler des Blancs à manger, les fils du télégraphe traversent des campagnes cultivées et viennent annoncer à toute une ville agitée... le vainqueur du derby anglais!

En leur donnant l'aumône avec des pièces marquées à l'effigie de la reine d'Angleterre, je pensais à la série des vicissitudes qui les avaient réduits à quitter la vie nomade des prairies, la vie libre des forêts, pour le pavé d'une cité où la splendeur des autres humains leur faisait voir leur propre misère, à eux inconnue jusqu'alors : je pensais malgré moi à cette fameuse convention conclue en 1836 entre les premiers colons et les Naturels, et par laquelle ceux-ci avaient échangé un millier de lieues carrées du territoire de Victoria contre trois sacs de verroteries, dix livres de clous et cinq livres de farine !

11 *juillet*. — Ne demandez pas à un homme débarqué d'avant-hier une chasse curieuse ou une découverte de pépites d'or : je voudrais encore vous faire voir Melbourne, vous emmener par la pensée en tous ses points principaux, pour vous montrer que cette Australie qu'on croit chez nous, et que je croyais un peu moi-même si perdue et si sauvage, possède tous les luxes de l'Europe.

Nous sommes entrés dans plusieurs banques, vrais comptoirs de la Cité, si l'on considère la multiplicité des affaires et le nombre des commis ; vrais palais, tant les édifices sont grands, élégamment construits et soignés dans les moindres détails. Quant au Melbourne-Club, il n'a rien à envier aux cercles de Paris : tout y est tenu avec une recherche exquise. Là est le rendez-vous de tous les gens actifs de la ville et de tous les « squatters », qui viennent de temps en temps se reposer de la solitude des bois et se retremper dans la vie du monde. Ce sera là pour moi une bien heureuse réunion, où je me promets de puiser dans toutes les conversations ce qui pourra m'éclairer sur ce pays.

Pour les Anglais, les institutions de comfort ne viennent qu'après les grandes institutions d'utilité publique. Melbourne a une bibliothèque qui compte seulement dix années d'existence et possède déjà 41,000 volumes : elle a coûté 120,000 livres sterling à la colonie. Nous avons été frappés, en la visitant, bien plus encore du nombre des lecteurs qu'elle rassemble que de l'entente parfaite de sa construction. Je me figurais l'habitant de l'Australie, ou fonçant un puits dans les roches aurifères, ou lavant l'or au bord d'un solitaire ruisseau, ou parcourant à cheval des prairies sans fin ! J'ai été tout surpris de trouver à cette bibliothèque, dans un silence religieux, plus de quatre cents hommes de la classe ouvrière, disséminés à leur gré dans les différents départements, étudiant les livres pratiques où ils cherchaient tout ce que la science pouvait apporter de développements à la branche du métier qu'ils avaient embrassé. On les reçoit avec le costume de l'atelier et sur la simple inscription de leur nom au registre d'entrée.

Plus scientifique que littéraire, plutôt utilitaire que théorique, cette bibliothèque, qui, d'après son registre, compte une moyenne de cinq cents lecteurs par jour, montre combien le gouvernement de la colonie s'efforce de moraliser par le travail une population encore éprouvée par la passion des aventures, par la fièvre de l'or, et qu'une surexcitation générale porte maintenant avec non moins d'ardeur vers les études industrielles. Je devais retrouver presque le même public au Polytechnical Hall, grand amphithéâtre où des cours de physique et de chimie attirent toute la ville.

Je suis bien frappé de cette rapide civilisation et de cette entente admirable pour instruire l'ouvrier. Ce qui m'étonnait d'abord, c'est que l'ouvrier eût du loisir pour ces heures d'enseignement; mais on me dit qu'il ne travaille que huit heures par jour, ce qui lui donne bien du temps pour faire succéder le travail de l'esprit à celui du corps.

Quand on demande ici quel est le fondateur, le grand instigateur, le président du Club, de la Bibliothèque, du Polytechnical Hall, du Musée national, de toutes les institutions politiques, scientifiques et bienfaisantes de Melbourne, on vous nomme sir Edmund Barry. Tout affable et actif, il nous a montré avec un soin minutieux le Musée national, où il faut chercher une reproduction frappante de l'histoire ancienne et de l'histoire contemporaine de l'Australie. Nous y avons, je crois, passé six heures, et nous nous promettons d'y retourner souvent.

D'abord, c'est surtout un musée consacré à l'instruction de l'ouvrier. Tout ce qui se rattache aux mines d'or, depuis la cuvette en fer-blanc du premier « digger » jusqu'aux machines à vapeur les plus compliquées pour le broiement du quartz, tout ce qui est architecture, machines agricoles, machines à tisser, industries de tout genre enfin, y est amplement représenté : mais la science vient vite y tenir sa place.

Quant au Cabinet d'histoire naturelle, il vous ravirait. Ce pays, par tout ce que j'en vois, me semble si étrange, que je ne puis passer sous silence ce qu'il y a de plus saillant à sa surface, et c'est dire la série innombrable des marsupiaux. Depuis le kanguroo de huit pieds de haut, jusqu'au rat ou à la souris lilliputienne, tous les mammifères natifs de cette terre, un seul excepté, la race humaine (il ne lui manquerait plus que cela!), ont la poche, comme une boîte aux lettres dans laquelle, en courant, ils mettent leur progéniture. Voyez-vous toute cette gradation de huit pieds à un demi-pouce, à plus de quarante échelons différents, d'animaux portant fourrure, ayant quatre pattes et ne courant que sur deux, galopant, non pas les mains, mais leurs petits dans leur poche? Je n'ai plus qu'une idée, c'est de tendre des souricières dès ce soir, et surtout d'aller chercher les grands kanguroos dans les plaines lointaines! Ne craignez rien, si Dieu nous prête vie, nous leur donnerons une belle et bonne poursuite! Quel est le chasseur dont les instincts ne seraient pas réveillés par la collection, unique dans le monde, des oiseaux empaillés de ce musée : les cacatois roses, les perruches omnicolores, les cygnes noirs, les casoars, sorte d'autruche grise aux œufs vert-émeraude; les ornithorhynx au poil de loutre et au bec de canard?

Le caractère le plus curieux de la faune moderne de l'Australie, c'est l'apparence d'isolement et d'éloignement des types habitant les autres parties du monde. Ici les groupes génériques sont fréquemment distincts du même genre d'animal habitant des latitudes similaires, vivant des mêmes moyens et exerçant ailleurs les mêmes fonctions essentielles; et cette distinction se fonde sur des caractères tellement importants qu'ils indiquent des familles, des races et des ordres nouveaux qui ne se trouvent nulle part ailleurs. Mais pour le voyageur qui, comme nous, ne peut que parcourir à l'aventure la surface d'un pays, visiter ses villes et traverser ses forêts, c'est dans cet édifice qu'il faut chercher les descriptions des entrailles de cette terre, y puiser, comme à une source vive, les enseignements, surtout les secrets qu'elle dérobe à nos yeux, et que des savants hardis et distingués sont allés lui arracher.

Nous étions guidés, au milieu de tant de choses curieuses, par le savant professeur Mac Coy, qui, dans ce dédale bien ordonné, éclairait pour nous chaque chose de ses vives lumières. Il nous parlait de cet isolement des races vivantes de l'Australie ; c'est lui qui s'est efforcé de remonter dans l'histoire de la terre à la date de cet isolement ; et il a combattu l'opinion qui s'était généralement accréditée sur la formation de ce continent. On avait trouvé dans les roches oolithiques d'Angleterre des os et des dents indiquant l'existence d'animaux marsupiaux ou à poche, de la même famille que les *perameles* d'Australie : de tels types n'existent maintenant individuellement dans aucune autre partie du monde que dans celle-ci ; ces fossiles anglais sont englobés dans des myriades de coquillages de mer du genre *trigonia*, que l'on ne trouve aujourd'hui que sur les rivages de l'Australie ; de là s'était formée l'opinion générale que la faune actuelle était la continuation directe de la faune qui disparut du reste de la surface du monde à la fin de la période mésozoïque ; de là on s'était dit : « L'Australie est le pays le plus ancien de formation ; elle est restée terre ferme, au-dessus du niveau de la mer, à une période pendant laquelle les formamations mésozoïque et camozoïque furent déposées sur le globe. »

Mais ceci est nié par M. Mac Coy, qui, par les fouilles les plus ardues dans les mines les plus profondes, dans les crevasses des montagnes, s'est rendu un compte exact de l'époque et du mode de formation des roches qui sont l'écorce de cette terre. « La couche du terrain sédimentaire, la première qui recouvre cette écorce des terrains primitifs formés autour de la masse terrestre encore fluide et incandescente, possède, nous dit-il, les mêmes types spécifiques de vie animale que ceux qui caractérisent ces couches si anciennes dans le pays de Galles, la Suède et l'Amérique du Nord. Puis viennent les terrains identiques à ceux de ces pays, les schistes et les roches fossilifères : le Canada, l'Écosse et la province de Victoria ont sous ce rapport vécu absolument de la même vie en cet âge reculé. »

Dans la période paléozoïque supérieure, la première apparence de végétation terrestre a été formée ici exactement sur le même type que celle de la même époque dans l'hémisphère nord ; et, comparant ainsi l'histoire naturelle des antipodes, M. Mac Coy a trouvé l'identité extraordinaire de leur faune marine et des productions de la terre ferme, qui surgit à la même époque en Australie que la plus grande partie de la terre ferme en Europe et en Amérique.

Quant aux plantes associées aux gisements houillers de la Nouvelle-Galles du Sud et de la Tasmanie, mêmes changements que ceux qui ont été observés dans les créations géologiques correspondantes aux Indes, en Allemagne et en Amérique ; et quant au fameux petit *trigonia* qui semble à quelques-uns la clef de la question, il ne l'a pas reconnu dans cette couche, mais il en a vu une espèce distincte qui lui permet de supposer la présence de gisements triassiques. Pendant l'époque tertiaire, que ne peuvent admettre ceux qui croient l'Australie le plus ancien des continents, la plus grande partie du pays fut couverte par la mer, comme en Europe; car toutes les traces de créations animales et végétales antérieures furent détruites et remplacées par des espèces tout à fait différentes d'animaux et de plantes, se rapprochant davantage de celles qui habitent aujourd'hui la terre australienne et les mers avoisinantes. Ainsi donc il ne serait plus admissible que l'Australie ait eu un sort différent de celui du reste du monde et fût restée émergente pendant la période oolithique. A l'appui de cette idée viennent les fossiles, montrant qu'ici, comme en Amérique et en Europe, les races d'animaux qui habitent le monde furent précédées par les mêmes particularités anatomiques que celles qui leur sont propres aujourd'hui.

En nous disant cela, le savant professeur nous mettait en face de la patte d'un *dinornis*. Oh! quelle patte, mes amis! A elle seule, elle est aussi grande que moi, et c'est dire quelque chose comme cinq pieds neuf pouces! Cette patte donc, patte grandiose et majestueuse, qui avait dû faire les enjambées des bottes de sept lieues dont nous parlent les contes de l'enfance, vient de la Nouvelle-Zélande, et je vous laisse à penser ce que devait être le corps qu'elle portait! Le dinornis, qu'on a reconstruit par la théorie, grâce à ce pilon digne d'un appétit d'Anthropophage, était, paraît-il, tout pattes, car il n'avait point d'ailes. Eh bien, cet antétype a laissé en Nouvelle-Zélande un descendant absolument semblable, mais lilliputien, le petit kiwis (*apteryx*), et à l'instar de cet oiseau sans ailes que les siècles se sont chargés de réduire à sa plus simple expression, à l'instar du paresseux de l'Amérique du Sud précédé par le *megatherium,* ce monstre dont la charpente osseuse, pesant plusieurs milliers de kilogrammes, est grande comme une cabane de chasseur, l'Australie a eu pour ses kanguroos actuels un aïeul kanguroo présentant exactement les mêmes particularités anatomiques, mais si colossal qu'il fait frémir, quand on voit les ossements enchaînés aux parois du Musée, avec une étiquette portant *deprotodon* pour nom de baptême. C'est près du lac Timboon qu'ont été trouvés ces monstres, tous à poche, bien entendu; évidemment toute une famille bourgeoise aurait tenu dans cette poche comme dans un omnibus, et je vous avoue que je me félicite fort que la période tertiaire ait supprimé ces hôtes désagréables des bois que nous nous proposons d'explorer.

Tous ces fossiles firent croire pendant longtemps que les marsupiaux étaient les seuls quadrupèdes natifs de l'Australie ; aussi le chien sauvage (*canis dingo*) n'était-il pas réputé indigène. Mais un fossile de chien sauvage fut découvert dernièrement dans les noires cavernes du mont Macédon, et le ressuscité mit tous les savants d'accord.

Chose curieuse : il paraît que dans les matières dures qui enclavaient les ossements du kanguroo géant, heureusement submergé, il y avait des veines ferrugineuses et aurifères, ce qui donne le même âge aux dépôts d'or en Australie et en Russie.

Le Musée est situé sur une hauteur, et, de ses vastes fenêtres, nous pouvions voir la côte opposée d'Hobson's-Bay d'où sont tirés des gisements de miocène que M. Mac Coy nous faisait comparer à des spécimens des mêmes gisements du bassin de Paris. — Ce petit peu de sol de la patrie, transporté aux antipodes et, dans ses écarts les plus saillants, exactement pareil à celui que nous foulions presque, remuait, je l'avoue, plus encore mes pensées que ne le faisait la preuve palpable donnée par lui de la loi de représentation des centres spécifiques, qui joue un rôle si important dans la vie organique du globe. En outre, ici comme en Europe, les coquillages vivants et ceux des dépôts miocènes sont séparés par plusieurs degrés de latitude, montrant ainsi le refroidissement graduel de notre globe pendant ces périodes reculées.

Tels sont les motifs pour lesquels notre savant

guide repousse la théorie d'une Australie sortie des mers avant tous les autres continents : telles sont les identités qu'il constate des couches de cette terre avec les nôtres; mais alors, combien il est singulier que sa surface soit si différente de celle des autres contrées, et que les explorateurs aient trouvé tant de déserts de pierres, tant de plaines privées de terre végétale, tant de ravages causés par quelques incompréhensibles cataclysmes, tandis qu'il y a aussi à côté tant de terres fertiles! Les uns croient à un archipel devenu continent et dont les parties dénudées seraient des bras de mer desséchés soudain; les autres veulent que l'Australie soit, tout d'un coup, par un gigantesque soubresaut, sortie des eaux, qui l'auraient submergée plus longtemps qu'aucune autre terre, et ils expliquent son incroyable aspect en disant qu'elle n'a encore eu le temps ni de laisser croître assez les forêts sous lesquelles jaillissent les sources, que chaque jour écoulé rend plus nombreuses, ni de se couvrir du limon engendré par les cours d'eau, ni de faire broyer et pulvériser par l'action du soleil et de l'air la croûte compacte trop subitement arrachée aux eaux, qui l'enveloppe encore. Pour ces derniers, le nombre si minime, sur un sol aussi immense, des Indigènes qui l'habitaient à l'heure de la découverte, l'aspect de chaos antédiluvien du centre du continent, la rareté des grands cours d'eau, la bizarre végétation qui la couvre, l'alternative de sécheresses inouïes et d'inondations subites des vallées, semblent indiquer que ce sol, trop récemment lavé par les eaux de la mer ou de longs déluges, n'est pas encore arrivé à sa maturité, et que l'homme l'a conquis sur le néant bien des siècles trop tôt.

Je me sens entraîné trop loin par le souvenir de tout ce que j'ai entendu aujourd'hui ; mais si j'ai eu la fortune d'entendre un homme expérimenté disserter sur les vérités les plus bizarres de la géologie d'un pays, si j'ai été charmé par ses paroles, je sens trop maintenant comme un vaste tourbillon dans mon esprit indigne de ses lumières, et je vois combien ma mémoire aussi bien que mon papier sont impuissants à vous en transmettre un pâle, bien pâle reflet.

J'ai donc voulu, ce soir même, après la courte séance du Polytechnical Hall, secouer un peu ma cervelle de toute la science qui la chargeait : nous avons été rire de tout notre cœur à un charmant spectacle, le *Skating-room,* salle des patineurs. C'est un fait remarquable que les hommes éloignés de leur terre natale cherchent à en renouveler tous les plaisirs là où ils se sont exilés ; à reproduire une image de la patrie, en dépit des obstacles apportés par les climats les plus différents. En Australie, il ne gèle jamais à glace ; n'importe : « nous patinerons, » ont dit les Anglais, et là, sur un vaste parquet brillant comme un miroir, voilà trois cents personnes qui patinent avec de petites roulettes : le tapage est infernal, mais le coup d'œil bien amusant. Les uns, bien expérimentés et bien adroits, glissaient élégamment comme sur la Serpentine : c'étaient surtout des dames, et rien de gracieux comme leurs évolutions légères en capricieux zigzags; les autres, risquant maladroitement une jambe trop lourde, se culbutent, se cognent à chaque instant et tombent dans tous les sens : les bras font les ailes de moulin à vent ; c'est une dégringolade et une compote de tombés, de tombants, de chancelants. Nous nous souviendrons toujours d'un immense gentleman, infatigable dans ses chutes, qui chaque fois entraînait avec lui jusqu'à terre des grappes de patineurs, assez imprudents pour l'approcher : grands, petits, gros ou maigres, sylphes ou masses, tous riaient gaiement, sans souci d'un public très-nombreux, qui faisait chorus !

12 *juillet*. — Aux yeux de bien des gens en Europe, l'Australie n'est encore qu'une colonie pénitentiaire du Royaume-Uni et un refuge d'aventuriers chercheurs d'or. On se figure sans doute que nous y coudoyons à chaque pas, que nous y avons pour commensaux des convicts, des assassins ayant tué père et mère, avec circonstances atténuantes, en un

mot, toute la variété des criminels humains; on loue l'Europe de les avoir déversés sur une terre perdue, comme des animaux malfaisants, dont il faut se débarrasser, et la couleur *convict* est ainsi passée comme une même teinte générale sur toute la carte de l'Australie! Mais c'est là une erreur bien grande, et tel n'est point l'état des choses.

La Nouvelle-Galles du Sud et la Tasmanie ont subi ce fléau depuis 1788 jusqu'à 1840; mais si la population saine et pure de Sydney ne put écarter cette importation pestilentielle qu'en 1840, en repoussant avec un impétueux élan un navire chargé de convicts, la colonie de Victoria eut le bonheur de ne jamais en recevoir de la mère-patrie : elle repoussa, elle aussi, les navires montés par les condamnés que les sociétés de la Nouvelle-Galles du Sud et de la Tasmanie rejetaient de leur sein; et, à part les désordres de la fièvre de l'or, son histoire est pure.

Je vous dis cela, non-seulement parce qu'on ne rencontre pas de ces « messieurs » sur les trottoirs de Melbourne, mais parce que nous avons été visiter *le seul endroit* où il y ait des criminels en Victoria, les prisons de Pentridge, situées à quatre lieues de Melbourne, où ils sont bel et bien séquestrés dans des cellules et entourés de hauts murs de granit. Ce fut d'abord pour nous une occasion de voir la campagne qui environne la ville, et jamais visite de prison ne ressembla plus à une partie de plaisir.

Nous partions en effet de Melbourne avec l'homme dont le nom seul résume désormais pour moi tout ce qu'il y a de plus aimable en Victoria, le capitaine Standish, auquel, uni d'avance par des amis communs en Europe, je dois le plus parfait accueil sur cette terre lointaine. Depuis notre arrivée, toutes les heures pendant lesquelles ne le dérobent pas à nous ses hautes fonctions dans le gouvernement, nous les avons passées avec lui, et nous lui devons tout ce que nous avons vu.

La grande route que nous suivîmes était bordée d'eucalyptus et animée par une incessante circulation. Un lunch nous attendait chez le colonel Champ, directeur de la prison; à côté des murs noirs qui défient l'escalade, il a réuni autour de lui tout ce dont le gai contraste peut faire oublier si triste voisinage : sa fille, un cottage coquet, un parc soigné et éblouissant de fleurs, des gazons anglais! jolie entrée de prison, ma foi. Bientôt nous passons le seuil, ce qui donne toujours un petit sentiment de froid : nous parcourons les corridors et les cellules ; tout est en granit, construit sur les plans les plus récents et d'une admirable propreté, une prison modèle, si vous voulez. Cent gardiens armés de carabines y circulent : les corridors sont comme les rayons d'une lumière s'échappant d'un centre unique d'où l'œil d'un Cerbère galonné surveille tout, et donne l'alarme par des sonnettes électriques. Chaque cellule possède une bibliothèque où figure en première ligne « *the holy Bible.* »

Là sont tous les criminels de la colonie ; ils sont aujourd'hui au nombre de neuf cent cinquante, ce qui est bien peu de chose pour une population de six cent vingt-six mille âmes. Nous avons visité tous leurs travaux : d'abord ces immenses bâtiments de la prison, qui peuvent contenir un nombre quadruple d'habitants, ont été construits par les condamnés ; l'oiseau a forgé et scellé lui-même les barreaux de sa cage. Un grand mur d'enceinte enveloppe les jardins destinés à leurs travaux agricoles et à leur subsistance : viennent ensuite des écoles, des ateliers de menuiserie, de serrurerie, de cordonnerie, de tissage de laine et de toile entre lesquels ils sont répartis. Certes, c'est peut-être trop d'affirmer que le travail par lui-même ait moralisé beaucoup de ces coupables ; mais les registres de la colonie constatent que bien des hommes sortis des prisons de Pentridge ont eu désormais une conduite paisible et honnête. Sans doute ces travaux, qui occupent d'abord utilement le temps des prisonniers, et qui leur amassent une somme proportionnée à leur zèle, les ont formés au travail : ils sont sortis de là instruits sur l'écriture et le calcul, sachant à fond plusieurs métiers, fortement rétribués dans la colonie, et ils rentrent le plus souvent dans la vie libre pour n'y plus porter le trouble : ils ont les moyens de gagner désormais de quoi vivre dans l'aisance. N'est-ce pas, en effet, la misère plutôt qu'une méchanceté d'instinct, qui est la cause première de bien des crimes? Certes, c'est une œuvre bien dirigée que celle-ci. — Elle prend un homme qui a failli parce qu'il ne trouvait plus d'or à la surface du sol, et que la fièvre de ses richesses perdues a affolé dans la misère; après une dure épreuve, elle ne lui rend sa part de vie sous le soleil que lorsqu'il est bien capable de gagner l'or par le travail de ses mains.

En parcourant les ateliers, nous remarquons deux Nègres aborigènes, deux vrais enfants réellement affreux, mais dont le regard est plein de douceur : leurs dents toutes blanches, que laisse voir une bouche fendue jusqu'aux oreilles, font autant de contraste avec le noir de leur peau, que le rire jovial et permanent qui semble le propre des races nègres, avec le vêtement qu'il a fallu leur imposer, celui des « travaux à perpétuité ». Ils ont l'air si rieur, que nous nous intéressons tout naturellement à eux : et d'abord, rien de plus nouveau pour nous que des Aborigènes! Ils comprennent les ordres que le chef de cour leur donne en anglais : pour nous montrer leur adresse, ils lancent de longues piques à d'énormes distances, et atteignent avec elles des cailloux que nous jetons en l'air. — « Quel a été leur crime ? » ne tardons-nous pas à demander au colonel. — « Celui qui rit le plus en ce moment a tué trois matelots, nous répond-il, et l'autre deux femmes blanches. » Temps d'arrêt immédiat dans notre pitié pour eux. « Nous ne les avons pas condamnés à mort, continue le colonel, parce qu'ils sont aborigènes, et que jamais ici nous n'avons pendu ces hommes, dont les croyances comme les instincts sont si différents des nôtres que, pour eux, tuer n'est guère un crime; nous les domptons plus par la douceur que par la cruauté. »

Certes, ce sont là de belles paroles, et un gouvernement qui professe de tels principes en envahissant, au nom de la civilisation, des terres occupées par des races barbares, doit mériter l'admiration de l'Europe. Ce n'est point, du reste, un fait isolé, et l'on me citait à ce propos dans les annales de la justice de Sydney, un arrêt qui confirme cet exemple. — Un jour, près de la maison d'un squatter propriétaire de plusieurs milliers de moutons, à cent cinquante lieues dans l'intérieur, une tribu tout entière fut trouvée hachée en morceaux et à demi consumée par un feu à peine éteint. Était-ce quelque tribu rivale qui venait de remporter une sanglante victoire ? Non, c'étaient sept convicts employés à la garde des troupeaux, sept hommes blancs, qui avaient, sans provocation aucune, commis ce meurtre affreux sur de pauvres êtres incapables de se défendre! La cour de Sidney n'hésita pas à les condamner à mort et les fit exécuter. Elle donna par là un grand exemple aux jeunes générations de cette jeune colonie, qui doivent avoir pitié des instincts d'une race aveuglée et féroce, à laquelle, après avoir enlevé et la liberté et la terre, on ne saurait du moins d'une main homicide arracher aussi la vie!

IV.

MONUMENT ÉLEVÉ A BURKE.

Un bronze coulé dans la colonie. — Feuilles autographes du journal de l'explorateur Burke. — Il traverse l'Australie du Sud au Nord. — Fatale méprise de ses compagnons. — Au retour, il meurt de faim. — Ses restes retrouvés.

Un bon galop, mon allure favorite, nous ramène à Melbourne; à chaque instant, je vois des choses que je ne vous ai pas encore décrites. — Voici un monument en bronze. Un monument! chose si rare, dit-on, dans les villes de l'Amérique, parce qu'elles n'ont que deux cents ou cent ans d'existence. Combien n'est-ce pas plus étonnant dans cette cité de Melbourne, où il n'y avait, il y a quinze ans, en tout et pour tout, que quelques huttes en écorce d'arbre et quelques tentes!

Eh bien! c'est au sommet d'une colline, par lequel passe l'artère la plus populeuse, que se détache un haut piédestal supportant un groupe en bronze, groupe sculpté, coulé et monté dans la colonie même, et d'une parfaite exécution. Trois hommes y sont représentés s'appuyant fraternellement l'un sur l'autre et sondant du regard l'infini! L'un d'eux est le chef, tout l'annonce: sa pose héroïque, sa taille, son air d'autorité. Et pourtant leurs vêtements déchirés, leurs membres de squelettes, leurs traits creusés, leurs regards mourants montrent qu'ils expirent de fatigue et de faim, abandonnés au milieu des déserts !

Ce chef, c'est Burke, ces hommes, ce sont ses infortunés compagnons! Mais Burke, ce nom seul, peut-être à peine connu en Europe, remplit ici toutes les imaginations et fait battre tous les cœurs. Ce nom est aujourd'hui pour toute l'Australie plus que ne fut celui de Coriolan pour l'ancienne Rome, celui de Bonaparte en messidor. Combien le bruit que firent les découvertes de hardis explorateurs, dans le continent australien, est peu de chose en comparaison de la gloire de Burke, qui fut le premier à le traverser de part en part, de l'Océan Austral à l'Océan Pacifique! D'héroïques labeurs, une constance surhumaine, une exploration unique dans le monde, ont fait de Burke un grand homme. Mais sa noble ambition, une ambition de découvertes qui tenait du fanatisme, ne put jouir de son triomphe, et ce monument vient perpétuer le souvenir du moment où il eut la seule chose qui manquât encore à sa gloire, la consécration que donne le malheur !

Depuis que nous avons mis le pied sur cette terre, il n'est pas une personne qui ne nous ait longuement parlé de lui : beaucoup l'ont intimement connu et l'ont aimé ; il avait eu leurs passions, leurs bonnes fortunes ou leurs misères ; il avait pris largement sa part dans les premiers travaux qui ont créé ici une grande nation ; il était dévoré d'ambition, voilà son crime. Mais pensez combien son image est vivante devant moi, quand j'entends raconter ses aventures à tous ses amis, qui hier l'exhortaient de leurs derniers vœux, et dont les larmes coulent encore lorsqu'ils se lamentent aujourd'hui de n'avoir pu réussir à le sauver, et surtout quand je lis les feuilles *autographes* de son journal que l'on conserve ici religieusement! A demi déchirées, usées et portant l'empreinte de toutes ses courses errantes, elles ont été retrouvées au milieu des déserts, là où il les avait ensevelies, avant de mourir isolé sur le sable brûlant.

Il me semble que je le vois courant au Nord à travers le désert, cherchant l'Océan et ne trouvant qu'un océan de pierres desséchées; mourant de faim, et ayant encore cent lieues à faire pour trouver des vivres; expirant pour avoir voulu entreprendre une grande mission, et sentant, après l'avoir noblement accomplie, que peut-être le monde ignorera sa dernière œuvre! Je l'avoue; j'ai la tête si pleine des récits de tous, le cœur si ému par tant d'infortunes racontées à chaque heure presque par des témoins oculaires, et décrites d'une façon si touchante par Burke lui-même dans ses notes de chaque jour, que je veux aujourd'hui vous parler de cet homme, et vous tracer en traits rapides l'historique de sa mémorable et triste campagne.

Pendant plus de vingt ans, les colonies voisines avaient fait à l'envi des efforts répétés pour explorer l'intérieur de l'Australie; au milieu de ce concours de toutes les énergies en une aventureuse arène, celle de Victoria avait semblé rester à l'écart, soit qu'elle fût fiévreusement tourmentée par la recherche de l'or ou absorbée dans le paisible élevage des troupeaux. Mais en 1860, le don de vingt-cinq mille francs fait par un citoyen désireux d'encourager une tentative de la part de sa cité d'adoption, donna soudain à la grande colonie de l'or un essor nouveau vers un nouveau but, et l'expédition qu'elle projeta, dès lors, a autant éclipsé les autres par la magnificence de ses préparatifs que par la grandeur des désastres de la fin, expédition baptisée par les souffrances, payée de la vie de dix hommes, mais féconde en résultats admirables.

Le gouvernement de Victoria lui donne pour chef l'ancien cadet de Woolich, l'ex-officier de hussards hongrois, *O'Hara Burke,* déjà populaire parmi tous, brave et franc, avide de réputation, plein de mépris pour le gain, fougueux jusqu'à l'héroïsme, enthousiaste jusqu'à l'utopie. Mais l'excès de ces qualités devait être la cause de sa perte et de celle des siens. Il y avait moins de rage aventureuse, mais plus de calme, de réflexion et de science dans la tête de vingt-six ans de son second, le jeune Wills, qui devait être l'astronome indispensable pour diriger la colonne dans la mer des déserts ; sa famille avait déjà perdu un de ses membres, sur *l'Érèbe*, avec sir John Franklin, dans l'expédition au pôle nord ; elle devait laisser un autre martyr des découvertes du monde sous les sables brûlants du Capricorne.

C'est le 20 août 1860 que les hardis pionniers se mettent en route ; ils sont dix-sept, et, Burke en tête, ils partent au milieu des acclamations de tout un peuple. Jamais la population de Melbourne n'avait vu si imposant spectacle : ils étaient fiers, ils avaient de grandes choses dans le cœur, les vœux de tous les suivaient ; le gouvernement avait donné deux cent cinquante mille francs, les particuliers cinquante mille ; ils avaient vingt-sept chameaux, qu'on avait été tout exprès chercher aux Indes, vingt-sept chevaux des plus robustes, des tentes, des vêtements et des vivres pour quinze mois. Dans les hourras que poussait la foule, dans les hourras qui leur souhaitaient le succès, personne ne pensait que la plus grande partie de l'aventureuse cohorte marchait à la mort.

Jusqu'au Murray la route fut longue. Burke, trop dur pour lui-même, ne ménageait point assez les autres ; il était parti blessé et rongé par une peine de cœur, n'entrevoyant plus qu'une douleur amère, malgré l'espoir du triomphe ; il était trop fougueux, trop anxieux de l'avenir, pour commander avec calcul. Trois des siens se querellent avec lui et le quittent ; il les remplace mal à la frontière des terres parcourues par les troupeaux ; et l'union désormais sans obstacle de la fougueuse énergie du chef et de la douceur docile de son lieutenant sera la cause de toute la série de leurs affreux malheurs.

La route qu'il traça à travers ce continent immense peut se diviser en trois principales étapes : *Menindie*, à six cents kilomètres de Melbourne ; *Cooper's-Creek*, à six cents kilomètres plus au nord, presque au centre du continent ; à l'extrémité nord enfin, à plus de mille kilomètres du centre, le rivage de l'*Océan Pacifique*. Les débuts sont pénibles ; trop de bagages et trop de vivres à porter retardent chaque jour une impatiente ardeur. Tous les hommes sont pourtant de solides « bushmen », expression australienne que « homme des bois » ne réussit pas à traduire. Ne craindre ni la pluie ni le soleil, coucher dans la boue, n'avoir d'autre ambition que de sonder l'horizon des prairies ou des forêts sans fin, galoper à l'aventure, porter la barbe d'un patriarche et le costume d'un bandit, découvrir les terres, qu'elles produisent or ou gazon, forêts ou pierres, mais les découvrir avant tout et leur donner son nom, voilà le bushman. Mais cette vie des bois, qui faisait des hommes cent fois plus durs aux fatigues et aux privations que les bêtes de somme et les chameaux, donna à Burke des compagnons que l'habitude de l'infini du désert rendait inexacts et insouciants.

Il laisse, le 19 octobre 1860, la moitié de ses gens, de ses bêtes et de ses bagages à Menindie, sous le commandement de son autre lieutenant Wright, avec *l'ordre exprès* de le rejoindre après un court temps de repos, à Cooper's Creek, où sera formé son grand dépôt central; et ce n'est qu'à la fin de janvier 1861 que Wright se remet en marche vers le rendez-vous indiqué par son chef!

Cependant les mois avaient succédé aux mois; juin commençait, et aucune nouvelle de Burke n'était parvenue à Melbourne. Il était pourtant expressément convenu que le chef donnerait, de temps à autre, de ses nouvelles, afin que le comité institué à cet effet pût venir à son secours. La pensée que ces malheureux étaient perdus et mouraient de faim dans le désert, remua toutes les âmes. Melbourne tout entier, fiévreusement agité, organise une contre-expédition pour rechercher les explorateurs, et la confie au jeune Howitt. Les autres colonies sont émues et l'imitent; Mac-Kinlay part d'Adélaïde, Walker de la Terre de la Reine; Landsborough aborde avec un navire au golfe de Carpentaria. Ainsi ces quatre colonnes de gens de cœur, en quelques jours équipées et bien fournies, tendant toutes vers le centre, espérant couper dans les cercles répétés qu'elles décriront la trace du grand explorateur perdu, partent de quatre points différents, du Nord, du Sud, du Sud-Ouest et du Nord-Est, de quatre points distants de près de huit cents lieues les uns des autres. Admirable élan d'une nation généreuse! Étonnante union, qui, si elle ne prouvait déjà l'audacieuse constance dans les aventures de la race anglo-saxonne, montrerait du moins combien les communications sont rapides sur le littoral de cette terre presque aussi grande que l'Europe, et combien, d'une extrémité à l'autre, comme par une étincelle électrique, tout prend feu à la fois quand une grande cause est en péril et qu'il faut des hommes énergiques. Chose étrange que ce contraste entre toute l'activité européenne du littoral et l'inconnu absolu de l'intérieur des terres.

C'est le jeune Howitt qui fut l'heureux explorateur; c'est lui qui donna les grandes mais fatales nouvelles. — Il part en toute hâte, et, le 29 juin, au moment où il traverse la rivière Loddon, quel n'est pas son étonnement de trouver en voie de retour des compagnons de Burke! C'est Brahe, son quatrième lieutenant, qui a perdu quatre hommes du scorbut, suivi de Wright qui en a perdu trois. Voici ce que rapportaient ces hommes aux figures livides et aux membres amaigris :

En deux mois, Burke avait traversé heureusement la série, tantôt de déserts, tantôt de prairies, qui sépare Menindie de Cooper's Creek; c'était la moitié du trajet total de Melbourne au golfe de Carpentaria. Mais il est là au mois de janvier, souffrant de toutes les horribles chaleurs de l'été; hommes et bêtes sont affaiblis et abattus; la route semble fermée de toutes parts; c'est en vain qu'il attend le renfort de Wright, et déplore un retard qui va le priver de chameaux et de vivres; c'est en vain que Wills pousse une reconnaissance avec trois chameaux jusqu'à cent cinquante kilomètres vers le Nord pour trouver de l'eau. Pas une source, pas une oasis dans les mirages lointains, pas une flaque d'eau stagnante! Son compagnon laisse échapper les chameaux, et c'est à pied, sans boire une goutte d'eau, sous un soleil de feu et cinquante degrés de chaleur, qu'il refait cette longue route jusqu'au camp de Cooper's Creek.

Burke pense avec raison que, dans de pareilles conditions, il devait s'aventurer avec le moins de monde possible dans le désert de pierres, qu'il fallait laisser dans l'oasis de Cooper's Creek tous les invalides avec leurs vivres, et de plus toutes les provisions devant servir à la route de retour. Il laisse à Brahe, l'un des siens, le commandement de ce dépôt, avec l'ordre de l'attendre au moins trois mois, et, après cette limite, *aussi longtemps* que ses vivres le lui permettront. Ah! si Wright, laissé au premier échelon d'une campagne qui devait coûter tant de tortures, était sorti plus tôt de sa léthargie, que de désastres eussent été évités!

Cependant Burke, l'énergie en personne, poursuit son œuvre : il prend avec lui Wills, son second, Gray, et King, un ancien soldat, six chameaux, un cheval et des vivres pour trois mois : il part pour découvrir le rivage de l'Océan Pacifique. Le 16 décembre 1860, les quatre explorateurs, entrant dans la partie la plus ardue et la plus inconnue de leur tâche, sortirent du camp de l'oasis : en traversant la rivière, en abordant sur l'autre rive, ils agitèrent encore les bras en criant à leurs camarades : « Attendez-nous, attendez-nous ! »

Et pourtant Brahe et ses hommes, Wright et ses hommes revenaient sans lui! Les premiers avaient longtemps lutté dans leur camp contre les attaques sanglantes des Aborigènes; la chaleur était devenue épouvantable; ils suivaient à chaque heure le niveau de l'eau empestée, et pourtant leur unique ressource, qui baissait, qui baissait toujours : ils avaient ainsi attendu quatre mois! Enfin plusieurs moururent; les survivants étaient minés par le scorbut, les provisions allaient manquer : Brahe se décida à quitter son poste, à la dernière extrémité, affirme-t-il, à la fin d'avril. Il ne doutait plus que Burke ne fût mort : pourtant il avait laissé quelques provisions dans l'oasis.

Comme il revenait, au bout de deux ou trois étapes, il rencontra Wright et sa troupe ! Par quelle série de déplorables retards celui-ci arrivait-il *quatre* mois trop tard au rendez-vous fixé ? Ces deux hommes, une fois réunis, ont comme un dernier remords : ils retournent ensemble à Cooper's Creek, n'y voient de retour aucun de leurs camarades, puis, disant adieu pour la dernière fois au désert qui les a sans doute ensevelis, ils reprennent le chemin de Melbourne. Tels sont les faits saillants de cette lamentable histoire ; c'est d'eux-mêmes que les apprend le jeune Howitt en les croisant sur le Loddon ! Il envoie aussitôt ces nouvelles à la ville, où elles soulèvent l'indignation de tous, et, pour lui, il continue énergiquement sa route vers le Nord.

En un mois et demi il s'avance dans une contrée qui est toute différente de celle qu'avaient vue les premiers pionniers : là où les autres avaient trouvé des sables arides, il trouve des vallées inondées, et, à travers des prairies sans fin, il poursuit sa route jusqu'aux environs de Cooper's Creek ; il voit écrit dans l'écorce d'un arbre ce mot « dig », qui signifie « creuse », et, en creusant la terre, il trouve la caisse en fer où Brahe avait laissé par écrit les motifs et la date de son départ, et, ... à ces papiers il voit mêlés ceux de Burke annonçant qu'il avait traversé le continent jusqu'à l'Océan Pacifique, et qu'il est revenu à Cooper's Creek ! Voilà ce que racontait l'infortuné explorateur dans le fragment de journal qu'il put écrire et qu'il déposa au pied de l'arbre.

C'était le 16 décembre 1860 qu'il était parti de l'oasis avec ses trois compagnons. Pendant près de deux mois, il avança rapidement, découvrant chaque jour des terres plus fertiles : la prairie éternelle succédait au désert de pierres ; les arbres leur donnaient de l'ombre ; des ruisseaux fréquents une eau courante. Les Indigènes le plus souvent fuyaient épouvantés devant eux ; deux ou trois fois pourtant ils se laissèrent joindre et donnèrent du poisson séché aux voyageurs. Çà et là il y avait bien des lagunes d'eau salée, des collines de sable rouge, des espaces ravagés par je ne sais quels cataclysmes extraordinaires, et couverts de pierres amoncelées. Mais bientôt une haute chaîne de montagnes se dessina dans la direction du Nord : il les appela les « monts Standish », et à leurs pieds se déroulèrent devant lui une si belle nature, des forêts si vertes, des plaines si riches en végétation, si arrosées de cours d'eau, qu'il appela cette terre la « Terre Promise ».

Après les émotions d'une découverte nouvelle à chaque heure, de passages accidentés de rivières, de luttes contre les Indigènes, contre les serpents, contre les nuées de rats qui les assaillent durant la nuit, ils sont entourés d'une végétation si touffue qu'ils ne peuvent plus se frayer leur route qu'à la hache. Burke et Wills laissent leurs deux compagnons en arrière et s'aventurent à pied, sentant je ne sais quoi de salin dans l'air; brisés par la fatigue, abattus par la chaleur, ils luttent et avancent, jusqu'au 11 février, à travers les fourrés les plus impénétrables et les marais où ils enfoncent jusqu'aux épaules. Ce jour-là ils trouvent un canal de la mer, où ils s'arrêtent épuisés; la marée par son flux et son reflux en inonde et en découvre tour à tour, sous leurs yeux, les berges sauvages, où les vénéneux palétuviers étendent leurs rameaux jusque sous les lames. Plus de doute, ce ne peut être que l'Océan Pacifique! Après six mois de labeur, ils se sentent à quelques pas du glorieux accomplissement de leur grande mission : ils veulent le voir, cet Océan! Ils hachent; ils grimpent; ils escaladent tous les points les plus élevés d'où ils pourront dominer l'horizon, mais ils retombent, harassés et énervés, dans les marais boueux d'où la mer s'est retirée le matin même, et où bientôt le flux de cette mer qu'ils ont tant cherchée, le flux qui monte, vient presque les engloutir. Cet Océan qui manque de les faire périr, ils veulent à toute force le voir! Mais ce bonheur consolateur leur est refusé. Moïse du moins ne vit-il pas du mont Nébo la terre de Chanaan! Mais non, de cet Océan, ils entendent le murmure lointain; mais ils ont beau faire de surhumains efforts, la vue même de ces flots bleus était réservée à d'autres qui avaient moins mérité de les voir.

Pourtant, au fond, leur but était atteint; mais le spectre de la faim était là dans toute son horreur devant leurs yeux. Ils avaient emporté pour douze semaines de vivres, ils étaient à moitié route et il leur en restait à peine pour cinq. L'angoisse poignante que leur inspirait la disette grandissait chaque jour davantage, et la précipitation qu'elle causait dans leur marche de retour a dû précipiter aussi, par son excès, la mort de leurs bêtes et leur propre épuisement. Des pluies torrentielles défoncent tellement les vallées, qu'ils risquent encore cent fois d'être engloutis. Le 6 mars, Burke est presque mourant pour avoir mangé un morceau de grand serpent qu'il a fait cuire! Le 20, ils commencent à alléger la charge de leurs chameaux qui ne peuvent plus avancer, et à jeter, par bête, environ soixante livres de ces provisions dont ils craignent tant de manquer. Ainsi les navires envahis par les eaux jettent à la mer tout ce qui les charge, quel qu'en soit le prix! Le 30, ils tuent un de leurs chameaux. Le 10 avril, ils tuent Billy, le cheval favori de Burke, sur lequel il était parti de Melbourne et qui avait le mieux résisté dans toute la campagne. Le 11, ils sont forcés de faire halte un quart d'heure pour attendre Gray, qui ne peut plus marcher : la faim les exaspère tant que ces deux hommes, au cœur pourtant bien généreux, en arrivent à rudoyer leur ami!... C'est qu'ils avaient réservé la farine pour leur dernière extrémité, et qu'ils avaient trouvé Gray se cachant derrière un arbre pour en manger! Comme les dernières souffrances incomprises de ce malheureux Gray durent leur revenir en mémoire quelques jours plus tard, quand ils se sentirent, eux aussi, à l'agonie!

Enfin, le 21 avril au soir, ils arrivent à l'oasis! ils n'étaient plus que des squelettes vivants; ils cherchent des yeux, ils appellent de la voix leurs camarades auxquels ils avaient tant dit « Attendez-nous » : l'oasis est déserte, pas une voix humaine ne leur répond!... Que de pensées tristes ont dû leur percer le cœur à cette heure solennelle! En cherchant, éperdus, ils voient bientôt inscrit sur cette écorce d'arbre « dig », ce mot de tout à l'heure; ils fouillent : quelques provisions de vivres avaient été laissées par Brahe dans la caisse en fer ; des papiers y étaient aussi, expliquant les motifs du départ, et ils étaient datés..... du jour même, du 21 avril au matin!

Ainsi, après une course désespérée jusqu'à l'Océan et un retour plus désespéré encore, après avoir perdu ou mangé presque tous leurs chameaux et leurs chevaux, excepté deux, après avoir fait la plus grande découverte que puisse enregistrer l'histoire de l'Australie, ils arrivent à l'oasis à laquelle ils avaient tant rêvé dans leurs tortures, et les hommes qui les auraient sauvés, sur lesquels ils comptaient, sont partis depuis sept heures seulement!

Que devenir? Épuisés au point de ne pouvoir faire quelques pas, devaient-ils tenter, avec des bêtes demi-mortes, de suivre, pendant six cents kilomètres, une caravane bien montée et longtemps reposée, de courir après le salut, à quelques milles en avant, sans pouvoir jamais l'atteindre? Certes c'eût pourtant été le parti le plus sage, est-il facile de dire, quand on juge les faits une fois accomplis et qu'on n'est pas éperdu par des mois de torture. Mais Burke se souvient qu'il y a près du mont Désespoir, à cent cinquante kilomètres de là, une « station » de moutons : celle-là au moins ne fuira pas devant lui; et, malgré eux, après deux jours de repos, il y entraîne Wills et King avec quelques provisions. Il dépose dans la caisse de fer le journal de toute sa découverte, de son retour, journal dans lequel il déplore enfin l'abandon de son lieutenant et annonce sa marche vers le mont Désespoir.

Pour mettre le comble à tant d'infortunes, pendant que Burke, se traînant à peine et abîmé de douleur, perdait de vue l'oasis et se dirigeait à l'Ouest, Brahe et Wright, qui s'étaient rencontrés, comme vous vous en souvenez, le 23 avril, revenaient à cette même oasis, poussés par le remords, pour s'assurer que personne n'était de retour : aussi légers qu'imprudents, ils ne songèrent pas à creuser dans le sable et à fouiller la cachette ! Ils auraient trouvé le dépôt de Burke daté du matin même et l'itinéraire de sa route..... ils l'auraient sauvé ! Mais non, ils trouvent à la surface de la terre toute chose dans le même état qu'à leur départ, et ils repartent dans le Sud-Ouest pour le Darling.

Ainsi deux fois de suite dans la même semaine, ces hommes qui se cherchaient, et dont la réunion eût mis une heureuse fin aux plus affreux supplices, s'étaient trouvés, sans le savoir, tout près les uns des autres, dans un rayon de quatorze milles seulement, au milieu de l'immensité des déserts !

En ce moment Burke, Wills et King descendent la vallée du Cooper, emportant avec eux les provisions de la cachette. Un chameau tombe de fatigue, ils le tuent et sèchent sa chair au soleil : le lendemain le dernier meurt aussi. A bout de ressources, ils se traînent jusque vers une tribu aborigène chez laquelle un tel spectacle fait taire les plus féroces instincts ; elle les prend en pitié et partage avec eux sa nourriture, une graine atroce, appelée « nardou », qu'ils mâchent à grand'peine et ne peuvent digérer. Et ils vivent ainsi jusqu'au 15 mai !

Tout d'un coup, par un réveil d'habitudes nomades, les Noirs s'enfuient et ne reparaissent plus. Ainsi, ceux dont les trois voyageurs avaient si longtemps craint les hostilités, mais qui étaient devenus leur providentielle ressource, les abandonnaient sans motifs! Alors, la nécessité les pousse à continuer leur marche vers le mont Désespoir, et à se traîner jusqu'au 24 mai sur une terre sablonneuse et brûlante. Ne découvrant rien sur l'horizon, ils tombent de fatigue et renoncent désormais à cette dernière espérance. Vraiment le malheur les poursuivait, car depuis on a suivi leurs traces et on a trouvé que, s'ils avaient marché seulement un jour de plus, ils auraient vu la montagne.... et ils auraient été sauvés!

Le 27 mai, ils sont de retour à Cooper's Creek, vivant de nardou, dont la mastication les épuise et dont le suc ne les nourrit pas. « Ils viennent, écrivent-ils, revoir l'oasis et mourir! » et ils enfouissent dans la caisse la relation, en quelques lignes, de leur dernière tentative. Combien de temps dura cette demi-mort, c'est ce que nous apprennent les mots tracés encore de temps à autre par Wills ou Burke et déposés comme le testament de leurs dernières heures, dans la caisse en fer, au pied de l'arbre!

C'était pour eux comme une consolation d'écrire, presque dans leur agonie, des fragments de mots destinés à leurs concitoyens, et montrant tout ce qu'ils avaient souffert en vrais martyrs de l'amour de la science et des découvertes.

Le 20 juin, le nardou qu'ils broyaient ne les soutenait presque plus : deux lignes de Wills en ce jour disent « qu'il est trop douloureux de se sentir abandonné, et que pour lui il ne peut plus durer. » Le 22, il écrit « qu'il se couche et se blottit sur le sable pour ne plus se relever; que désormais ce sera King, le plus valide, qui portera ses derniers adieux dans la cachette. » Du 29 juin sont datés ses derniers mots : c'est une lettre à son père, pleine de douceur et de résignation : « Ma mort... ma mort est certaine d'ici à quelques heures, mais mon âme est calme! »

Le jeune Howitt ne trouva plus, sous l'arbre de triste mémoire, rien d'autre qui pût l'éclairer sur le sort de Wills. Était-il mort ou bien vivait-il? Où pouvait être son squelette desséché ou son corps râlant encore? Les derniers mots d'O'Hara Burke sont datés d'un jour plus tôt que ceux de Wills, du 28 juin : quoique faible et mourant, il voulait encore chercher la tribu des Noirs, son unique espoir de salut! Ses adieux portaient plus de vigueur, mais autant d'héroïque résignation : « King survivra, j'espère; il a montré une grande âme: notre tâche est remplie, nous avons les premiers gagné les rivages de l'Océan...., mais nous avons été aband... » Ce dernier mot n'était pas achevé, il n'eut pas le courage de l'écrire.

Ils avaient expiré sans doute, lui et les siens, et

ils étaient restés sans sépulture après avoir fermé la tombe où étaient ensevelis leurs écrits qui dévoileraient les mystères du continent et qui témoigneraient de leurs douleurs surhumaines. Aucun autre vestige ne donnait d'indication. Quand Howitt était arrivé, la cachette était bien recouverte de sable. Dans toutes les traces confuses et répétées, marquées sur le sol, indiquant d'innombrables allées et venues du camp à la flaque d'eau, impossible de distinguer la dernière.

Howitt chercha dans toutes les directions environnantes, trompé chaque jour par des empreintes de pieds de chameau qui le ramenaient, par de longs détours, toujours à l'oasis, quand enfin le 10 septembre, au milieu des traces de pieds nus d'une tribu de Naturels, il trouve l'empreinte d'une chaussure!... C'est pour lui un moment d'angoisse, et bientôt, découvrant au milieu des bois les feux des Noirs, il y arrive soudain et aperçoit un malheureux couvert de guenilles, une ombre d'être humain, faible à ne pouvoir se tenir debout, témoignant par des yeux étincelants une joie délirante, mais pouvant à peine proférer un son!

C'était un survivant de la grande expédition! c'était King, l'ancien soldat! Peu à peu la parole lui revint avec les forces, et il put alors raconter ce qui était advenu aux trois voyageurs, depuis le jour où il avait recouvert de sable la cachette, et où, pour tous en ce monde *excepté* pour lui, tout était resté mystère.

Le 28 juin, Wills à l'agonie l'avait supplié d'aller à la recherche des Naturels : il mettait en eux tout espoir de salut ; il confie à Burke sa montre et un mot d'adieu pour son père, et les trois amis, tant éprouvés par de communes tortures, se séparent douloureusement pour ne plus se revoir sur cette terre. Au bout de deux jours de marche, Burke tombe anéanti, demandant à son compagnon « de ne le point quitter jusqu'à ce qu'il soit mort », et de laisser ensuite sans sépulture son cadavre exposé au soleil des déserts dans lesquels il avait tracé la route de son siècle et trouvé la mort.

Le 29, il se sent fléchir pour la dernière fois sur le sol desséché : ses narines s'enfoncent dans le sable, il regarde la Croix du Sud, qui est le signe consolateur des mourants dans l'hémisphère austral, puis ses grands yeux s'éteignent, et il meurt en se débattant dans le sable du désert !

Le dernier survivant, tout éperdu, revint à la rivière sur les bords de laquelle il avait laissé l'infortuné Wills... qui était mort aussi, mais sans un ami pour lui fermer les yeux. King erra alors seul dans les bois, pleurant ses deux chefs ; enfin il retrouva la tribu hospitalière dont la nourriture le soutint plus longtemps qu'elle n'avait pu le faire pour ses deux compagnons. Howitt, guidé par lui, retrouva les deux squelettes que les Naturels avaient recouverts de branches en signe de respect : à côté de Burke, à sa droite, était son revolver. Howitt enterra ses restes mortels dans l'Union-Jack, le pavillon national, la plus digne sépulture qui soit due à un brave, et, après avoir récompensé les Naturels, il reprit le chemin de Melbourne, rapportant le *journal* et le *testament* des explorateurs.

Le 9 décembre de la même année, il repartait pour visiter de nouveau ces tombes solitaires, chargé par la colonie de Victoria de rapporter les restes des deux héros australiens; un an après, tous les habitants de Melbourne recevaient en deuil le triste cortége. Ils voulurent honorer par des funérailles publiques, d'une magnificence inconnue jusqu'alors, et par un monument élevé au centre de la cité, ces hommes morts à la fleur de l'âge en se dévouant pour leurs concitoyens. — Mais non, de tels hommes ne meurent pas tout entiers; c'est à leur audace, à leur désintéressement, à leur dévouement et à leurs souffrances, que l'Australie doit son merveilleux développement d'énergie et de vie, de prospérité et de splendeur! Du Nord, du Sud, de l'Est et de l'Ouest, elle a eu ainsi ses hardis pionniers; ils ont avancé dans l'inconnu et, le plus souvent, ils y ont succombé; mais la route était ouverte par eux, et la colonisation, la richesse et la vie les ont suivis.

Dans les nations de l'ancien monde, les souverains voient sans scrupule mourir aux guerres qu'ils allument des milliers de soldats; dans ce nouveau monde, où le désert est le champ de bataille, où l'explorateur est le soldat et l'apôtre de la civilisation, quand dix-sept hommes ont été en péril, une population d'un million d'âmes s'est levée pleine d'angoisse, et, pour les sauver, ce que peut la force humaine, la force héroïque, elle l'a fait.

Mais si la mort a triomphé de ces viriles tentatives, la ville née d'hier sait du moins honorer ses grands hommes, et nous, voyageurs et étrangers, pleins d'admiration pour leur histoire, ne devons-nous pas nous incliner devant ce deuil qui la couvre encore, et saluer en eux les créateurs d'un empire dont les destinées futures semblent aussi augustes que ses commencements sont extraordinaires ?

V.

MELBOURNE ET SES ENVIRONS.

Quartier européen. — Quartier chinois. — Chasse au cerf. Perruches et cacatois. — Récits sur la Nouvelle-Zélande. — Un ex-zouave nous porte secours.

13 *juillet*. — Nous continuons aujourd'hui à nous rendre compte de Melbourne; les établissements de bienfaisance, les écoles, les hôpitaux, les Chambres, que sais-je? Qui ne se croirait en Europe en parcourant les rues bien alignées qui mènent à ces édifices, et surtout en visitant ces édifices eux-mêmes? Mais non, je me trompe; chez nous, trop souvent, un espace rétréci, des constructions anciennes, des emplacements irréguliers, consacrés par l'usage, ont fait que la perfection des connaissances de notre époque n'a pu qu'améliorer ce qui existait déjà et en tirer le meilleur parti possible; ici du premier jet, depuis la fondation jusqu'à la dernière pierre, l'homme a tiré son cordeau sur un sol libre de toute entrave, a pu créer son œuvre sur les plans les plus parfaits qu'il a fallu des siècles pour acquérir et qu'il applique entièrement en un seul jour.

Mais tout en ce monde a les défauts de ses qualités, et cette ville semble être sortie de terre bien trop uniforme et rappelle trop nos nouveaux boulevards : ici manquent tout à fait l'art ancien et la variété pittoresque de quelques vieux quartiers, comme ceux que M. Haussmann n'a pas encore pu badigeonner chez nous. Mais ici M. Haussmann se serait bien ennuyé! Car avant de construire, il n'y aurait pas eu moyen de faire l'ombre d'une expropriation ni d'une démolition!

Le Parlement, où siègent la Chambre Haute et la Chambre Basse, a voulu être un petit Parthénon; il a du cachet et du grandiose.

Je regrette bien que la session de cette année soit déjà terminée; dans ces belles salles, dignes des représentants d'un peuple libre, on se dit des vérités et on fait vite les affaires. Pour une société qui s'étend tout d'un coup sur des milliers de lieues carrées, qui s'en partage l'exploitation rapide, qui couvre le sol de villes et en fouille les entrailles pour extraire des millions de lingots d'or, ce n'est point une sinécure d'être l'âme multiple qui discute et qui sanctionne les lois; une salle remplie des « Parliamentary acts and reports » fait foi que les assemblées se sont vivement acquittées de la besogne.

Passer de la salle des Pas-Perdus, qui a répété, nous dit-on, les échos de bien des orages politiques, à un quartier où les échos les plus dissonants, les plus inconnus frappent nos oreilles, ce n'est pas une bien longue course. Nous voici dans le quartier chinois. Ces « celestial gentlemen », comme on les appelle ici, sont des pantins affreux et se ressemblent tous; quand on en a vu un, c'est comme si on en avait vu cinq cents; jaunes comme du jus de tabac, criards comme des cacatois, odoriférants à faire fuir des rats, déguisés en dandies et en fashionables européens, ils rentrent leur longue queue de cheveux sous le collet de leur gilet, ce qui détruit tous leurs charmes. Du reste, à qui plaire? Le gouvernement, qui a été obligé d'arrêter l'invasion des bandes chinoises pendant plusieurs années, se contente à présent de leur imposer une taxe et de leur interdire formellement d'amener avec eux leurs douces compagnes. Des Chinois, passe! dit-il, mais des Chinoises, jamais!

J'ai peut-être eu tort de lever si vite ce lièvre chinois : c'est une question brûlante; son apparition a effarouché les uns; ils ont poussé des cris d'alarme, qui ont scandalisé les autres.

Les réclames dorées de la découverte des mines d'Australie, parvenues, quoique un peu tard, jusqu'à l'Empire du Milieu, avaient tout d'un coup arraché à leurs pagodes des milliers de Chinois : ils franchissent l'Océan, chargés pour tout capital du sac de riz qui les nourrit pendant la traversée, et ils inondent les placers.

Apre au gain, travailleur infatigable, sobre comme un ermite, « John Chinaman », avec la patience, la ténacité, la succion de l'insecte, réussissait à merveille à pomper la richesse du pays, et une fois son magot collectionné, il s'en retournait, l'un portant l'autre, dans l'hémisphère nord!

Qu'a fait la colonie naissante? Elle a imposé à tout Chinois, le jour de son débarquement, une capitation de deux cent cinquante francs; elle n'a permis sur les navires qui arrivaient de Chine qu'un « Celestial » par dix tonneaux de marchandises; et une fois sur les placers, elle a levé sur chacun d'eux une taxe de douze francs cinquante par mois. C'était restreindre à grands coups l'immigration, mais soulever une vraie tempête politique.

Si la race blanche, disaient les uns, est venue, après d'innombrables périls et des dépenses énormes, planter son pavillon sur la terre australe; si sa colonisation pastorale a transformé des savanes en prairies fertiles qui rappellent les comtés de l'Angleterre; si des hommes comme Burke, Sturt, Landsborough et Leichardt se sont sacrifiés pour l'ouvrir à la civilisation; si cette race a fait des routes, ouvert des ports, construit des villes et des chemins de fer, créé une magnifique organisation sociale, commerciale et politique, et fondé pour elle une seconde patrie à six mille lieues de la terre natale, est-il juste que, le jour où a pondu la poule aux œufs d'or, des milliers de magots d'une race inférieure qui n'ont ni les mêmes idées ni les mêmes mœurs, et qui apportent avec eux une cargaison pestilentielle de vices, viennent mettre la main sur la couvée et la disputer orgueilleusement? Quelle loi d'égalité humaine force des colons qui ont découvert et façonné une terre, qui s'y fixent et qui la rendent prospère, à en laisser ravir les trésors, à leur détriment, par des étrangers venant pour y piller un riche butin et le rapporter dans leur monde demi-barbare?

L'Australie est une grande carrière ouverte à toute la race blanche, sans aucune distinction de nationalités. Que l'élément chinois soit profitable aux populations « tagales » des Philippines et aux races malaises de Java et de la Polynésie, soit! parce qu'il donne là une race métisse qui tient du père et qui fait des hommes plus intelligents, mieux bâtis et plus industrieux!

Mais en Australie, grâce à un climat vivifiant et à une vie qui engendre la force, voici la race anglo-saxonne qui prend ses plus beaux développements sur une terre vierge; voici une nation qui s'improvise et qui songe à l'avenir; mais la richesse vite acquise du mineur chinois forme trop de contraste avec la pauvreté de l'immigrante Irlandaise à peine débarquée. Voyez-vous tous ces hommes jaunes, petits, aux yeux en coulisse, à nez épaté et à peau de requin, devenir les heureux maris des blondes filles de l'Erin, et les pères bénis de toute une jeunesse australienne, jeunesse bigarrée et bâtarde, déchue et avilie, parlant un langage demi-asiatique, au milieu d'églises-pagodes et de jonques à vapeur, quand il s'agira de voter, de construire des machines, de soutenir l'élan civilisateur des pionniers actuels de cette terre.

Non! ce n'est pas là la génération que doit rêver une jeune colonie anglaise! Hélas! il a fallu déjà trop d'exemples irlando-chinois pour que les Chambres prissent résolùment le parti d'arrêter ce torrent d'Orientaux, qui viendrait emporter l'or et laisser à l'Australie une tache originelle que des centaines d'années n'effaceraient pas. Et quant à permettre aux femmes chinoises de pénétrer sur ce sol, ne serait-ce pas, nous disent les voyageurs qui ont connu à fond le Céleste-Empire, apporter double ration de tout ce que la corruption et la pourriture physiques et morales ont de plus complet sous la calotte des cieux?

Pourtant, les choses n'ont été poussées à l'extrême qu'à l'égard de ces dames. Quant à la restriction sur l'immigration des hommes, les six mille habitants de ce quartier, leurs vingt-quatre mille compatriotes éparpillés sur les placers ou dans les jardins, prouvent bien qu'ils gagnent assez pour supporter des taxes : jamais on n'en a expulsé ; chaque année encore il en arrive, mais heureusement en petit nombre. Pour échapper à la taxe, ils ont bien imaginé de débarquer à Sydney ou à Adélaïde, et de gagner par terre les mines d'or, en faisant deux cents lieues à pied ; mais les colonies voisines ont imité Victoria, ce qui les gêne un peu. — Rien, rien, pourtant, ne les rebute !

Mais ne croyez point qu'ils n'aient pas leurs défenseurs zélés. Pour eux, ces lois de restriction ne sont autre chose que l'application de la fable du loup et de l'agneau : ce n'est point là l'hospitalité de la race anglo-saxonne, c'est une tyrannie égoïste qui fait tache sur la terre de la liberté, et la race la plus éclairée ne doit point exclure d'une commune moisson les malheureux hommes d'une race pauvre qui viennent glaner avec elle.

Vous le voyez, je ne suis pas de ceux qui, n'écoutant qu'une cloche, n'entendent qu'un son ; nous avons eu la fortune de visiter ce quartier avec deux aimables hommes, deux hommes instruits, un chinophile et un chinophobe ; mais, pour ma part, ce dernier m'a convaincu, et, ce qu'avant tout j'ai à cœur, c'est de voir pure de toute tache cette population qui s'élève, la première qui soit née sur ce sol ; c'est de voir que ces hommes malheureux, ces familles éprouvées, qui ont eu le courage de quitter leur patrie, — que ce soit l'Allemagne, la France ou l'Angleterre, — pour venir chercher, je ne dis pas fortune, mais leur pain de chaque jour sur cette terre lointaine, dans les paisibles travaux des champs ou dans la laborieuse recherche de l'or, que ces hommes ne se voient pas disputer leur part toute brillante à leurs yeux par des bandes viciées d'Asiatiques, dont le pavillon ne s'est jamais montré dans ces mers à l'heure du danger, des durs travaux et des découvertes, et qui, incapables même d'y venir sur une de leurs jonques, n'arrivent qu'à l'heure de recueillir, elles qui n'ont pas semé !

Excepté pour les Chinois, rien de plus libéral, du reste, et de plus hospitalier que la colonie de Victoria. Que l'immigrant soit Français, Italien ou Américain, il y est appelé aux mêmes droits et à la même indépendance que les Anglais. Ces derniers font ici plus des dix-neuf vingtièmes de la population ; puis viennent les Allemands. — Quant à nous, nous y soutenons noblement notre réputation de cuisiniers, de perruquiers et de modistes ! Ce n'est que par eux qu'on connaît ici le nom français !

« Comment se fait-il, nous disait-on, que jamais un capitaliste de votre nation, que jamais un homme bien posé ne vienne ici ? Regardez pourtant tous les hommes distingués d'Angleterre qui ne nous dédaignent pas ! »

Le drapeau tricolore y jouit cependant d'un grand prestige, non pas qu'on parvienne jamais à le voir flotter sur la poupe des navires de la rade, mais parce que chaque malle d'Europe apporte ce je ne sais quoi de fougueux et de brillant qui est le propre de notre nation. — Oui, on a ici une haute idée de la France, et cela nous réjouit l'âme. En revanche, voici les hommes politiques et responsables de cette terre libre, libre jusqu'à l'illimité dans ses votes, dans sa presse, dans ses Chambres, dans ses réunions, et ils nous demandent de leur expliquer ce que c'est que les candidatures officielles, les ministres non responsables, les premiers et derniers avertissements, les suppressions de journaux, la prison préventive, les prohibitions de « meetings ». — Bref, toute notre litanie nouvelle et le *De profundis* de nos libertés, c'est de l'hébreu pour eux; je le comprends, et je ne connaîtrais que des arguments chinois pour leur répondre.

14 *juillet*. — Aujourd'hui, que le baromètre et le chronomètre restent au repos! Je vais en tenue dès le matin à une chasse à courre, une chasse au cerf, pour laquelle le capitaine Standish m'a donné un magnifique cheval. — Le « Meet » est à sept milles de Melbourne, et je ne pouvais croire, à l'aspect de toute la route, que j'étais en un pays sauvage encore il y a quinze ans : il me semblait que je me rendais à Epsom, aux « Surrey Stag Hounds », à voir sur cette grande route animée tant de phaétons légers et de drags à quatre chevaux. Nous sommes plus de cent cinquante cavaliers au départ : des habits

rouges, des amazones, et un cerf venu du Royaume-Uni ! Vraiment, partout où s'établissent les Anglais, que ce soit à Gibraltar, au cap de Bonne-Espérance ou en Australie, ils apportent avec eux tous les usages, tous les plaisirs de leur première patrie.

Ils ont leurs « Cricket-Matches, » comme leur « Stag and Kangaroo Hounds », et bien des équipages des « shires » leur envieraient, je crois, le choix de leur meute, l'adresse de leurs chevaux, et le brillant de leurs cavaliers, qui se disent, non sans raison, les premiers « steeple-chasers » du monde. — Nous voilà lancés : galopade effrayante dans des prairies, des champs de blé, des lagunes coupées de crevasses ; la chasse va un train d'enfer ; les obstacles se succèdent sans qu'on puisse reprendre haleine ; ils sont sans fin, bon Dieu ! et il y a de quoi frémir ! Ceux de l'Irlande, que j'ai vus de près, ne supportent pas la comparaison avec ceux-ci ; l'abondance inouïe des bois en est la cause. Voici comment ils sont tous faits : entre deux fossés tout rapprochés, s'élève une haute barrière fixe, composée de trois et quatre grosses poutres d'un pied de large et de haut, taillées à quatre faces régulières, étagées à intervalles, et clouées à de vrais troncs d'arbres. Un régiment de cavalerie chargeant là-dessus ne les briserait pas. Il faut franchir lestement les obstacles ou se briser soi-même. — Aussi, je le confesse, je crois avoir eu rarement si belle occasion de sentir mon cœur battre et de vider les arçons ; un peu de bonheur, et ma bonne étoile, qui est de tous les hémisphères, m'ont permis de courir ventre à terre, pendant une heure et demie, par-dessus cette jolie pépinière d'obstacles sans me rien casser ! Il n'en a pas été de même du cerf, qui s'est cassé la jambe au fond d'un ravin, où tous les « habits rouges » sont arrivés en descendant une pente terrible.

Le maître d'équipage eut l'amabilité de m'inviter le soir au dîner du « hunt », au club, où tout était servi avec le luxe que vous pouvez imaginer chez les heureux de la terre de l'or ; c'était bien le type de ces dîners de chasse anglais, pleins de verve et d'entrain. Que de sujets sont venus sur le tapis, depuis Paris, ses spectacles, ses beautés, jusqu'aux savanes, aux kanguroos et au pôle sud !

Le récit du « Cricket-Match » d'il y a deux ans est venu à son tour : les « onze » d'Australie ont combattu en champ clos contre les « onze » d'Angleterre, qui s'étaient embarqués et avaient fait six mille lieues pour venir jouer ici une *partie de cricket*. — C'est vraiment par trop fort ! Une fois leur partie gagnée, les onze d'Angleterre, après s'être vus cordialement fêtés par les vaincus, s'en sont retournés par le cap Horn, comme s'ils avaient fait la chose la plus ordinaire du monde, avec un billet d'aller et retour pour les antipodes.

Le 15 *juillet, dimanche.* — Toutes les cloches, dès le matin, sonnaient leur gai carillon, et les hymnes sacrées de la vieille Europe nous allaient droit au cœur. Non-seulement la nef de l'église catholique était toute pleine, mais un grand nombre de fidèles étaient encore à genoux en dehors des portes. — Il y a beaucoup de catholiques à Melbourne : l'évêque dirige en ce moment les travaux d'une grande cathédrale, à demi terminée, pour laquelle les Chambres, nous dit-on, ont voté une très-forte somme d'argent. — La question des cultes sur cette terre de la liberté doit être bien intéressante ; je vais me mettre en quête de renseignements, et, dès que j'aurai des données, je vous les enverrai dans ma prochaine lettre.

Un dimanche passé dans une ville anglaise : qu'y a-t-il de plus triste et de plus morne au monde ? Les grandes artères sont désertes ; on y entendrait une mouche voler ! Le vent seul siffle dans les jolis arbres des Fitz-Roy Gardens, le petit bois de Boulogne austral, où l'autre jour, malgré l'hiver, un gai concert en plein air nous charmait tous ! Ah ! où sont nos joyeux dimanches de France ?

Le 16 *juillet.* — Un bon cheval et une carriole, des fusils, des bottes et des munitions, voilà notre affaire ; et avant le jour nous partons, le prince et moi, pour aller à onze lieues d'ici courir dans des bois qu'on nous dit remplis de perroquets! Faire mon *ouverture* de perroquets, c'est comme un rêve magique pour moi! Je n'en ai pas dormi et je n'en dormirai pas! Notre route est une voie trois fois large comme les nôtres, tracée toute droite vers le Nord : elle est flanquée de chaque côté d'espaces à demi entretenus, destinés aux voyages des troupeaux; le sol est rougeâtre et la route est bonne. — Voici bientôt deux cents bœufs que nous rencontrons; ils viennent de l'intérieur, pour approvisionner Melbourne, ses faubourgs et les navires de la rade. Trois hommes à cheval les guident : la longue barbe de ces conducteurs, qui me paraît tout à fait nationale en Australie, leur haute stature, leurs grandes bottes et leur vaste chapeau de feutre biscornu, leur donnent un farouche aspect de bandit. — Dans les prairies entrecoupées de bois galopent des troupeaux de chevaux : ils sont tous de race anglaise et répandus ici à profusion; tout le prouve, du reste, car nous rencontrons successivement quatre ou cinq bûcherons s'en allant à leur ouvrage au petit galop sur leur monture : celui-ci porte sa cognée, celui-là sa serpe, un autre une scie, un quatrième une marmite.

A midi nous sommes au village qu'on nous avait indiqué. Il a nom Dandenong : quatre maisons en bois, voilà tout. Vite nous chargeons les fusils, recrutons un brave « Irishman » tout roux et père de huit enfants, obtenons qu'il nous guidera dans les bois et prairies pour tuer des perroquets, sans enfourcher un de ses chevaux, ce qui l'étonne considérablement. « Aller à pied, » cela lui paraissait vulgaire, même à la chasse à tir.

Ce fut alors une course pleine d'émotions au milieu des prairies et des bois de cette vallée sauvage. J'ai vu là les arbres à gomme rouge dans toute leur splendeur, et ils m'ont rempli d'admiration : de pareils troncs, de pareilles branches, je n'en ai jamais contemplé en Europe.

Tout ce que la forêt a de sauvage quand elle vient mourir dans d'immenses prairies naturelles, des ravins avec des fougères-arbres trois fois plus grandes que l'homme, une herbe toute verdoyante, des troupeaux de bœufs et de chevaux qui paissent sans gardien sous les bois immenses, des arbres séculaires, arrachés et amoncelés par les tempêtes, des troncs pourris par la racine menaçant de tomber, des traces des feux que les Naturels ont allumés à leurs pieds : ah! je ne puis vous dire ce qu'ont de délirant et cet ensemble, et cette végétation magnifique, et cet aspect sauvage! Je suis ravi! Nous grimpons aux roches, nous passons des ruisseaux, à cheval sur des troncs d'arbre, nous courons comme des fous après de délicieuses perruches! Sans notre brave Irlandais, nous nous serions perdus cent fois. — Mais que c'est joli à voir voler au soleil ces bandes de perruches qui poussent des cris perçants! Quelles admirables couleurs! Vingt, trente, cinquante s'envolent à la fois et disparaissent comme un dard! Tout d'un coup un ramage effrayant se fait entendre au loin : nous y courons. Trois cents cacatois blancs se disputaient par terre les graines de leur repas du soir; ils étaient à une demi-lieue de nous. Ce qu'était le ramage étourdissant de ce congrès de cacatois, dont la moitié faisait le guet, tandis que l'autre, comme sur une grande nappe blanche, piquait du bec dans le gazon, jamais vous ne pourrez l'imaginer : une marche savante et tournante, à quatre pattes et à plat ventre, au milieu du fourré, des herbes et des roches, nous réussit à grand'peine; notre gros plomb pourtant décrocha un cacatois, qui, secouant sa crête jaune, appela en se débattant les autres au secours. Un *tolle* général de la gent criarde lui répondit : elle volait à cinq portées de fusil au-dessus de notre tête, en chantant avec fureur l'hymne de deuil de notre magnifique victime.

La soirée vient trop vite; nous rentrons dans une de ces quatre maisons en bois qui semblent perdues sous les grands arbres : une d'elles est une petite auberge, où une brave femme nous fait un fricot, et nous dînons fort gaiement. J'ai la chance de tomber après dîner sur un livre des plus drôles : ce sont les impressions de voyage d'un Australien en Europe. Le bonhomme en débarquant en France décrit les naturels des campagnes et des villes, tout comme nous décrivons les Chinois. Il y a là une bonne dose d'originalité. Quelle longue nuit! Sont-ce les cris des cacatois qui me poursuivent, ou sont-ce les parents du cancrelat occis pour s'être promené autour du rôti, à la fin du dîner, qui auraient sur moi vengé sa mort?

Le lendemain les étoiles brillaient encore quand nous étions déjà au fond des bois et dans l'eau jusqu'aux genoux. Messieurs les perroquets, rouges, écarlate, bleu-clair, verts, orange ou lilas, se réveillent aux premiers rayons du soleil, mais ils sont farouches et se sauvent aussi vite que la dernière ombre de la nuit. Il y en a de telles myriades qui crient de tous côtés, il y a des arbres si couverts de perruches tigrées et de vrais moineaux verts qui en pendent comme des grappes, que nous fîmes encore aujourd'hui une chasse dont les joies m'ont complétement tourné la tête; nous rapportions le soir à Melbourne le plus joli trophée que l'on puisse voir, et dont on aurait pu faire une délicieuse aquarelle. Quatre-vingt-cinq pièces en tout! des grues bleues, des cacatois blancs, mais surtout des perroquets et des perruches, dont les couleurs vives et étincelantes, depuis le grenat jusqu'à l'azur, font de vrais bijoux. Singulière chose que « leur ramage ressemble si peu à leur plumage »! Tandis qu'en Europe les bois résonnent du chant harmonieux des oiseaux et que le rossignol vous ravit avant l'aurore, ici les cris les plus aigus et les plus discordants forment une sauvage musique. Mais aussi, pour les consoler, la nature ne leur a-t-elle pas donné la plus éblouissante des parures?

18 *juillet*. — Journée officielle : visites rendues à l'évêque, au maire, aux consuls; ce soir nous avons grand dîner chez le Gouverneur, brigadier général Carrey, « the luckiest man of the army », revenu le matin d'une tournée de six jours dans l'intérieur; les ministres étaient là, ainsi que les hauts fonctionnaires de la colonie, et, de plus, beaucoup de dames en grande toilette au milieu des uniformes rouges à galons dorés de l'état-major. — C'est réellement notre première rentrée dans le monde civilisé : après trois mois de vie maritime et solitaire qui donnent à l'âme je ne sais quoi de timide, il me semblait que je sortais alors ébahi d'un rêve; tout ce que cette impression a de nouveau et de bizarre, ceux-là seuls peuvent le comprendre qui ont connu les longues solitudes sur mer! Mais dans ce salon, la conversation s'anime vite, et l'intérêt ne chôme pas. Je suis aussitôt frappé de tout ce que nous racontent les officiers revenant de la Nouvelle-Zélande, où ils ont fait de longues campagnes. Le général y a commandé avec gloire, et des aquarelles jetées sur le papier entre deux batailles nous font passer en revue tous les sites des îles d'Eaheinomauwe et de Tavia-Poonammoo. — Le dernier arrivé de ces parages est un jeune officier à la figure martiale, le colonel Tupper, qui a voulu venir au dîner quoiqu'il se fût cassé la jambe il y a un mois à la chasse à courre; cette jambe, il l'avait cassée deux mois auparavant, aussi à la chasse à courre, et cette fois-là c'était déjà un cas de récidive ! Vous le voyez, les chutes de cheval viennent dans la hiérarchie des chances de mort, en Australie, encore avant les flèches des sauvages ! Mais il m'a raconté sur la Nouvelle-Zélande les choses les plus curieuses; il m'a montré, dans les trophées de la salle d'armes, des haches de pierre, des lances empoisonnées, des costumes complets de dames et demoiselles, c'est-à-dire colliers et boucles d'oreilles; les Maoris sont, paraît-il, des hommes magnifiques, guerriers dans l'âme, coureurs agiles, accessibles aux sentiments d'honneur et très-amateurs de côtelettes humaines; un prisonnier pour eux représente un rôti; la cuisine y est un art; et des pierres chauffées à blanc, un fourneau économique; l'entre-côte humaine ne se cuit qu'entre deux couches de plantes aromatiques, et seulement quand elle est faisandée. — Ces fêtes-là ne sont pas *encore* de celles qu'on nous propose : on voudrait d'abord organiser les bals les plus brillants, mais notre deuil nous les fait refuser.

22 juillet. — Nous voici de retour d'une nouvelle expédition de chasse : le capitaine Standish nous a emmenés à Snapper Point; c'est le cap extrême qui ferme la baie de Port-Philipp du côté de l'Est et qui la sépare de l'Océan Austral; nous y avons été par terre, tantôt en longeant la plage, tantôt à travers les grands bois sauvages, tantôt enfin sur les rochers qui dominent la mer. Un vilain serpent, un ancien matelot qui était déjà ici en 1840, — ce qui est l'époque mérovingienne de la colonie, — et qui, pour se consoler de richesses perdues au jeu, chasse les phoques; beaucoup de perruches ravissantes, telles furent nos rencontres pendant toute la journée qu'il nous fallut pour gagner la pointe.

Là est un brave insulaire qui possède une dizaine de lévriers d'Écosse acharnés contre le kanguroo. Le jour suivant, nous nous engageâmes avec lui dans la forêt, où il serait certes bien facile de s'égarer, en galopant par-dessus les troncs d'arbre dans les hautes herbes. Nous étions convenus que celui qui tirerait trois coups de revolver, pan! pan! pan! annoncerait ainsi aux autres qu'il se sentirait perdu. Nous avons suivi ventre à terre la bande des lévriers; mais la chasse a été si vite au milieu du fourré et d'une sorte de jongle, que nous n'avons tous vu, qu'une fois morts, les trois kanguroos de petite taille que les chiens forcèrent. On se fait terriblement casse-cou dans ces belles galopades, qui inspirent un charme inconnu, semblable à une sorte d'ivresse. On voudrait toujours les percer plus avant, ces forêts sans fin, dont chaque temps de galop soulève un voile mystérieux.

En rentrant au petit village, les colons nous voyant passionnés pour la chasse, nous annoncent une grande nouvelle : « A deux lieues d'ici, il y a un étang enfoncé dans les bois ; de là depuis trois jours, aux rayons du soleil levant, on voit s'envoler des bandes de cygnes noirs qui reviennent y coucher à la nuit. » Nous dire cela, c'était mettre le feu aux poudres ; à quatre heures du matin, le 21, par une obscurité complète, nous nous acheminons sur une grève rocheuse, vers le ravin désigné ; plus nous approchons, plus nos précautions sont grandes ; silence, marche sur la pointe des pieds, battements de cœur, et tout cela dans un terrain antédiluvien ! Les deux lieues sont faites, la nuit s'évanouit, l'aurore paraît, le soleil de neuf heures brille... mais de cygnes noirs, pas même l'ombre ! C'était un bel et beau canard, et de ces canards qu'on ne tue pas.

Dans notre route de retour, un de nos chevaux faillit nous faire faire une pirouette de trois cents pieds, du haut d'une corniche qui dominait la mer ; pris d'une folle panique, il reculait éperdûment, et l'abîme était à dix mètres derrière nous.

Un homme vient à notre secours ; il se cramponne hardiment d'un seul bond au cheval qui menace de nous briser tous et de me noyer; son poignet de fer le secoue à tout rompre; il lutte et se donne du cœur en lançant un sonore juron : c'est un Français! Ancien soldat d'Afrique, couvert de cicatrices en pleine figure et en pleine poitrine, il parle bientôt de ses campagnes : « J'ai fait la guerre sept ans » sous le drapeau tricolore, et huit fois j'ai été » blessé. Puis j'ai passé au service d'Abd-el-Kader, » mais, vu que je n'ai pas eu comme lui le grand » cordon de la Légion d'honneur, je suis parti mou- » rant de faim, et venu ici gratter la terre pour y » trouver de l'or. » — C'était, il faut l'avouer, une curieuse rencontre.

VI.

LES MINES D'OR.

Aspect étrange de Ballarat. — Un lingot de 184,000 francs. — Un théâtre aux mines. — Traitement des filons de quartz aurifère. — Puits creusés dans les sables d'alluvion. — Orpailleurs à la superficie. — Port de Geelong. — Ravages des lapins importés.

23 juillet. — Nous partons, nous aussi, pour les mines d'or; elles sont à cent cinquante kilomètres de Melbourne. Cette route, qui mena à tant d'illusions et à tant de richesses, que des milliers d'hommes firent à pied, souvent sans chaussures, avec une tente et une pioche pour tout capital, et qu'ils refirent peu de temps après portant sur eux les sacs pleins de la poudre d'or que le travail de leurs mains avaient gagnée, cette route, au terme de laquelle tant de joueurs virent la fin de leur fortune, tant de malheureux, celle de leur misère, ne porte-t-elle pas inscrites à chacune de ses bornes les dates les plus émouvantes de l'histoire de l'Australie?

Aujourd'hui une ligne ferrée rejoint Melbourne à Ballarat, et, en quatre heures, on passe de la ville commerçante à la ville aurifère. Nous traversâmes donc avec la rapidité de la vapeur les prairies fertiles qui entourent Melbourne comme une verte ceinture, puis les bois d'eucalyptus dont notre locomotive vient chaque jour troubler les échos. Nous croisons de temps en temps les méandres de la route ancienne, encore poudreuse, mais déserte aujourd'hui. Nos compagnons nous racontent tous les souvenirs qu'elle fait revivre en eux. C'est le 10 juin 1851 que la première parcelle d'or fut découverte dans le lit d'un ruisseau tributaire du Loddon; le 20 juillet, au mont Alexandre; le 8 septembre, à Ballarat! Vingt mille personnes en un mois, cent cinq mille en une année, se ruèrent toutes haletantes par ce chemin vers les collines fortunées dont il suffisait de fouiller la surface pour ramasser des trésors : ce que devait être l'aspect de la route où une foule anxieuse courait à la recherche de l'or, comme chez nous on court au feu, qui peut l'imaginer?

Mais tout d'un coup notre attention est éveillée par un changement étonnant dans la nature qui se déroule devant nous. La grande ombre des forêts semble dissipée par un coup de foudre; la verdure des prairies est morte; les troncs immenses des arbres sont abattus par la main de l'homme, amoncelés en désordre, gisants sur un terrain bouleversé; la plaine est grattée, lavée, torturée; c'est un dédale de travaux, un chaos de fouilles infernales, et çà et là, dans cet ensemble vertigineux, de grands tuyaux, par des convulsions poussives, vomissent la vapeur; des cloches sonnent, des roues de fer s'engrènent et crient, des pompes gigantesques crachent des eaux bourbeuses, et une fourmilière humaine s'agite! c'est Ballarat. La recherche de l'or a fait ici une vallée d'un aspect diabolique. Je ne connais rien qui puisse frapper à un plus haut degré l'imagination de celui qui ne s'est jamais figuré ce que l'homme peut tenter dans ses fiévreux travaux, pour arracher l'or aux entrailles de la terre. C'est Ballarat, où un pauvre ouvrier sentit un jour sa pioche enclavée dans un bloc solide : c'était un lingot d'or, pesant 2,600 onces, et valant 260,000 francs. C'est dans cette vallée et sur ces collines torturées que les hommes ont récolté une moisson d'or égale à leurs ravages, près de quatre milliards de francs.

Ici il n'y eut pendant bien des années qu'un camp immense; les faubourgs sont encore composés de tentes éparses où viennent bivouaquer les derniers arrivants. Mais la ville proprement dite est une fidèle image de Melbourne; c'est une ville qui compte trente mille âmes et treize à quatorze ans d'existence; elle a de belles maisons et de belles rues; le jour elle est sillonnée de voitures, le soir éclairée au gaz; elle est remplie de clubs, de théâtres, de bibliothèques, de banques; le mineur enrichi s'y promène paisiblement; plus de revolvers, plus d'attaques nocturnes, plus de scènes sanglantes sur les tables de jeu. Çà et là de nombreux groupes d'hommes couverts de boue et ruisselants de sueurs sortent de terre pour prendre leur repas; ce sont les chercheurs d'or qu'emploient de grandes compagnies; les galeries qu'ils percent à cinq cents pieds sous terre s'étendent sous toute la surface de la ville. On a construit toutes ces centaines de maisons le plus près possible des veines aurifères; mais je ne m'étonnerais pas s'il fallait bientôt démolir toute la ville pour suivre les nombreux filons sur lesquels elle repose, et qui, après avoir été la cause de sa naissance, seraient devenus bien vite la cause de sa destruction.

Tous ici nous racontent le singulier spectacle que présentait Ballarat, il y a dix ans, au moment où la fièvre de l'or était à son paroxysme et où se trouvaient réunis tous les mineurs qui, depuis, se sont disséminés vers les innombrables centres de mines que les années ont fait découvrir: les pépites d'or se trouvaient à la surface du sol, mêlées à un gravier poudreux qu'on lavait le long des ruisseaux; des groupes d'hommes couraient d'une vallée à une autre, dès qu'ils apprenaient la découverte de trésors nouveaux, et, une pioche dans une main, un revolver dans l'autre, chacun allait glaner la poudre d'or! Les uns gagnaient souvent sept et huit cents francs avant leur déjeuner, mais ce repas, il fallait le payer cent francs!

Un cordonnier me racontait qu'il passait sa matinée à gratter la terre et à laver l'or ; souvent il trouvait ainsi trois ou quatre cents francs en quelques heures. Puis il se mettait à faire des bottes et il les suspendait à un pieu devant sa tente. Arrivaient bien vite des groupes de mineurs, la ceinture pleine de lingots, mais les pieds sans chaussures ; les bottes étaient mises à l'enchère : chacun sortait de sa poche des pincées de poudre d'or, et encore quatre ou cinq cents francs, pour une seule paire, venaient enrichir l'adroit ouvrier !

Le soir, ceux qui avaient la tête un peu chaude se réunissaient sous quelque tente, ou à l'abri de planches clouées en désordre : là, à la lueur d'une torche blafarde, on jouait avec frénésie : la poudre d'or à peine lavée était la monnaie courante ; les mineurs jetaient leurs enjeux à pleines poignées, et les heureux amassaient en une nuit tout le fruit de bien des heures de travail !

Les plus sages, les enrichis de la veille, serraient leurs milliers de francs dans leurs ceintures, s'en allaient en silence coucher sous une tente étroite, dans quelque enfoncement de la vallée, — un demi-millionnaire sous la tente et dans la boue ! Souvent il devait passer la nuit sans sommeil, tenant le doigt sur la gâchette de son revolver et faisant feu sur les maraudeurs qui connaissaient ses richesses.

Comme je me trouve ici avec un grand nombre de personnes qui ont mené pendant plusieurs années cette vie émouvante, qui me montrent les lits des ruisseaux où elles ont fait les plus belles découvertes de lingots ou de paillettes, il me semble, à les entendre, que je vois toutes les péripéties, les agitations, les entraînements de cette époque où tout tenait du vertige! L'or a quelque chose de fascinant qui fait comprendre les désordres et les scènes sanglantes de ces milliers de joueurs enivrés, qui amassaient des trésors à l'envi l'un de l'autre.

La première chose que j'ai vue à Ballarat, c'est un lingot trouvé dernièrement par un simple mineur et acheté par un banquier qui nous reçut le plus aimablement du monde. Ce lingot d'or pur pesait 1,840 onces (184,000 francs). C'est un bloc qui semble torturé et onduleux : ses formes arrondies ne sont brisées que par les coups de pioche de l'heureux mortel qui le découvrit : la pioche est encore là, religieusement conservée et gardée en trophée, comme ces épées qui ont glorieusement fini leur temps. Eh bien, le croiriez-vous, cet homme est ruiné aujourd'hui : en quelques mois il a tout joué et tout perdu; il travaille au service des grandes compagnies, avec un modeste salaire, et désormais s'il trouve encore un trésor, ce ne sera plus pour lui.

Dans cette même banque, nous vîmes apporter des sacs de pépites d'or que des commis entassaient dans les coffres; d'autres faisaient fondre les paillettes sur un feu ardent, et, tout ruisselants devant les casseroles remplies de l'or bouillonnant, ils enlevaient avec une cuillère l'écume impure qui en couvrait la surface; d'autres enfin passaient de balance en balance des blocs du précieux métal, coulé dans des moules oblongs et frappés au coin : se sentir 12,000 francs, 25,000 francs, d'un seul morceau dans la main, et se le jeter de l'un à l'autre comme les briques que se lancent nos ouvriers, voilà leur constante occupation.

Avant la nuit, nous avons encore visité la ville chinoise, dont une odeur nauséabonde nous repoussait au premier abord : là, le spectacle était plus pittoresque. Les Chinois ici sont déguisés en Européens, ce qui leur donne tout à fait l'aspect de singes habillés en hommes : ils se carrent en véritables « dandies », fumant de gros cigares et remplissant les rues de leurs cris aigus; ils ont aussi leurs banques, décorées d'enseignes écarlate, où chaque soir, après avoir glané comme Ruth la Moabite dans les champs du riche Booz, ils viennent verser ce qu'ils ont découvert dans les terres déjà vingt fois lavées : *ce sont les chiffonniers des placers!*

Ce soir, il y avait théâtre : on donnait les *Pirates de la savane;* la salle remplie de mineurs sortant des galeries souterraines en costume de travail, était à mon avis plus incroyable encore que la scène; c'était un public fiévreux, en grandes bottes et en chemise de flanelle rouge, couvrant d'applaudissements une enfant, une jeune et jolie actrice italienne, dont la timidité contrastait singulièrement avec ces spectateurs rudes et farouches, hommes des bois et demi-sauvages.

24 juillet. — Nous partons de bonne heure avec plusieurs ingénieurs et de grands propriétaires de mines; nous devons voir avec eux les *trois* genres d'exploitation : le *travail des filons de quartz*, le *travail d'alluvion*, le *travail à la surface de la terre*.

Une grande colline domine Ballarat : elle s'appelle le Black-Hill, la colline noire, quoiqu'elle soit toute blanche; un de ses mamelons est complétement coupé : la main de l'homme en a passé au tamis toutes les parcelles, et en quelques années il a été peu à peu, mais en entier, transporté à deux cents mètres de sa position première; des tranches de soixante mètres de haut sont taillées dans le Black-Hill comme dans un gâteau, et des orifices immenses laissent voir le jour de part en part. Après avoir escaladé les remblais successifs de quartz broyé qu'on a rejeté du sein de la colline, nous nous trouvons à l'entrée des galeries qui la sillonnent à l'intérieur dans tous les sens.

Chacun porte une bougie en main et doit marcher tout voûté dans une atmosphère viciée, humide et étouffante. Nous nous laissons glisser à de grandes profondeurs, le pied passé dans la bague d'une corde, et peu à peu nous nous habituons à la vue de l'abîme. Vraiment, quand on plonge dans ces galeries et dans ces puits, on est tenté de croire que c'est l'enfer : cette obscurité, l'odeur de la poudre, le rauque tonnerre de la mine qui éclate, ces hommes courbés, demi-nus, ruisselants, travaillant le roc sonore à la lueur d'une torche, tout est d'un aspect saisissant. — Du moins, si c'est l'enfer, est-ce l'enfer des riches ! L'or brille à nos yeux en veines scintillantes, incrustées dans le quartz que les mineurs font sauter avec la poudre. Aussitôt une veine découverte, on la suit opiniâtrément dans ses écarts : elle varie en épaisseur d'un demi-pouce jusqu'à vingt et cinquante pieds, et en richesse de 500 fr. à 25,000 fr. le mètre cube ; mais sa direction est toujours constante ; elle est l'esclave du méridien magnétique, et s'enfonce dans l'intérieur de la terre presque toujours avec une inclinaison de onze degrés.

Nous avons suivi dans leurs moindres détails ces filons aurifères : le plus riche n'avait guère que deux pieds carrés de section, mais l'ingénieur nous dit que, depuis deux jours, il rendait 225 onces, 22,500 francs à la tonne, ce qui est, paraît-il, quelque chose de phénoménal comme richesse. Nous aurions dû déjà le deviner à l'air rayonnant de toutes les physionomies. Dans cette galerie, une quinzaine d'ouvriers torturaient ce filon et n'en laissaient point échapper une parcelle. Le quartz, une fois réduit en morceaux d'une grosseur moyenne, était jeté à la pelle dans de petits wagons d'un mètre cube, qui roulaient sur des rails jusqu'à l'orifice. — Tel est le premier travail : les wagons arrivent de toutes parts à un point central, sous une grande baraque en bois ; la boue, les cailloux, le quartz et l'or qu'ils contiennent, en un mélange indescriptible, sont déversés en tas et attendent la série d'opérations d'où l'or sortira pur.

La mine du Black-Hill est, nous dit-on, « une des plus considérables de l'Australie », et tout s'y fait si vite et sur une si grande échelle, que nous avons suivi un mètre cube de quartz aurifère depuis le moment où la mine le fit sauter, jusqu'à celui où l'or fut arraché entièrement aux matières qui le tenaient prisonnier.

La grande baraque en bois abrite les machines à vapeur destinées à broyer le quartz. A cet effet, soixante gros pilons de fer, pesant chacun mille kilogrammes, sont mis en mouvement par une machine à vapeur qui les élève chacun de trois pieds, et les laisse retomber de tout leur poids, soixante à soixante-dix fois par minute. Ce pilon ou « bocard » est un cube en fer battu monté sur une haute tige, et s'emboîtant aisément dans une forte caisse en fer, fixée sur de solides fondations. Dans ces soixantes caisses, dont le fond est garni d'une épaisse couche de mercure, on jette au fur et à mesure des pelletées de quartz aurifère; tandis que le pilon broie le quartz à coups redoublés, un violent courant d'eau est amené dans chaque caisse par plusieurs orifices percés dans une des parois. La paroi opposée est formée de fortes toiles métalliques qui ne laissent échapper que les matières parfaitement pulvérisées. C'est un sable blanchâtre où l'œil distinguerait à peine l'or de l'agate, de la glaise ou du fer. Ce sable s'écoule des caisses en fer par soixante rigoles inclinées environ à sept ou huit degrés, et balayées par un courant constant. Ces rigoles ont huit mètres de long : l'étendue du premier mètre, à la partie supérieure, est garnie de six petites tringles de bois, horizontales et perpendiculaires au courant; elles arrêtent les paillettes d'or pur que leur poids suffit pour rendre stables. Les trois mètres qui suivent sont garnis de dix-huit tringles de trois centimètres de haut, qui maintiennent chacune une nappe de mercure; enfin les quatre derniers mètres sont recouverts de fines couvertures de laine.

C'est avant d'arriver à l'extrémité inférieure de chaque rigole, que le sable de quartz aurifère broyé dépose successivement toutes les parcelles d'or qu'il contenait. Chaque nappe de mercure, sur laquelle les parties hétérogènes glissent comme sur un miroir, retient au contraire l'or qui s'amalgame immédiatement.

Les couvertures de laine ne viennent à la suite que comme une sorte de barrière de sûreté destinée à arrêter les paillettes qui, grâce à un courant trop fort ou à une saturation non observée du mercure, auraient pu échapper aux barrages des quatre premiers mètres.

Voilà donc l'or amalgamé avec le mercure. Recueillir cet amalgame, le saturer en le pressant dans un sac en peau de chamois, le porter sur un feu bien activé, est l'affaire de quelques minutes, et le joli moment est arrivé : c'est celui de séparer l'or du mercure. Comme sur un bon feu le mercure se volatilise, tandis que l'or ne fait que fondre, le précieux mélange est déposé dans la cornue d'un alambic, le mercure s'envole en vapeur pour aller se condenser de nouveau dans une chambre voisine! L'or reste au fond de la casserole! O heureuse casserole! que de millions ont passé par elle! De cette seule montagne, on a déjà extrait plus de 22 millions de francs, et pourtant les galeries horizontales n'ont été poussées encore qu'à 460 pieds. Le terrain concédé à la Compagnie est un bloc rectangulaire dont la surface supérieure est de 12 hectares 14 centiares, et dans lequel elle peut creuser jusqu'aux antipodes, s'il lui plaît; elle ne paye que 750 fr. au gouvernement par année. Bientôt même aucune espèce de taxe ne pèsera plus sur les mines.

En moyenne, machines et salaires, taxes et surveillance, outillage et amortissement compris, la tonne de quartz coûte ici 8 fr. 75 c. à extraire du filon souterrain seulement, et 16 fr. 25 c. en tout, une fois élevée jusqu'à la surface du sol et rendue à la machine à broyer.

Chaque bocard nécessite un cheval vapeur dans la machine, et broie à peu près 2,234 kilog. de quartz en vingt-quatre heures. En douze mois, ces 60 pilons ont broyé 55,264 tonnes de quartz, qui ont donné 2,059,600 fr., ce qui fait 39 fr. par tonne. L'or a été recueilli dans les proportions suivantes :

Dans la première partie de la rigole.	66,08 0/0
Par les nappes de mercure.	22,95 —
Dans les couvertures.	10,97 —

La quantité d'eau nécessaire pour laver constamment les caisses en fer et les rigoles, est de 36 litres par caisse et par minute, ce qui fait 51,840 litres par jour. Le grand malheur est que l'eau est fort rare. Quant au mercure, il en faut 20 kilogr. pour charger une caisse et ses rigoles. Si l'or est en gros grains, l'amalgame rendra deux tiers de son poids en or. Si l'or est en grains moyens, il y aura une livre pesant d'or pour une livre de mercure. Si l'or est en molécules très-fines, l'amalgame ne produit qu'un tiers d'or pur.

Telles sont sur le Black-Hill les notes que j'ai pu prendre au crayon, en écoutant les ingénieurs, tandis que ma tête était brisée par le tapage infernal que faisaient, en tombant sur le quartz, ces 60,000 kilog. de fer, formant un ensemble de 3,600 chocs épouvantables par minute, et pendant que mes yeux contemplaient les reflets brillants de l'or arraché à la boue!

La recherche de l'or dans le quartz est de beaucoup la plus dispendieuse, mais aussi c'est la plus sûre : une fois un filon découvert sur quelque crête de montagne rocheuse, le mineur peut le suivre avec confiance. Les savants ont reconnu que cet or est d'une création plus récente que les roches qui le renferment : il est dû à une de ces commotions qui, dans l'histoire des bouleversements géologiques, ont si souvent ébranlé les roches déjà existantes. L'écorce du monde aurait alors été en travail ; des fissures se seraient formées, et par elles se seraient élancés des filets légers du métal, qui était en fusion au centre de notre planète; puis la fournaise souterraine se serait éteinte; les courants légers de vapeurs d'eau et d'or, de soufre et de fer, se seraient arrêtés, et la cohésion aurait renfermé pour toujours des trésors dans les plus dures formations de roches.

Il y a en ce moment en Australie 2,029 filons bien distincts en cours d'exploitation ; ils s'étendent sous une surface de plus de 2,036 kilomètres carrés, et la dernière statistique affichée au bureau des mines donne, sur 3,110,328 tonnes de quartz, 64 fr. 25 c. d'or par tonne. Telle est la moyenne de sept années, de 1859 à 1865, pour toutes les mines de quartz du continent australien (elle était de 96 fr. 30 c. en 1860); mais, si nous prenions pour exemple une partie de ce sol, nous y verrions qu'un espace de 36,388 hectares a produit la somme énorme de 2,319,680,900 fr., c'est-à-dire 61,900 fr. par hectare; que telle compagnie à Korong broya longtemps du quartz à raison de 10,400 fr. par tonne; que telle autre à Kangaroo-Flatt trouva un filon, où il y eut jusqu'à 9 kilogr. d'or pour 1,000 kilogr. de quartz.

Je veux encore vous citer cette mine de Castlemain, qui a produit 26,600 fr. par tonne de quartz pendant un mois; elle avait une machine de 18 chevaux, manœuvrant 18 pilons qui broyaient 150 tonnes, ce qui produisait 3,990,000 fr. par semaine. Ses frais d'établissements et ses achats de machines s'étaient élevés à 450,000 fr.; les salaires de ses 120 ouvriers étaient montés à 24,000 fr. pour un mois; la taxe qu'elle payait au gouvernement était de 6,000 fr., et les frais divers de transport, d'inspection, de mercure, furent évalués à 100,000 fr.

Aussi, quand à la fin du mois le directeur rendit ses comptes, les actionnaires furent-ils appelés à entendre le bilan suivant :

> Produit. . . . . 15,000,000 fr.
> Dépenses. . . . 580,000
> Bénéfice net. . . 14,420,000

Je pourrais entrer dans de semblables détails pour le puits de « la Misère », qui donna pendant sept mois un produit constant de 200,000 fr. par jour, et pour celui de Wrhoo, où le filon avait 270 pieds d'épaisseur, et rendait 11,000 fr. à la tonne. Je pourrais me laisser entraîner à vous citer tous ces points fortunés où quelques heureux puisèrent des millions en quelques jours; mais si je voulais vous parler aussi du nombre immense de ceux qui, sans découvrir *un rouge grain d'or,* ont creusé jusqu'à 5 et 600 pieds de profondeur dans le roc, des puits qui leur coûtèrent 400 et 500,000 fr., vous seriez étonnés de voir combien d'hommes se ruinent là où tant d'autres deviennent millionnaires.

Comme en toute chose, dans les mines de quartz, il y a heur et malheur : il ne faut les juger ni par les brillants exemples ni par les désastres qu'elles nous présentent; les statistiques sont là et nous disent que ces mines ont donné :

    En 1863. . . . . . 49,349,900 fr.
    En 1864. 50,361,800
    En 1865. 45,000,000

Elles comptent aujourd'hui 17,730 mineurs, 522 machines à vapeur, formant un total de 9,070 chevaux.

Mais c'est là encore peu de chose en comparaison des richesses que l'on nous cite dans les mines d'alluvion. En sortant de la baraque remplie d'or du Black-Hill, nous gagnâmes les terrains sablonneux qui sont au Sud de Ballarat, à travers un dédale incroyable de mamelons artificiels, de vallées creusées d'hier, de terrains bouleversés qui faisaient penser à ce verset : « Montes exsultaverunt sicut arietes, et colles sicut agni ovium ! » Nous voici à la mine d'alluvion qu'on appelle « Albion », devant un immense trou béant, percé à 319 pieds sous terre, et laissant échapper des vapeurs chaudes et empestées : une machine, cachée sous une bâtisse en planches, non loin de là, fait tourner rapidement avec un tapage infernal une chaîne sans fin qui élève du fond du puits, et déverse à son orifice de grands seaux en fer battu remplis de boues jaunâtres.

Nous commencions à savoir, par une première expérience, qu'il n'y a rien au monde de plus sale qu'une mine d'or; aussi acceptons-nous avec plaisir des bottes et des vêtements complets de mineurs, quoique l'équipement offert exhale à dix pas un parfum de chrétien et de chinois mélangés, qui sent le bouc à faire danser des chèvres; et vite (le cœur bat bien un peu), nous passons un pied dans une bague en fer, nous nous cramponnons fébrilement à la chaîne, et brrrr..... nous descendons jusqu'à 300 pieds de profondeur, avec la rapidité d'un paquet qu'on jetterait d'un cinquième étage. C'est une de ces sensations poignantes, à peu près aussi désagréables qu'un seau d'eau bouillante reçu en pleine poitrine, une véritable expérience des lois de la chute des corps. Au fond de ce trou, la chaleur est suffocante : des courants d'air brûlants se croisent aux carrefours des galeries; celles-ci s'étendent de tous côtés sous la surface du sol, comme si d'innombrables lapins avaient creusé d'innombrables terriers en zigzags. Nous avons de l'eau jusqu'au genou; nous pataugeons dans ces glaises gluantes; nous marchons voûtés tout bas, souvent à quatre pattes, tenant tantôt entre les doigts, tantôt fichée à notre chapeau, une chandelle fondante qui s'éteint quelquefois, et alors la tête se cogne contre les pointes rebelles des roches. Le pied toujours passé dans la bague d'une corde qu'un treuil enroule ou déroule, nous ne cessons de monter et de descendre par des petits puits resserrés dont nos épaules éraillent les parois, et, pendant près de deux heures, nous parcourons tout ruisselants les méandres de ce labyrinthe souterrain.

Mais au milieu de cette boue, à travers les vapeurs étouffantes de ces eaux chaudes, combien il est fascinant de voir les lingots d'or briller, comme des étoiles scintillantes, dans le gravier qui forme les parois des galeries! En voici devant nous, à droite, à gauche, des petits amas qui semblent incrustés! Voici dix, vingt, trente lingots amassés par la nature comme en un petit nid : n'est-ce pas la poule aux œufs d'or qui a niché sous cette terre ? J'étais ravi de voir tout le long des galeries cette poudre de grains d'or, que la pioche des mineurs faisait tomber devant nous : les petits wagons, glissant sur des rails, portaient la boue aurifère à une grande galerie centrale, où des chevaux les remorquaient jusqu'au puits de la chaîne sans fin. Rien de triste comme l'allure de ces pauvres chevaux, qui traînent ces chariots à trois cents pieds sous terre : ils sont condamnés à l'obscurité jusqu'à leur mort, et leurs écuries sont des terriers. Pour les faire passer par ce puits d'un mètre carré, il a fallu, paraît-il, les ficeler comme un saucisson, les installer debout sur leurs cuisses de derrière, les attacher à la chaîne et les faire descendre comme un ballot jusqu'au fond !

Notre longue promenade sous terre nous a fait voir toute la disposition des veines d'or. Elles ne sont plus, comme dans le quartz, régulièrement dirigées du Nord au Sud, elles ne s'enfoncent plus dans la terre à un angle donné. Tout au contraire, ces longues traînées de sable aurifère semblent jetées sous le sol comme les fils d'une gigantesque toile d'araignée : le caprice est leur loi ; on dirait qu'elles ont été semées par les cours incertains de mille ruisseaux errants.

C'est qu'en effet ces veines ne sont autre chose que les lits de ruisseaux qui n'existent plus. Là tout en bas, dans cet abîme obscur, là où nous sommes comme enterrés vifs, des ruisseaux ont coulé qui lavaient les couches de schiste et qui charriaient de l'or. Puis il s'est formé au-dessus d'eux toute une couche de glaise, de gravier et de roc, et un nouveau ruisseau a coulé sur ce roc, y a déposé son lit d'or ; enfin une nouvelle couche de terre, comme celle de tout à l'heure, s'est formée au-dessus de lui. Ainsi il y a, dans cette écorce de la terre, de l'or répandu comme d'étage en étage, et la veine la plus riche sera toujours celle du plus ancien cours d'eau. Ici, pour arriver au gisement le plus proche de la surface, on a traversé ces couches successives :

Terre de surface....	2 pieds.
Basalte..........	10 —
Glaise..........	91 —
Basalte..........	79 —
Glaise..........	46 —
Basalte..........	45 —
Glaise noire.......	12 —
Glaise brune......	16 —
Gravier..........	7 —
Or et sable.......	11 —
	319

C'est au petit bonheur qu'il faut creuser la terre pour arriver à ces gisements anciens : rien n'en peut indiquer l'existence ; il faut bien souvent foncer jusqu'à cinq cents pieds un puits qui coûte de 130 à 140,000 fr., et l'on arrive au triste résultat de passer quelquefois, sans qu'on puisse le deviner, à deux ou trois pieds de la veine aurifère. Il y a ici une compagnie qui creusa ainsi sept puits de suite sans rien trouver !

Mais une fois que le lit d'or d'un ruisseau desséché est découvert, les groupes de mineurs le fouillent avec acharnement, le suivent de près comme s'il voulait leur échapper, et n'en laissent point perdre une parcelle. C'est là un travail délicat et intéressant ; car, si le ruisseau a formé quelque delta et s'est divisé en filets d'eau divergents, s'il a eu ses cascades et ses cataractes, il devient bien facile de perdre sa trace : de là ces galeries irrégulières et tortueuses, qui montent à pic ou qui descendent en spirale, et qui sont toutes creusées dans un gravier émaillé de paillettes brillantes.

Nous remontons à la surface du sol en même temps qu'une masse énorme de boues aurifères. Quatre bassins cimentés, semblables à ceux du Rond-Point des Champs-Élysées, sont destinés à les recevoir. Les « puddling engines », herses de fer en sens opposé, y sont agitées par une machine à vapeur, tandis qu'un courant d'eau traverse les bassins et entraîne avec lui toutes les parties légères du gravier : les paillettes d'or, retenues par leur poids spécifique, tombent au fond du bassin et forment bientôt une couche épaisse. Pourtant des parcelles de gravier, de roc, de pyrites, restent toujours mêlées aux couches de paillettes d'or. Les ouvriers alors arrêtent le courant d'eau, vident le bassin à la pelle et jettent les précieuses pelletées dans le « sluice », longue auge en bois inclinée en pente douce, formée à sa partie inférieure d'une planche rugueuse, et par laquelle un nouveau courant d'eau passe avec rapidité. Cette auge est longue d'environ quinze mètres. Une dizaine d'ouvriers agitaient avec des râteaux et faisaient passer, d'une extrémité à l'autre, le gravier mêlé de paillettes qu'on y jetait au fur et à mesure, et, après une heure d'attente, nous vîmes le « sluice » entièrement débarrassé des cailloux et du gravier : un chef d'équipe détourna alors le courant, et, avec une simple brosse, il récolta toutes les paillettes arrêtées par les aspérités des planches de l'auge, exactement comme on enlève les miettes de pain sur la nappe d'une table. Toutes ces miettes brillantes, encore mêlées de parcelles de gravier, un adroit ouvrier les porta dans une cuvette d'étain, et les fit osciller légèrement en les plongeant dans une eau pure. C'est un moment plein d'émotion : comme un nuage sombre qui s'évanouit, les dernières teintes de la glaise et du gravier sont emportées, et en un clin d'œil l'or est là, sorti des appareils les plus primitifs et les plus simples, mais brillant dans toute sa pureté en paillettes légères et fragiles.

Pour moi, dès le premier abord, tous ces lingots, toutes ces paillettes me semblèrent chose merveilleuse : vite on les pesa ; mais il n'y en avait que soixante onces (6,000 fr.), triste et misérable journée, parait-il! C'est ce qu'ont produit, pendant vingt-quatre heures de travail, cent ouvriers payés 10 fr. par huit heures, trois cents charretées d'un mètre cube, une machine de trente chevaux vapeur et quinze chevaux nature.

La moyenne du produit de chaque semaine est, nous dit-on, de 60,000 fr., et les frais d'exploitation montent quelquefois jusqu'à 42,000 fr.

Tout à côté est le puits de la compagnie de Waterloo ; l'inspecteur des mines a constaté que, depuis douze mois, la valeur d'or obtenue est de 675,000 fr., et que les frais se montent à 145,600 fr.

Plus loin, nous visitons le puits assez curieux creusé à mi-chemin entre les mines de « la Tour ronde » et de « la Jaquette rouge » : les deux compagnies travaillaient à quatre cents pieds sous terre : les deux filons respectifs ne tardèrent pas à se rencontrer et à se confondre ; le conflit s'engagea, et, la haute cour des mines rendant les deux compagnies co-propriétaires, se chargea de l'exploitation pour leur compte commun. Le travail dura dix-huit semaines : 250,000 tonnes de gravier furent extraites et produisirent 800,000 fr. ; les frais ne s'étaient élevés qu'à 250,000 fr.

L'*alluvion* occupe dans les statistiques de Victoria une place bien plus importante que le *quartz;* elle compte :

    4,131 machines = 19,000 chevaux vapeur.
    65,481 mineurs.
    5,835 sluices.

Ce genre d'exploitation a fait passer par le contrôle de l'État :

    En 1863. . . . .   113,356,000 fr.
    En 1864.   104,183,000
    En 1865.   109,380,000

En résumé, après les premiers moments de stupéfaction qu'inspire la vue de ces masses d'or extraites de la boue sous nos yeux, après cette première fascination qui fait comprendre toute la fièvre de l'or, je dois dire que j'ai été frappé du peu de perfection des machines et des moyens employés. Tous ces hommes sont tellement habitués à manier des pelletées de sable aurifère, à trouver de l'or partout et toujours, qu'ils négligent de traiter minutieusement le minerai, qu'ils ont été chercher cependant à une si grande profondeur sous terre : ils vont au plus pressé ; ils prennent à la terre ce qu'elle leur offre le plus facilement, sans s'inquiéter de tout ce qu'ils perdent. Ils sont comme des moissonneurs qui, craignant l'orage, se hâtent de sauver le plus gros de la récolte et se disent : « Tant mieux pour ceux qui glaneront ! »

Les voilà en effet ceux qui glanent ! ce sont les simples « diggers » : nous en avons vu aujourd'hui des centaines : ils sont à la fois comme les tirailleurs avancés ou comme les traînards du gros corps d'armée des mineurs. Européens indociles ou aventureux, Chinois vagabonds et misérables, ils portent sur eux tout leur matériel, et s'en vont, tantôt dans les petites vallées inexplorées, tantôt sur les tertres formés des détritus des grandes mines, tenter la fortune pour eux seuls : ils ont une sorte de berceau en bois recouvert d'un grillage destiné à écarter les gros cailloux : d'une main, ils font constamment osciller le berceau ; de l'autre, ils versent de l'eau sur l'appareil : l'eau entraîne le sable et dissout la glaise ; le petit gravier reste seul mélangé aux paillettes d'or et aux lingots. Au bout d'une heure ou deux, ils ramassent au fond du berceau tout ce que l'eau n'a point entraîné, ils le mettent dans l'antique et classique cuvette de fer-blanc, et vont au plus proche ruisseau « laver » la poussière d'or. Rien de joli comme le mouvement de va-et-vient qu'ils impriment aux petites ondes s'agitant dans la précieuse cuvette : ils suivent d'un regard anxieux ce léger nuage brillant de paillettes d'or, qui vient se condenser petit à petit jusqu'au centre, grâce à son poids, tandis que les dernières vagues qui contiennent gravier et glaise sont rejetées et disparaissent. La moyenne de ces journées, nous disait l'inspecteur des mines, varie de douze à dix-neuf francs de bénéfice. De temps à autre le solitaire aventurier trouve, dans le sable déjà vingt fois balayé et tamisé, des lingots de soixante à cent francs; beaucoup aiment ce travail où le caprice guide et où l'indépendance absolue charme ces êtres nomades, qui couchent sous un arbre ou dans quelque grotte sombre, espérant toujours découvrir pour eux seuls quelque trésor considérable.

C'était la vie que menaient tous les mineurs pendant les cinq ou six premières années qui suivirent la découverte de l'or. De leurs mains ils ont tamisé toute la surface de ces plaines, qui alors étaient couvertes d'une vraie moisson du précieux métal; presque chaque jour chacun trouvait quelque lingot important; c'était le jeu avec ses tentations et ses passions brûlantes! Mais combien, même aujourd'hui, cette vie d'homme des bois, quoique souvent pénible et misérable, me tenterait davantage que la condition des dix-sept mille mineurs qu'emploient dans ce petit *Ballarat* les grandes compagnies! C'est en effet une chose curieuse de penser que dans cette Australie, où la main-d'œuvre est si chère, où chaque charpentier et chaque forgeron gagnent aisément de dix-huit à vingt-trois francs par jour, le mineur d'or est payé onze francs vingt-cinq centimes seulement : c'est le métier le moins rétribué ici. Il est vrai que le mineur reçoit de la Compagnie un terrain voisin de la mine, pour y construire sa maison et y cultiver un jardin, qu'en cas de maladie ou de misère, sa famille est soignée et secourue aux frais de ses patrons; mais, tandis que le « digger » jouit seul de sa découverte d'un lingot de trente francs, le mineur salarié éprouve bien souvent la terrible torture qui résulte pour lui d'un salaire de onze francs vingt-cinq centimes le jour où il a trouvé au bout de sa pioche, dans le puits de la Compagnie, des lingots de cent et cent cinquante mille francs!

Enfin, il y a une troisième sorte de mineurs : ce sont des groupes de cinq et six hommes qui s'associent et lavent en commun le sable des vallées : leur travail consiste à construire une longue rigole en bois, c'est le « sluice ». Ils détournent quelque filet d'eau de la montagne jusqu'à leur terrain, et chacun y apporte sa charretée de sable; deux ou trois d'entre eux agitent avec des fourches le gravier que le courant emporte, et, tous les soirs, ils brossent le fond de la rigole et partagent la poudre d'or. Nous en avons vu un groupe de quatre qui nous dirent que la faible quantité de quatre grains (60 centigr.) par charretée leur assurait un gain suffisant; ils lavaient en moyenne une tonne toutes les cinq minutes. Ailleurs, après avoir enlevé une couche de onze pieds de terre noire, cinq mineurs trouvèrent un sol d'une richesse si constante, qu'ils gagnèrent pendant longtemps chacun quatre cents francs par semaine.

Bref, tous ces différents genres d'exploitation ont déjà, depuis 1851, produit la somme énorme de près de *trois milliards huit cents millions de francs*, et il est d'heureux mortels qui ont découvert plus de cent et deux cent mille francs d'un coup.

Voici les noms et les valeurs de quelques-uns des plus fameux lingots :

Le Sarah Sands.	280,000 fr.
Le Welcome	268,000
Le Blanche Barkly.	184,000
Un bloc d'or trouvé par un enfant aborigène dans le détritus d'une grande mine.	122,000

J'en ai vu ensuite une liste de cent cinquante variant entre 10,000 et 80,000 francs, puis une autre de quatre-vingt-dix-huit, formant un total de 3,621,000 francs.

Que d'heureux coups de pioche! que d'émotions délirantes! que de souvenirs éveillent tant de trésors, fiévreusement arrachés à une terre qui les cachait depuis des siècles ! que je suis enchanté d'avoir parcouru aujourd'hui tous ces terrains bouleversés, où chacun dégageait l'or du roc ou du gravier, d'être descendu dans ces puits profonds, d'avoir même lavé au bord d'un ruisseau quelques pelletées de sable aurifère, et détaché à six cents pieds sous terre deux ou trois cailloux où brillent des veines d'or! Ç'a été pour nous une grande fortune de faire cette course très-fatigante, mais aussi bien curieuse, avec les propriétaires des plus grandes mines et deux ingénieurs du gouvernement.

C'est le gouvernement, comme de juste, qui s'est déclaré propriétaire du sol. Dans le principe, il accorda à chaque mineur une surface de huit pieds carrés où il lui permit de creuser, moyennant une licence de 37 fr. 50 c. par mois : de plus, il mit une taxe de 4 fr. 40 c. par once d'or (100 francs) sortant de la colonie. Dans ces temps de fièvre vertigineuse, où les bandes de mineurs récemment débarqués parcouraient les placers, il s'efforça de maintenir l'ordre, mais ce ne fut pas toujours sans effusion de sang. De nombreux détachements d'une admirable police à cheval furent organisés; ils inspectaient les campagnes occupées par les mineurs et faisaient tous les deux jours de grandes battues, afin de se faire montrer par chacun sa licence, et de le maintenir dans ses huit pieds carrés : les délinquants étaient punis de la prison et de 1000 francs d'amende.

Aujourd'hui il suffit de 6 fr. 25 c. par an pour que le mineur ait sa propriété garantie contre toute convoitise. La taxe sur l'exportation a été abaissée à

1 fr. 90 c. par once d'or et sera même entièrement abolie l'an prochain. Ainsi une grande révolution économique s'est opérée : les taxes tombent, et l'exploitation vraiment productrice a passé des particuliers aux grandes compagnies : le gouvernement leur loue pour de longues années les terrains d'exploitation, et tous demandent à l'État appui et contrôle. Chaque district a sa Cour de mines, dont les juges sont nommés par le gouvernement, et, pour les appels, un *Mining Board,* composé de dix membres élus par tous les mineurs inscrits.

Aussi maintenant tout est-il réglé et se passe-t-il en bon ordre : ce qui était il y a quinze ans fureur et presque folie, est rentré dans les éléments réguliers de la prospérité coloniale. La spéculation seule a conservé ses hasards : c'est une bourse, un jeu constant! Je vois dans le journal d'aujourd'hui le taux d'actions qui se vendaient dans la première semaine de juin à raison de 15 fr. 65 c. l'une et qui rapportent maintenant 75 francs par semaine; la Compagnie a enfin trouvé son magot! Voici une autre mine, « la Warrana », où on a trouvé cette semaine 6,000 onces d'or (60,000 francs) dans un terrain de sept mètres cubes! Pour moi, en outre de mes charmants souvenirs, je ne rapporte que mes trois cailloux de la valeur de 50 francs d'or tout au plus! je m'en vais encore content, dussent mes chers cailloux ne pas croître ni multiplier en route!

La course de Ballarat terminée, nous allons, le 25, à *Geelong,* petit port sur la baie de Port-Philipp, d'un aspect pittoresque et charmant : là on nous promet, non plus de l'or, mais du gibier. Avant toute chose nous trouvons à chasser des myriades de puces qui nous assaillent avec acharnement : cet animal sociable abonde décidément d'une manière incroyable dans la cinquième partie du monde. Le 26, nous partons de bon matin pour Barnon-Park, grande propriété des environs où nous faisons force coups doubles sur des perroquets et des lapins. Le brave M. Austin, propriétaire de céans, eut, il y a dix ans, l'heureuse idée d'importer ces derniers d'Angleterre, et ils ont engendré une telle fourmilière de descendants, que leur dit propriétaire donnerait maintenant bien des lingots pour se débarrasser de ces rongeurs, qui dévastent ses 30,000 acres ou 12,140 hectares de terrain. 30,000 acres, songez-y ! voilà le modeste domaine d'un homme qui débarqua ici en sabots, il y a vingt-neuf ans ! J'aimais à entendre ce brave vieillard raconter son histoire : s'installer au milieu des sauvages, dans ce coquet assemblage de verdoyantes collines, faire le coup de fusil sur les Noirs qui l'attaquaient comme sur les kanguroos, en gardant ses moutons ; voir si vite prospérer son troupeau, qu'après six ans il demande au gouvernement de lui assurer son bien contre l'invasion des nouveaux colons : tels sont les commencements du *squatter*. Puis le gouvernement lui loue, pendant quinze ans, à raison de 1 fr. 25 c. l'acre, ce *run* de 30,000 acres : ses moutons, qui réussissent comme ses lapins, lui donnent trois millions de francs en quelques années, et il finit par acheter cette terre au prix de 750,000 francs. — Actuellement il a deux cents chevaux pur sang, un nombre considérable de bœufs, dont je ne me rappelle pas exactement le chiffre, et trente-sept mille moutons. Toutes ces bêtes se promènent à l'aventure dans d'immenses prairies naturelles, ombragées par des arbres à gomme rouge et à gomme bleue.

VII.

IMPRESSIONS SUR LES INSTITUTIONS POLITIQUES ET SOCIALES.

Éléments de la colonie. — « Self-government. » — Suffrage universel. — Parlements et ministres.

29 *juillet* 1866. — Nous voici revenus à Melbourne, l'esprit encore rempli du souvenir des mines ; mais il faut aussi que je vous parle à la hâte non plus de ces faits matériels qui nous ont tant frappés, mais de tout l'ensemble politique et social de ce pays où nous avons débarqué depuis deux semaines.

Certes le voyageur qui arrive ici après quatre-vingt-onze jours de mer, est dès l'abord émerveillé de tout, et, par ce qu'il contemple, disposé à l'enthousiasme. Mais les détails échappent encore à son esprit, et il faut vraiment quelques jours de résidence pour juger plus sainement les choses et mieux profiter de tout ce que racontent les gens importants du pays. C'est pour cette raison que je ne vous ai rien dit encore, dans ma première lettre, du gouvernement et de l'état social de Victoria.

Ce qui me frappait alors et ce qui est encore aujourd'hui l'objet de mon admiration, c'est la grandeur et le développement de cette colonie; c'est de voir une ville de cent trente mille âmes, une société formée, un gouvernement régulier, fonctionnant par la liberté la plus entière et issu de cette même liberté, et tout un ensemble de monuments grandioses et utiles, de services publics, chemins de fer et télégraphes, hôpitaux et asiles, qui révèlent dès l'abord la puissance commerciale de l'Angleterre, doublée de l'esprit de progrès américain. C'est un contact subit avec une civilisation pratique des plus avancées, n'ayant de pareille en Europe que dans certaines capitales, et offrant un étonnant contraste entre les brillantes créations de cette jeune cité et la routine de tant de gouvernements de l'ancien monde.

Songez que c'est là où deux colons seulement, Batman et Sams, ont débarqué avec quatre cents moutons en 1835, au milieu des tribus sauvages du Yarra-Yarra; que, pendant seize ans, leurs imitateurs se sont disséminés dans l'intérieur, en faisant paître leurs troupeaux toujours croissants, dans les prairies qu'il suffisait de découvrir pour les posséder; qu'en 1851, une grande découverte y fit déborder le torrent des immigrants et y amena des aventuriers de toutes les nations, et que pourtant, cette colonie s'affranchissant à cette même date des charges et des errements de la vieille province de la Nouvelle-Galles du Sud, sut faire de l'ordre

8.

avec du désordre, et, maîtrisant des éléments aussi hétérogènes, s'organiser si une et si prospère que le voyageur en demeure stupéfait au premier abord.

C'est réellement un beau spectacle! On respire ici un air vivifiant. Ah! c'est que *la liberté* est la mère de toutes ces belles choses! c'est que toutes ces colonies, indépendantes entre elles, s'administrent elles-mêmes; c'est que le gouvernement de la reine d'Angleterre leur a gracieusement offert de tracer elles-mêmes les articles de leurs constitutions, et que, loin d'accroître leurs charges par une administration militaire, loin de les mener comme un régiment ou un équipage, loin de régenter à coups de décrets méfiants et despotiques des populations qui débarquent pour chercher fortune, et d'imposer en toutes choses l'appui ou le consentement de l'État, on les a déclarées et laissées *libres* du premier coup, libres dans la plénitude de l'expression. Elles sont devenues de vrais États, ayant leurs Chambres, leur système électoral (bien différent de celui de la métropole), votant elles-mêmes leurs budgets, leurs lois, leurs institutions de tous genres; et elles sont arrivées si vite à un tel degré de prospérité, qu'on est tenté de se demander si une *fée* n'a pas présidé à la formation d'éléments si divers.

Les fées de l'Australie, ce sont l'or et les troupeaux; ce sont les deux poids de nature essentiellement opposée, qu'il faut mettre dans la balance pour arriver à cet équilibre que nous voyons si foncièrement établi.

La fièvre de l'or a amené des flots de population. Pendant une première période, chacun s'est rué sur le métal qui procurait toutes les jouissances; il y a eu un véritable bouleversement social! Il semblait que de même que les mineurs en fouillant les collines et en soulevant les vallées nivelaient le sol, de même la société qui venait inonder ce pays fût nivelée, elle aussi, au delà de toute expression. Jusqu'à ce moment la colonie de Victoria, à l'encontre des vieilles colonies pénales de l'Australie, avait eu des débuts lents, mais favorables. Formée peu à peu par des hommes d'entreprise et de cœur, d'une position sociale relativement élevée, ayant toujours repoussé avec énergie l'introduction parmi elle de l'élément *convict,* elle présentait au moment de son indépendance, sauf une condition, les plus belles chances de civilisation qui eussent été données à un pays, depuis la constitution des États-Unis d'Amérique. C'était une petite Angleterre qui se formait sur le modèle de la mère-patrie, avec des idées plus libérales seulement. Elle avait bien les *squatters,* influents, riches, gentlemen, qui donnaient le ton à cette société supérieure pour une colonie, mais elle manquait de bras pour multiplier ses produits, et ses produits manquaient surtout de consommateurs. L'or les lui donna; ils arrivaient par vingt mille en quatre semaines. La grande majorité était composée d'aventuriers, mais qu'importe! c'était un grand mouvement qui créait la vie sociale, commerciale et politique; et la fièvre de l'or, quels qu'en fussent dans le principe les désastreux effets, devait enfanter dans la douleur une société dont le développement a été prodigieux. En le constatant, on participe à la fièvre qui l'a accompagné; mais, avant le succès, vint l'épreuve. On n'enfreint pas impunément les lois naturelles, et une croissance anomale, artificielle, est fatalement condamnée à un état maladif ou à des excès généraux. Des hommes de rien se sont trouvés tout à coup, par le rendement des mines ou le prix des terrains, possesseurs de fortunes énormes; et le plus clair du gain des « diggers », passant entre les mains des « publicans » (cabaretiers), enrichissait et faisait monter au sommet cette lie de la population. Alors, en effet, les scènes sanglantes de Ballarat, les émeutes contre la police ont mis un instant en danger un gouvernement forcément trop faible pour résister à une pareille effervescence. L'autorité pourtant, renforcée de toute la partie saine du peuple, a été victorieuse; la réaction s'est faite; tout à l'heure c'était un groupe d'hommes, dès lors c'était un peuple tout entier, éclairé par les dangers de la veille, voulant assurer la prospérité du lendemain, qui constitua son gouvernement sur les bases de l'égalité, de la sécurité et de la justice. Ce gouvernement devait être fort, puisque ceux-là mêmes sur lesquels il devait s'exercer furent les premiers à le sanctionner ; et il se montra juste, puisque tous les citoyens devaient prendre leur part égale dans les affaires ! De là naturellement l'élément démocratique partout, poussé peut-être à l'extrême dans ses conséquences, mais se soutenant malgré ses vices originels, malgré les égarements et les fautes où il se laissa entraîner quelquefois. Quand il pèche un moment, ce gouvernement a pour excuse que la majorité des citoyens le veut ainsi ; quand il réussit, quand il opère des merveilles de colonisation dont nous sommes témoins, chacun peut en prendre sa part de gloire, car c'est le « self government. »

Voilà donc ce qu'a amené la découverte de l'or : de toutes les contrées du monde, plus de quatre-vingt-dix mille immigrants par an jusqu'en 1855, et trente mille depuis, sont accourus au bruit des richesses des mines. Mais l'or tout seul aurait tué ce pays, comme il tua autrefois l'Espagne, s'il ne s'était trouvé sur ce sol des hommes qui reconnurent que la véritable richesse de l'Australie n'était pas uniquement dans les mines, que celles-ci n'en étaient pour ainsi dire que l'*occasion*, et qu'il y avait, à côté de la récolte de l'or, une industrie tout aussi lucrative, une industrie qui n'était plus basée sur le hasard ou la fortune du joueur, mais qui avait son assiette sur un élément de production progressive, non plus épuisable comme l'or, mais renaissant au contraire tous les ans avec plus de vigueur. C'est l'*élevage des bestiaux* sur ces immenses prairies dont la colonie de Victoria est couverte. Voilà le point fondamental de l'empire australien ; voilà l'idée qui a poussé un groupe d'hommes persévérants à se détacher ou à rester éloignés de la foule des mineurs, et à s'exiler dans les prairies, afin d'élever chacun des troupeaux dont le nombre n'est pas croyable pour ceux qui ne les ont pas vus, ici vingt mille bœufs, là cent cinquante mille moutons! Et si l'on peut dire que l'époque de la découverte de l'or est celle de la naissance de cette colonie, le jour où les squatters se sont mis à l'œuvre, n'a-t-il pas été avec bien plus de raison celui du salut de cette contrée! Leurs premiers établissements, avant 1851, étaient bien peu de chose en comparaison de l'essor que prit quelques années après cet élément de richesse, dont les conditions furent transformées par les milliers d'immigrants, établis depuis lors, qui fondaient des villes, cultivaient les céréales, et formaient, à côté de la colonie pastorale, ses compléments : la colonie agricole et la colonie manufacturière.

Les mines ont donc été désertées pour les champs par la majorité. Bien qu'elles aient rendu, depuis leur origine, plus de trois milliards huit cents millions de francs, il n'y a pourtant en exploitation que la vingtième partie des terrains reconnus aurifères. Si, dès 1854, leur produit va diminuant graduellement, et si l'année dernière il a à peine atteint la moitié du chiffre de cette époque, croyez bien que ce n'a été qu'un déplacement d'une richesse qui s'est dix fois accrue par là même, au profit de cette classe moyenne, constituée entre les mineurs et les « squatters », et qui forme la majeure partie de la population.

C'est dans son sein que s'est vivifié un esprit démocratique d'opposition aux « squatters », qui en effet représentent l'aristocratie de la terre, et dont l'influence, pénible à la masse, quoiqu'elle protégeât l'industrie mère de la colonie, me paraît avoir été jalousée par les gouverneurs eux-mêmes. Naturellement les premiers coups leur furent portés : c'était la lutte de la petite culture contre la grande, du morcellement contre l'unité, des « land jobbers » contre l'élément stable et conservateur du pays. Eh bien, franchement, si, dans le principe, les circonstances leur ont fait la part bien large et bien belle, en leur assurant des fortunes rapides et considérables, ils ont eu par contre bien des périls à affronter, en s'établissant au risque de leur vie dans l'intérieur, au milieu d'Aborigènes mal disposés. Mais, maintenant qu'ils ont réussi, maintenant que la civilisation s'étend à grands pas dans la colonie, on trouve que leurs terrains sont trop grands et leurs fortunes trop faciles à faire. On ne se souvient pas de leur noble audace, de leur persévérance, de leur œuvre, qui a confirmé la prospérité de la colonie, et l'élément nouveau leur fait une guerre à outrance.

C'est un grand intérêt pour nous que d'assister à cette querelle politique, de faire causer les gens des différents partis, de voir combien les rôles ont changé en peu d'années. Il y a douze ans, qui disait « mineur » disait presque millionnaire, et le « squatter » était perdu dans le « bush » au milieu de ses troupeaux; depuis, le « squatter » a eu deux débouchés constants pour ses produits : la consommation de la viande dans la colonie, et surtout l'exportation des laines. Le mineur, au contraire, se fatigue à creuser le sol, et ils sont bien rares maintenant ceux qui gagnent des six cents francs par jour, comme dans le bon temps ! Aujourd'hui donc toute la richesse est du côté des « squatters ».

Ces éléments opposés sont en présence : le suffrage universel est l'arène où ils viennent lutter l'un contre l'autre. L'ensemble du gouvernement a toutes les apparences d'une monarchie constitutionnelle, dont le roi n'est autre qu'un gouverneur nommé par la métropole. Je croirais presque que c'est une république avec un semblant de président.

Le gouverneur, nommé pour sept ans par la reine, touchant deux cent cinquante mille francs par an pour représenter dignement le pouvoir exécutif dont il est investi, accepte les ministres que lui impose la majorité des Chambres, écarte ceux qu'elle désapprouve : il est la main digne et conciliatrice qui écrit; la nation dicte par la voix des deux assemblées qu'elle nomme.

Ces deux assemblées sont : 1° la Chambre Basse ou « Assembly ». Elle se compose de soixante-dix-huit membres, nommés pour cinq ans par le suffrage universel. Les seules conditions nécessaires pour être électeur et éligible, sont d'avoir vingt et un ans et de résider deux mois avant le vote dans le district où l'on est inscrit. Après le 23 novembre 1867, il faudra en outre, pour avoir droit de suffrage, savoir lire et écrire. Le vote se fait au scrutin secret. Cette Chambre est convoquée par le « message » du gouverneur; elle peut être prorogée ou dissoute, mais la Constitution ne permet pas qu'il s'écoule plus d'un an entre la fin et le commencement de deux sessions. Elle a le droit d'initiative des lois sur le budget, et, en un mot, toutes les prérogatives de la Chambre des Communes en Angleterre. Par la *liberté illimitée* de réunion et de presse, et par l'absence de toute pression administrative, elle est la représentation la plus immédiate et la plus directe des citoyens. C'est grâce à elle que la majorité des six cent vingt-six mille habitants de la colonie ne paye que les impôts auxquels elle consent, ne subventionne que les travaux qu'elle juge utiles, n'entretient une administration que pour lui demander un appui et non des ordres, et ne voit employer les revenus publics ainsi que les sources organiques de sa richesse que selon ses intérêts véritables.

2° La Chambre Haute ou *Council* représente l'élément conservateur : elle est nommée par les propriétaires et les « capacitaires ». Composée de trente membres élus par les six grandes circonscriptions de Victoria, elle ne peut être dissoute, mais elle se renouvelle graduellement par les élections partielles, qui, tous les deux ans, pourvoient aux siéges de six députés sortants. Les électeurs appelés à nommer cette Chambre doivent avoir vingt-cinq mille francs en propriété, ou deux mille cinq cents francs en revenu : ces chiffres, qui paraîtraient énormes en Europe, s'étendent ici bien plus largement que vous ne pouvez le penser. Songez qu'un homme à gages, berger ou autre, gagne à lui seul la moitié de cette dernière somme. Votent encore pour le Council les gradués d'une université, les médecins, les avocats, les juges, etc. C'est l'adjonction des capacités obtenue sans une révolution.

Enfin les ministres, organes indiqués, essentiels, et avant toute chose *responsables*, de cet ensemble de rouages parlementaires, s'engagent par serment à se retirer du jour où ils n'auront plus l'appui et la confiance de la Chambre.

Il est vraiment intéressant de voir sur cette jeune terre la pure démocratie mise à l'œuvre, l'école de la vie politique ouverte à tous, dégagée des préjugés comme des obstacles des anciens continents : la démocratie est là abandonnée à elle-même ; elle y fait tout ce dont elle est capable : elle n'a rien eu à détruire, elle a eu tout à créer ; il n'y a peut-être pas au monde, en ce moment, un seul autre point où l'expérience soit moins gênée et par suite plus concluante. — Il semble que la race anglo-saxonne ait laissé de l'autre côté de la Ligne tout ce qui l'arrêtait encore en Europe, pour prendre résolûment ici la voie du progrès. Cette franche hardiesse a engendré des merveilles : elle a fait une Europe libre et prospère dans l'hémisphère Sud ; elle a créé non plus une colonie mais un monde nouveau, que l'on serait tenté de croire enfanté en quelques années, tout policé, tout libéral, tout prospère. Je vous parlerai plus tard des détails, mais j'ai voulu que ma première impression vous parvînt : elle est aussi sincère qu'imprévue pour moi ; et mon admiration, pour être immense, n'est pas cependant aveugle. Je vois en effet, à côté de résultats prodigieux, les imperfections sinon nécessaires, du moins presque toujours fatalement attachées à toute œuvre humaine.

D'abord il y a dans la croissance un arrêt qui frappe les yeux. Nous étions stupéfaits des dépenses inouïes de la construction simultanée de tant d'édifices grandioses; quand nous les avons examinés de près, nous avons vu que pas un seul n'était entièrement terminé. Pendant cette fièvre de construction on avait trouvé un trésor, et on le croyait inépuisable; évidemment les membres de la municipalité ont passé par cette ivresse et ont été réveillés trop tôt par l'épuisement de la caisse.

Mais voici qui est plus grave : un temps d'arrêt vient depuis un an d'être mis aussi à la richesse publique, qui avait jusque là fait d'admirables progrès. C'est qu'il y a aujourd'hui dans la colonie un parti protectionniste qui triomphe. Le dernier gouverneur étant sorti de son rôle de neutralité et s'étant mêlé de la querelle politique « en partisan », a dû quitter sur-le-champ la colonie. Le suffrage universel consulté a renvoyé sur les bancs de la Chambre Basse une majorité protectionniste : de là immédiatement une pluie de tarifs sur les importations et une diminution radicale des taxes d'exportation. Voici quelle fut l'origine du conflit.

L'épuisement des « diggins » à la surface avait arrêté presque subitement le mouvement de l'immigration. Cependant, par une disposition aussi sage que prévoyante, qui affectait la moitié du produit de la vente des terres, à favoriser l'immigration européenne, les bras commençaient à affluer de nouveau, et on allait voir remonter le produit des mines. Ceci ne faisait pas le compte de la démocratie, qui regrettait les salaires fabuleux de 1851, et qui concluait que plus les bras seraient rares, plus les salaires seraient élevés. Sous l'influence de cette idée, le secours aux immigrants fut rayé du budget, et voilà pourquoi avec des champs d'or presque illimités à exploiter, le produit des mines décroît graduellement. Je ne sais vraiment de quoi se plaignent les ouvriers : ils gagnent tous de dix-huit francs à vingt-trois francs par jour en ne travaillant que huit heures, et des personnes compétentes m'ont dit qu'ils pouvaient fort bien vivre, avec de la viande trois fois et un bon logement, pour cinq francs par jour s'ils sont célibataires, et huit francs s'ils n'ont qu'une famille d'un nombre moyen.

Mais, engagée sur cette pente d'égoïsme et fortifiée par les succès, la masse ne s'est pas arrêtée là. Poussée par les idées nouvelles d'hommes à systèmes et par des industriels étrangers pressés de faire fortune, elle a donc voulu faire monter encore le prix des salaires en soumettant à des droits protecteurs, à leur entrée dans la colonie, tous les objets manufacturés. Mais, mettre en regard de l'industrie européenne une industrie locale à l'état d'enfance, au milieu d'une population clair-semée, avec une main-d'œuvre triple, du charbon colonial à quarante-sept francs et du charbon anglais à quatre-vingt-dix francs la tonne, c'était (on ne l'a vu que trop tard), faire monter les denrées de vingt pour cent, éloigner de Melbourne les navires qui en faisaient l'entrepôt de leurs chargements pour les autres colonies, épuiser l'épargne, arrêter les travaux, en un mot « tuer la poule » au lieu de la laisser « pondre »! Les ouvriers en sont devenus les premières victimes; l'expérience les a avertis et la réaction commence. Il y a cela d'admirable dans la liberté, même avec ses écarts, qu'on peut revenir de la mauvaise voie plus vite encore qu'on n'y est entré. Le pays va être consulté, et tout fait croire que les Chambres nouvelles ramèneront le bonheur si merveilleux des quatorze premières années.

Telles sont les impressions générales que m'a données le spectacle de la grandeur, de la prospérité et aussi des fautes de la colonie de Victoria. Le jeu de ses institutions parlementaires, qui est de l'histoire ancienne pour tout esprit libéral, peut seul faire une grande colonie; il est passionnant à suivre sur ce terrain neuf, où un peuple d'hommes faits a débarqué — a créé — et a prospéré.

Et dire qu'après de si beaux résultats, qui ne sont certes pas ignorés en Europe, on refuse encore des députés à l'Algérie française, et que l'on préfère les chances d'une petite famine à une opposition possible de députés coloniaux, ou même d'un conseil général élu librement!

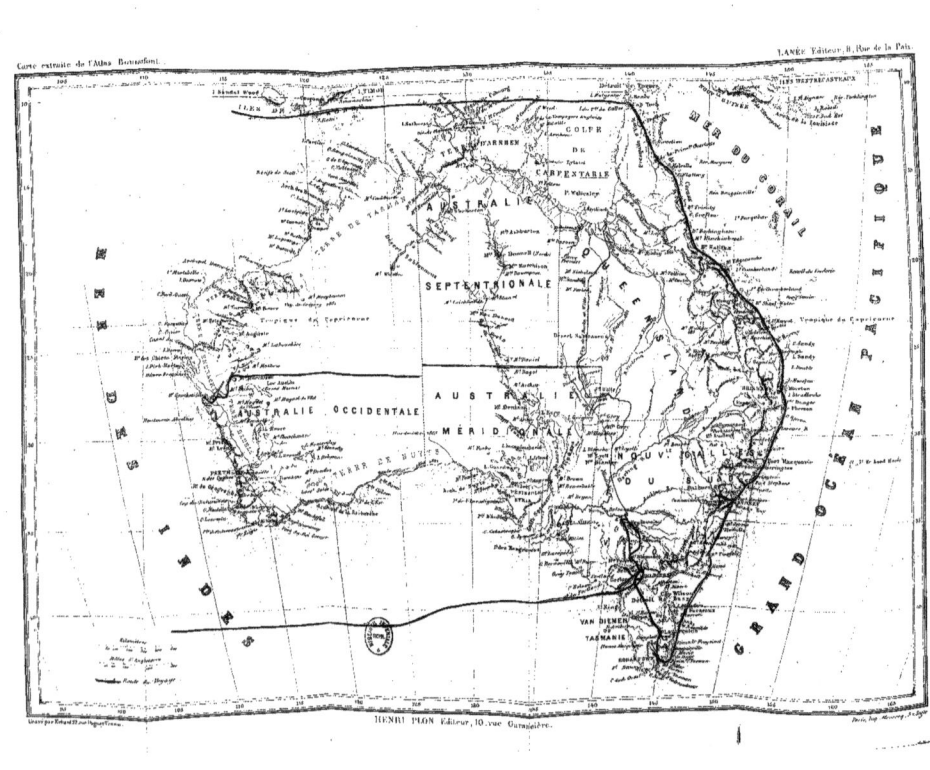

VIII.

VOYAGE DANS L'INTÉRIEUR.

Bendigo. — Marche à la boussole dans les prairies. — Le Murray. — Chasses aux cygnes, aux pélicans, aux dindons sauvages. — Duel avec un vieux kanguroo. — L'autruche d'Australie. — Les Noirs. — Une « station » de bœufs.

La politique, qui est toujours le sujet des conversations de la ville, m'a entraîné. Plus tard je vous donnerai des chiffres. Je ne veux plus penser qu'à la colonie pastorale, car les établissements des « squatters » perdus dans l'intérieur doivent être bien intéressants!

Un des grands « squatters » de la colonie, M. Kapel, que nous avons connu au Melbourne-Club, vient d'arranger pour nous un voyage qui nous promet intérêt et plaisir : il nous conduit avec lui dans sa « station », sur les bords du Murray, au milieu du désert des prairies, à l'extrémité des terrains que parcourent les troupeaux.

30 *juillet*. — Nous nous mettons en route et débutons par traverser en chemin de fer les cinquante lieues qui séparent Melbourne de Bendigo. Dans cet espace, nous n'avons vu que prairies sans fin et troupeaux sans nombre. Quant à Bendigo, c'est un centre de mines qui est une fidèle image de Balla-

rat. Les Chinois y abondent. On ne nous y fait grâce ni d'un puits ni d'une galerie aurifère.

31 *juillet*. — Ce matin, nous disons adieu aux villes et aux chemins de fer; le moment bien heureux de notre petite expédition est arrivé. M. Kapel nous emmène, le prince et moi, dans les prairies. En Australie, pour ces voyages dans l'intérieur, on ne connaît qu'une seule espèce de voiture, le « buggy américain », perché sur de grandes roues effilées; avec lui, on passe partout. Je n'en crois pas encore mes yeux en songeant à ce que sont les chemins dans ce pays-ci; encore est-on bien heureux quand il y en a. Notre légère carriole est attelée de quatre chevaux, pris au laço dans les prairies, et ne connaissant que la voix pour être guidés. Notre hôte et son Noir sont sur le devant du « buggy », hurlant pour diriger nos bêtes, qui évitent admirablement les troncs d'arbres dont est encombrée notre voie, quand nous traversons les forêts; nous nous blottissons par derrière avec nos fusils et nos munitions; c'est ainsi que nous devons faire soixante lieues en deux jours.

Partis de grand matin, nous traversons d'abord pendant cinq heures des forêts magnifiques, où les cacatois et les perruches voltigent au-dessus de nos têtes en faisant un tapage incroyable. Peu à peu la route disparaît; nous avançons dans une sorte de désert de prairies, une plaine verte avec de très-rares petits bouquets d'arbres, de grands troupeaux errant çà et là, de magnifiques effets de mirage; ici aucune route tracée, la boussole est notre guide; souvent des ruisseaux assez forts nous barrent la voie; on passe tout cela au petit bonheur et au grand galop, voilà qui me va! Notre hôte nous raconte que souvent ces ruisseaux sont tellement grossis par les pluies qu'il laisse là sa voiture, et s'en retourne chez lui à cheval avec son Noir, traversant alors les rivières à la nage, et ne revenant chercher son « buggy » qu'après quelques jours de sécheresse.

Rien de grandiose comme ces espaces infinis où l'on se sent si loin de tout être humain; la plaine est si unie qu'elle ressemble à une mer de verdure; seul, le « Mont Espérance », dans le lointain, rompt la monotonie de la campagne. De temps à autre un troupeau de bœufs errants se montre à nos yeux : ici le mirage les rend gigantesques; là il les reflète en double, et nous les fait voir par centaines, la tête en bas et les pieds en l'air. Pendant bien longtemps nous croyons voir un lac éloigné où le miroir des eaux renverse l'image des arbres de ses rives; ce lac, nous voulons toujours en approcher, mais il fuit devant nous, car c'est le *mirage*. Ce qui me frappe, c'est que pas un caillou n'a été heurté par nos chevaux, ni aperçu par nous; le gazon sur un sol doux et uni, le gazon partout et toujours, voilà ce que nous avons vu.

9.

Comme le soleil se couchait, nous avions fait trente lieues, et nous nous arrêtions dans un petit bouquet de bois, près d'une mare toute couverte de canards sauvages. Là, notre hôte nous fait faire la halte de nuit; nous mettons les chevaux au piquet, allumons du feu et faisons rôtir un frugal dîner; après quoi, roulés dans nos manteaux, nous dormons sur le sol humide et à la belle étoile, en compagnie des escadrons d'insectes des prairies, fort amateurs de chair blanche.

1er *août* 1866. — Nos chevaux sont d'une humeur parfaite; attentifs à notre boussole, nous pointons droit au Nord-Ouest. Le paysage ressemble à celui d'hier : toujours des prairies à perte de vue et de grands troupeaux qui se sauvent devant nous. La halte du jour se fait sur les bords du « Loddon », non loin de l'endroit où le jeune Howitt avait rencontré les infortunés compagnons de Burke. Tout d'un coup nous voyons, à une grande distance, sept casoars, les autruches de l'Australie, suivant au grand trot la lisière d'un bois; il aurait fallu un canon rayé pour les atteindre, et nous ne braquons sur eux que nos lunettes.

Au moment où le soleil se couche, après bien des ruisseaux traversés, nous arrivons au « Murray »; c'est le plus grand fleuve de l'Australie, beau cours d'eau coulant à pleins bords, ombragé par de grands arbres qui semblent dominer toute cette plaine. Sur l'autre rive est la « station » de M. Kapel. Une longue corde est attachée à un arbre de chaque côté de l'eau; nous démontons les roues de la voiture, nous plaçons celle-ci sur une espèce de ponton, et nous voilà cramponnant nos mains à la corde et traversant l'eau avec nos quatre chevaux qui nagent autour de nous. Ah! que je voudrais savoir dessiner pour vous montrer le pittoresque de notre passage sur cette belle rivière, et tous nos chevaux luttant contre le courant, puis abordant gaiement la rive opposée !

Sur cette rive est la case de M. Kapel; c'est une vraie cabane de bois avec trois chambres; le toit est en écorce d'eucalyptus, et les lianes épaisses qui l'enveloppent lui donnent l'aspect le plus sauvage. Voilà treize ans que notre hôte habite cette cabane. C'est un charmant garçon, encore assez jeune, venu là pour faire sa fortune, et vivant seulement avec un ami d'enfance qui partage son exil volontaire, au milieu de ses prairies et de ses troupeaux. Aujourd'hui sa tâche est remplie, et dans six mois il reviendra millionnaire en Angleterre. Il a, sur un espace immense de prairies, des milliers de vaches et de bœufs, et des centaines de chevaux ; il a entouré son « run » de barrières, et avec quinze hommes il suffit à tout pour garder ses troupeaux et les envoyer à Melbourne. Nous trouvons là son vieil ami, un véritable « homme des bois », à barbe gigantesque. Tous deux sont ravis de nous avoir; ils espèrent nous faire faire de belles chasses, et, après une bonne causerie autour du grand feu de bois et un bon dîner de bœuf, de beurre et de fromage, chacun s'en va dormir avec délices. Tout est fort rustique ici; le vent souffle dans la cabane à faire chavirer une chaloupe; les souris font de grands steeple-chases dans nos chambres, et, ma porte étant cassée, les oiseaux de nuit entrent avec enthousiasme pour regarder ma chandelle; mais l'air est si sain, si pur, que nous ne songeons nullement à nous garantir du frais de la nuit; ma seule pensée est de bien vite finir mon journal.

5 *août*. — En quatre jours nous avons déjà parcouru à deux et trois lieues à la ronde tous les environs de notre hutte. Nous partons toujours avant le lever du soleil, bien armés et pliant sous le poids des munitions; ce n'est que bien tard dans la soirée que nous rentrons au logis, pour dévorer du bœuf rôti et laver nos fusils. Nous avons d'abord, en pénétrant dans les bois, fait un feu infernal sur les vols superbes de cacatois blancs à crête jaune, de perroquets roses et verts, de perruches omnicolores et inséparables, écarlate ou bleu-de-ciel, qui s'élançaient, rapides comme l'éclair, hors des gros arbres à gomme. Les perruches volent comme nos tiercelets; c'est donc un tir difficile, mais char-

mant. Que de douzaines ont péri de nos mains!
Comme nos courses et nos coups répétés sous les
grands arbres nous enchantaient! Mais peu à peu,
en voyant qu'il y avait autant de ces ravissantes
bêtes aux couleurs de l'arc-en-ciel que de pierrots
chez nous, force nous fut de les respecter. Nous
avions une ample moisson de crêtes et d'ailes éblouissantes, destinées aux « hats » d'Europe.

Dès lors nous sortons des bois et suivons les bords
du Murray; des nuées de canards sauvages s'élèvent
en tourbillonnant; si nous n'en avons pas vu un
millier dans la première matinée, je veux renoncer
à vous raconter nos chasses. Leur vol est comme un
nuage dont le soleil fait courir l'ombre au-dessus
des petits lacs; mais nous commençons par en voir
mille, sans pouvoir en tirer un seul; une moitié fait
le guet et l'autre moitié ne dort pas. Ce qui nous
console, c'est qu'en nous faufilant tous deux à travers les lianes, en nous traînant sur les pieds et les
mains dans les herbes, nous arrivons jusqu'à une
petite anse sauvage d'où un chant étrange avait de
loin frappé nos oreilles. C'est une bande de cygnes
noirs! Ils s'envolent, tendant le cou tout droit et
battant majestueusement les ailes; trois tombent
avec fracas et se débattent dans l'eau; j'en ai un
pour ma part, et je suis au comble de la joie.

C'était toujours le matin, à la clarté des étoiles,
que nous faisions nos plus beaux coups de fusil;

nous allions à la découverte autour des flaques d'eau que forme le Murray. Le premier jour, c'étaient des cygnes; le second jour, nous y trouvons des « pélicans » dormant sur une patte, la poche toute gonflée de poissons, et nous en tuons deux. Hier, c'était une véritable nuée de grues bleues et de grues blanches que nous avons criblées, mais quelquefois en vain, de coups de fusil. Rien de sauvage comme les grues australiennes, et bien malin celui qui les approche! Jamais nous n'avons vu tant de gibier, mais jamais aussi il ne nous a fallu tant de plans d'attaque, de marches à plat ventre et de feux convergents! En deux matinées nous avons abattu trente-cinq de ces beaux oiseaux, qui, réunis, forment le plus rare assemblage de couleurs que l'on puisse imaginer. Quelques-unes de ces bêtes ont de beaux colliers rouges; d'autres, des aigrettes fines comme des plumes de marabout; d'autres enfin, les spatules, ont le bec long d'un demi-pied, large d'un pouce, aplati et garni de petites dents. Tout étonnés d'avoir tué tant de grands oiseaux, nous sommes contraints de retourner à la cabane, et de chercher un moyen de les rapporter. Notre hôte a un petit nègre de dix ans, vêtu seulement d'une paire de bottes : c'est le *factotum* de l'oasis. Sur un signe, le bambin enfourche le poney, part au galop, avise dans la prairie quelques chevaux qui paissent, lance son laço et nous en ramène un. Désormais nous n'avons plus à courir à l'aventure, guidés par le soleil et la bousole; le cheval et le moricaud nous guident chargés de notre gibier.

Après les oiseaux d'eau, c'est le tour des *dindons* sauvages; ils se tiennent tantôt isolés au milieu des prairies, tantôt par compagnies de douze ou quinze. La tête haute, l'œil au guet, ces dindons sont les plus malignes bêtes que je connaisse. Nous débutons par en poursuivre une compagnie de dix-sept, pendant trois heures, sans parvenir à les joindre; mais la ruse nous vient bientôt en aide : nous envoyons le moricaud chercher tantôt un cheval que l'âge rend docile, tantôt une vache de bon caractère. Dès que nous distinguons le grisâtre dindon dans la plaine, nous nous masquons par le flanc de la vache ou du cheval que nous faisons tourner en cercle; en rétrécissant patiemment et constamment le cercle, nous nous trouvons au bout d'une heure à portée du gros oiseau, qui crête son jabot et fait la roue comme ces messieurs de nos basses-cours; avec deux ou trois chevrotines il est par terre, et nous en avons ainsi tué jusqu'à quatre et cinq par jour. Voilà encore une chasse difficile! Avec de la tactique, de la patience et du coup d'œil, je m'amuse royalement dans ces plaines giboyeuses.

Bref, dans notre petite guerre de quatre jours, dont je ne vous cite que quelques épisodes, nous avons fait un feu infernal, et tué trois cent vingt pièces environ, n'est-ce pas un joli total? Pourquoi faut-il qu'il y ait toujours à regretter quelque belle bête, qui court encore! Nous avons risqué en effet plus d'une balle sur des troupeaux de deux et trois cents kanguroos, qui nous semblaient de grandeur humaine, et qui fuyaient toujours à cinq ou six cents mètres devant nous. Aucun n'est tombé. Cinq casoars nous ont apparu un moment, à une distance plus grande encore; aussi, ce soir, après avoir tué à profusion tout ce qui tombe sous le plomb de chasse, fondons-nous activement des balles, et désormais c'est aux grands animaux que nous voulons nous attaquer.

Quand nous rentrons à la cabane, il nous reste encore de la besogne; bien que souvent trempés jusqu'aux os par une pluie battante, nous lavons chacun avec le plus grand soin nos fusils, et je commence à trouver que ce n'est pas précisément une fête, quand on est très-fatigué; mais nos armes sont irréprochables, et c'est à ce prix que nous tuerons beaucoup. Que d'émotions de chasseurs nous avons eues en un temps si court! que de coups de fusil heureux! quelles chasses délirantes! en ferons-nous jamais de pareilles? Aussi voulons-nous garder quelques spécimens de ces beaux oiseaux pour les rapporter en Europe, et, dès le premier jour, nous sommes-nous mis à l'œuvre. Leur ouvrir le ventre, retirer les chairs, retourner la peau, la badigeonner d'arsenic et de savon, voilà l'affaire! Mais maintenant nous en avons une telle quantité que nos mains ne suffisent plus; notre aimable hôte a découvert un ancien gardeur de bœufs qui sait, lui aussi, préparer les peaux; il l'a fait chercher à une quinzaine de lieues d'ici, et nous pourrons désormais rapporter chacun un véritable musée d'histoire naturelle. Ah! que je voudrais rester encore un long temps dans cette petite cabane! Quoique nous soyons en hiver, nous n'y avons guère froid; il fait ici la température du commencement de mai en France. La nourriture y était des plus simples à notre arrivée; nous vivions de bœuf seulement (notre hôte en a douze mille, soyez donc sans crainte); mais notre chasse nous donne actuellement des festins : dindon sauvage d'une chair exquise, *flanqué* de perruches rôties, écrevisses et morues du Murray, prises par les Noirs; voilà un magnifique ordinaire. Nous sommes dans le calme de la prairie, vivant de la vie sauvage, tuant les plus jolis oiseaux du monde, oubliant les villes et la civilisation; notre hôte voudrait nous garder six mois. Bien qu'il ne soit pas chasseur, il se passionne pour nos exploits et reste à la maison pour veiller au « fricot. » C'est un homme intelligent, aimable et enjoué, auquel une longue solitude a donné une originalité d'esprit et une cordialité si franche, qu'il a gagné tout à fait nos cœurs.

6 août. — Nous avons brûlé tant de poudre autour de notre hutte de *Gonn*, que toutes les nuées d'oiseaux se sont envolées. Kapel nous emmène ce matin dans la direction Nord-Est, vers une cabane qui, située à sept lieues d'ici, est le centre d'un autre « run » où paissent aussi ses troupeaux. Nous partons donc pour trois jours, bien armés et n'ayant que de la poudre et du plomb pour bagages. Montés sur de bons chevaux pris au laço hier soir, nous galopons gaiement dans la plaine, en faisant le coup de fusil de temps à autre. Ces chevaux, que la bride gêne singulièrement, galopent un peu à l'aventure, sans fers aux pieds, ni avoine dans l'estomac; quand il leur prend des envies subites de rejoindre les troupeaux nomades de leurs frères, rien ne les arrête! et, comme les poulains de nos prés, ils partent la tête haute et hennissent follement, en sautant d'une manière incroyable par-dessus les broussailles et les troncs d'arbres amoncelés. J'aime bien ces allures vagabondes et ces galopades quelque peu numides; même après une course involontaire, nous ramenons toujours nos sauvages montures auprès de notre hôte, qui nous guide à travers un dédale de ruisseaux, de lacs, de bois et de grandes herbes.

Le soleil de midi est fort chaud dans ces plaines, même dans les bois, je dois le dire, car dans ceux-ci l'ombre est inconnue; l'arbre à gomme avec ses feuilles effilées, qui tombent perpendiculaires comme celles du saule pleureur, ne nous avait pas un instant l'autre jour préservés de la pluie; en revanche, il laisse merveilleusement passer les rayons du soleil. Chose curieuse, c'est la seule et unique espèce d'arbre que nous voyons depuis huit jours! Il est très-grand, mais c'est monotone. Pendant notre route, nous faisons feu sur de beaux oiseaux, les « native companions », grues bleues à collier et à toque écarlate, hautes de trois pieds et demi, qui marchent magistralement et à pas comptés dans la plaine. Une d'elles, blessée à mort, nous fait faire plus d'une lieue d'une course effrénée à sa poursuite, et nous l'atteignons au milieu d'une panique immense, dont nous sommes la cause. Plus de quatre mille bœufs fuient devant nous; peu à peu effarouché par notre marche, chaque groupe de cent ou deux cents bêtes à cornes se sauve en avant, tête baissée et queue en panache; bientôt tous les fuyards ne forment plus qu'un seul troupeau dont les charges désordonnées nous font bien rire. Seules, des carcasses blanches gisent en repos dans les plaines dénudées; elles sont échelonnées le long des cours d'eau où, pendant la sécheresse des deux dernières années, les pauvres bêtes venaient par centaines boire une dernière fois les dernières flaques d'une eau bourbeuse et empestée.

Nous voici dans une nouvelle hutte : l'endroit s'appelle « *Noo-rong* ». Là, loge un « *over-seer* », homme des bois à la solde de notre hôte, chargé de surveiller à lui tout seul plus de quatre milliers de bœufs. C'est une paisible et rustique demeure que celle de ce brave homme, demeure où les insectes des prairies viennent seuls lui tenir compagnie. Un petit lac est tout près; c'est l'heure du coucher du soleil; les longues files de bœufs se dessinent dans la plaine; ils avancent tous vers nous et viennent boire lentement, en passant par dessus de vraies montagnes de carcasses blanches qui jonchent le bord de l'eau : quelques aigles planent au-dessus de nous, et l'un d'eux même enlève, pendant qu'il tombe, un canard argenté que nous venons de tuer.

De l'autre côté de la hutte, qui est tout en écorce d'arbres, est le « *paddock* », enceinte à plusieurs compartiments, qui s'étend sur près de trois ou quatre arpents, et est destinée aux bœufs ou aux chevaux malades. Tel est l'aspect, bien modeste et bien sauvage, de ces habitations perdues dans les prairies : on sent l'infini tout autour de soi! mais.... sur soi, pendant la nuit, que d'escadrons de fourmis ne sent-on pas! Nous étions roulés, le prince et moi, dans le même manteau, et ce fut là que les fourmis blanches livrèrent bataille aux fourmis rouges. Nous combattîmes ces armées par de grands nuages de tabac; mais il y a des moments où ces impertinentes bêtes rendraient fou un honnête homme!

De grand matin, le 7 *août*, le gentil moricaud nous prend quatre chevaux, sur lesquels nous allons faire une reconnaissance dans les environs. Kapel, toujours si excellent et si attentif, nous commande, et son ami, le gros Harrisson, ne doute de rien : celui-ci descend au grand galop dans les ravins et remonte de l'autre côté à la même allure, en prenant le cou de son cheval entre ses bras. Rien de curieux comme d'entendre les mots qu'échangent par moments nos deux compagnons.

« Oh! quelle découverte, disait l'un ; reconnaissez-vous cette jument pie suivie d'un grand et d'un tout jeune poulain ?

— Eh oui, c'est *Jenny !* Il y a trois ans que nous ne l'avions vue et qu'elle erre dans nos bois. »

Plus loin, c'était je ne sais quel taureau fameux que découvrait son propriétaire, après bien des mois de disparition.

Tout d'un coup, après une longue marche dans une plaine toute verte coupée de petits bosquets, nous tombons sur un groupe de quinze ou vingt kanguroos de la grande espèce et de deux cents plus petits : ils se sauvent en mettant leurs enfants dans leur poche avec précipitation. De ces petits, hauts de deux pieds, je ne vous parle pas, car ils fourmillent dans les buissons, et nous en avons tué tous ces jours-ci comme on tue des lapins chez nous : c'était pour nous le double plaisir du coup de fusil le jour et du souper le soir. Nous piquons donc droit sur les grands, en distinguons un fort beau, et nous décidons à le forcer en suivant la bête à vue, sans chiens : le plaisir consiste à crever le cheval ou le kanguroo, au hasard. Au bout de dix minutes environ, et après avoir fait des bonds immenses, l'animal traverse un bois, où nous le perdons; bientôt il débuche; je me trouve seul à sa poursuite, enfonçant si bien mes éperons que je ne pouvais plus les retirer du flanc de mon cheval; mais le kanguroo a toujours une avance de plus de cent mètres! Enfin je gagne peu à peu, me voilà côte à côte avec lui. Mais j'avais été assez insensé pour ne pas emporter d'armes dans cette promenade, et je n'osais guère l'approcher, car nos hôtes nous ont prévenus que c'est un animal extrêmement dangereux, quand il est sur ses fins, et qui peut facilement étouffer un homme entre ses bras, en un rien de temps. L'an passé, ils avaient quatre grands lévriers, qui ont tous été brisés en deux morceaux par les griffes d'un vieux kanguroo. Enfin la bête haletante tombe à terre, elle est forcée! j'avoue que je n'en pouvais plus moi-même à force de rouler mon cheval; cependant l'animal se relève, s'accule contre un arbre, fait briller des yeux féroces, et agite convulsivement ses grands bras : il m'attend! Heureusement, le prince m'avait rejoint, et il était armé; il met fin à notre duel, en plaçant une balle dans le cœur de la bête; jugez de notre joie.

Votre kanguroo est superbe, sa fourrure est semblable à celle du renard; il pèse cent quarante livres, et a *huit pieds six pouces* de la tête au bout de la queue! Les prairies sont détrempées, et nous avons pu mesurer ses bonds par son « volcelet »; ils étaient tous de plus de six mètres; il courait uniquement sur les pattes de derrière, le corps un peu incliné en avant, tandis que sa lourde queue, relevée toute droite, lui servait de balancier.

En rentrant à la hutte, nous ôtons selle et bride à nos chevaux, que nous renvoyons immédiatement et sans autres soins à la vie libre et nomade des prairies; pour des chevaux qui ne vivent que d'herbe, c'est une bonne journée de steeple-chase; demain nous en prendrons de frais. On semble un peu étonné ici de voir que les Naturels de la vieille Europe ne sont pas précisément engourdis, et lancent les chevaux, sans que ruisseaux ni troncs d'arbres les arrêtent.

8 *août*. — Cette fois, malgré une pluie torrentielle, qui a converti les prairies en marais, je veux avoir, à moi tout seul, un duel avec un vieux kanguroo; j'ai mon revolver, et je suis plein d'entrain. Je pars avec Kapel; nous débusquons un *old man* à poil roux, qui paraît fort beau; course ventre à terre, mais bien plus dure que celle d'hier, car les

chevaux glissent affreusement, — pendant une demi-heure, c'est le kanguroo qui gagne sur nous; bientôt le cheval de mon compagnon tombe dans un bourbier. Kapel en roulant est encore si animé qu'il me crie : « Kill my horse! kill him, but kill the kangaroo[1]! » Je redouble de vitesse, et, après trois quarts d'heure environ de course effrénée (j'étais comme un fou), je finis par gagner la bête au moment même où je désespérais de l'atteindre, car mon cheval fléchissait et était à bout d'haleine : j'étais à vingt pas, le kanguroo se retourne et me charge; toujours au galop, je lui tire, un peu ému, un coup de revolver; la balle le frappe dans les pattes de devant : il tourne casaque, puis charge de nouveau. Ma première balle le manque, mais je lui offre dans le flanc un second *avertissement* qui le culbute, et un troisième qui le *supprime*. Une dernière balle l'achève et met fin aux soubresauts épouvantables qu'il fait en mourant à mes pieds.

Je ne puis vous dire combien sont émouvantes, et cette course ventre à terre, le pistolet au poing, et cette fantasia autour de la bête qui vous charge avec fureur, après l'angoisse si longue de savoir qui sera forcé du cheval ou du kanguroo! La balle qui a tué le bonhomme est entrée par une épaule et est sortie par l'autre. La fin de la chasse surtout est

---

[1] Tuez mon cheval! tuez-le! mais tuez le kanguroo!

passionnante; car la bête à l'hallali se défend vigoureusement, fait des bonds dans tous les sens, en étendant ses grands bras munis de griffes énormes : les yeux surtout, qui au repos paraissent si doux, prennent alors une expression très-sauvage et effrayante. J'étais tout seul à jouir de ces émotions, et perdu dans la plaine! Comme j'aurais été heureux de les partager avec vous! Pour retrouver la cabane, je dus pendant deux heures prendre le contre-pied de ma course et suivre mes traces, fortement empreintes dans le gazon; nous attelâmes un petit chariot à roues pleines, et vînmes tous chercher ma belle prise, dont nous enlevâmes la peau, que je vous rapporte avec soin : vous verrez ses griffes et les trous de mes balles.

La pluie torrentielle continue : il nous faut déguerpir sur-le-champ, car l'inondation commence; les ruisseaux que nous avons passés à gué ont déjà monté d'un mètre; ce sera le triple demain matin, et, si nous nous attardions de quelques heures, nous serions bloqués pour un mois. Nous n'étions de retour à Gonn que bien avant dans la nuit; la pluie avait cessé pendant quelques heures, et le clair de lune avait favorisé le passage dangereux des rigoles d'hier, devenues rivières aujourd'hui. Je suis trop fatigué pour vous raconter les détails et les péripéties de ce retour si accidenté, mais croyez bien que c'est à l'énergie de nos bons chevaux, après la nôtre, que nous devons d'être tous ici au bercail.

11 *août*. — Pendant trois jours, la chasse aux pélicans a réussi à merveille; puis, grâce à la ruse, nous avons tué deux émeux, ou casoars, pour notre collection. Quand nous apercevions un groupe de ces beaux oiseaux, cette sorte d'autruche grise, trottant aussi vite qu'un cheval, nous prenions en main une branche verte qui nous cachait le visage, et nous nous enveloppions le corps d'une couverture rouge-écarlate qui traînait jusqu'à terre, style Ponce-Pilate. Vraiment, si je n'avais été si ému par mon amour pour la chasse, j'aurais pu bien rire de moi-même, quand je m'avançais ainsi majestueusement dans les prairies. — L'autruche est comme le taureau : elle fond sur tout ce qui est rouge. Attiré soudain par le point rouge qu'il voit à l'horizon, l'escadron prend le grand trot, et, le cou tendu, les folles bêtes s'élancent à la suite l'une de l'autre, comme en une charge de guerre. A cent mètres du prince, le chef de file s'arrête, et toutes l'imitent : la ruse est découverte et la panique les emporte; mais le prince avait admirablement logé une balle dans la plus grande, qui roula roide morte. Hier ce fut ma carabine qui fit tomber à son tour un de ces oiseaux coureurs : les os de leurs cuisses sont aussi forts qu'un poignet d'homme; leurs pattes ont plus de trois pieds de haut; leur gros plumage gris est si

touffu, qu'il retombe tout autour de leur corps comme un parasol; quant aux ailes, je les ai longtemps cherchées; je n'ai trouvé qu'un petit moignon de cinq à six pouces de long, et sans une seule plume, Quelle bizarrerie! Ces autruches grises sont les seules qu'il y ait en Australie : celles qui ont les belles plumes à chapeaux de l'ancien régime n'existent qu'en Afrique.

Nous avons trouvé plusieurs de leurs œufs dans la plaine : ils sont plus petits que ceux de l'autruche, mais d'une couleur superbe. C'est un vert-émeraude foncé, poli et brillant. Nos hôtes nous affirment une autre singularité de ces oiseaux : c'est le mâle qui couve[1] assidûment, et pendant qu'il reste immobile, échauffant pendant des semaines sous ses plumes la future nichée, madame Casoar court gaiement les pampas!

Enfin nous avons vu des Noirs! Aujourd'hui, dans un ravin, en poursuivant un cygne, nous tombons sur le camp d'une tribu de Naturels : quelques fourrures d'opossum jetées au hasard sur leur corps les garantissent à peine du froid. Leur camp se compose d'une série de huttes en feuilles sèches; elles sont si basses qu'ils ne peuvent y entrer qu'à quatre pattes : huttes et gens exhalent une odeur nauséabonde; ils sont fétides, étiques, épouvan-

[1] Ceci nous a été confirmé depuis par les naturalistes de l'Académie de Melbourne.

tables. Pauvres êtres! ils ont pourtant l'éternelle gaieté du Nègre : ils rient d'une façon grotesque, mais naïve, et roulent de gros yeux blancs tout veinés de sang. Nous leur donnons quelques canards que nous venions de tuer, et aussitôt toute la bande joyeuse danse autour de nous. C'est un vieillard, noir comme la réglisse, mais orné d'une chevelure et d'une barbe blanches comme la neige, qui dirige cet orchestre de grenouilles noires chantant au bord de l'eau : il ôte le peu de fourrure qui le couvrait; le seul vêtement qu'il avait avant la danse, il le tient à la main en signe de commandement; toute la tribu l'imite, et nous nous trouvons, à bien peu de frais, les témoins d'une fête fantastique : hommes et femmes, vêtus en archanges, faisaient la ronde et gambadaient; nous nous tordions de rire, et ils étaient ravis. On appelle ce vieux Noir le roi Tatambo : notre hôte l'a photographié l'an dernier, et je vous envoie, avec son portrait, celui de la plus jeune et de la plus jolie de ses filles.

C'était aujourd'hui notre avant-dernière après-midi à Gonn, et nous en avons joui comme de vrais enfants; car au moment où nous rentrons pour déjeuner avec notre hôte, il nous dit qu'il croit l'époque bonne pour envoyer *huit cents bœufs* à Melbourne, d'où ils seront ensuite dirigés sur les différents centres de mines, et qu'il va monter à cheval pour les choisir. Nous voyons là ce que les Australiens

appellent « un cattle hunting », une vraie chasse à
courre aux bœufs. Nous nous mettons de la partie,
que nous trouvons des plus amusantes. Kapel a réuni
le plus grand nombre des hommes disséminés sur
son territoire; ils sont huit ou neuf à cheval, armés
de fouets à manche court, mais à mèche d'une longueur de trois mètres. Nous partons tous au galop,
mais chacun dans une direction différente, pour découvrir les troupeaux éparpillés dans les plaines.
C'est comme une petite guerre de tirailleurs où
chacun fait une fantasia à sa guise. Dès que nous
voyons un groupe de trente ou quarante bêtes à
cornes, nous les chargeons à toute vitesse, nous les
« galopons » ainsi, en les harcelant tantôt à droite,
tantôt à gauche, jusqu'à ce qu'elles aient atteint une
colline de sable qui domine la plaine et qui est le
rendez-vous général. C'est vraiment un sport charmant! Ces charges au grand galop nous amusent, et
je vous assure que notre « troupeau de chasse »,
cornes baissées et queues au vent, fut gaillardement
poussé jusqu'à la colline, malgré les ruisseaux et les
ravins : à nous deux, le prince et moi, nous en
avons sûrement ramené plus de quatre cents d'une
ou deux lieues à la ronde, malgré les détours res-
semblant bien plutôt à des O qu'à des S, que nous
faisait faire notre gros gibier dans ses folâtres galopades. Vers cinq heures, il y avait sur la colline
environ *deux mille* vaches et bœufs, tout essoufflés

et haletants de leur course involontaire. Les hommes alors ont fait leur choix, les bœufs les plus gras ont été « galopés » de nouveau jusqu'à une autre colline proche. Mais ce dont vous ne vous ferez jamais une idée, c'est du désordre qui régnait autour de nous, et qui était le plus grand charme de cette fête : bœufs ruant, chargeant ou beuglant, vaches folâtrant et gambadant, tout cet assemblage bruyant offrait le plus singulier des coups d'œil. A la nuit tombante, nous chassons avec ensemble tous les « refusés », et nous allumons un long cordon de grands feux autour du troupeau des huit cents « élus » parmi tant d'appelés : la moitié des hommes reste pour faire la ronde, ce qui n'est pas une petite besogne. Il faisait nuit noire quand nous redescendions vers la hutte : les silhouettes des bœufs, et celles des hommes à cheval qui gardaient le troupeau, se dessinaient sur le ciel à la lueur des feux, et les lugubres mugissements de tant de bêtes captives, étonnées et ahuries, auxquelles répondaient les bandes errant librement, rendaient extraordinaire cette plaine qui jusqu'alors nous avait semblé paisible et silencieuse.

12 *août*. — Dès le matin le troupeau part pour Melbourne ; il a plus de cent lieues à faire à pied ; quatre hommes l'escortent. Le premier obstacle de cette longue route, c'est « le Murray », qui a certes

bien cent soixante mètres de large. Ces hommes poussent au grand galop tout le troupeau entre les deux longues barrières qui aboutissent au fleuve : les bêtes sont tellement *lancées* qu'elles ne peuvent plus s'arrêter à temps; les premières sont en un instant bousculées et jetées à la rivière par toutes celles qui les chargent par derrière et qui ne voient pas l'eau : l'élan est immense et général; bientôt elles sont toutes à la nage, se culbutant l'une l'autre, et grimpant en désordre sur la rive opposée.

Nous aussi nous allons partir : demain, au petit jour, il faudra absolument quitter ce lieu de délices, où nous avons fait de si belles chasses et couru si joyeusement; nous comptons demander l'hospitalité dans une « station de moutons », qui est à vingt-cinq lieues d'ici. Le voyage, c'est l'état normal de tout homme en Australie, et je n'ai vu sur nulle terre plus cordiale réception. Ici, à deux cents pas de notre hutte, il y a la « hutte hospitalière », qui existe dans chaque « station » de l'intérieur.

Le soir, après le repas, nous allions voir avec notre hôte si quelque berger errant y était venu chercher refuge, et trois fois nous y fûmes guidés par les grands feux qu'avaient allumés les nouveaux arrivants. Kapel leur donnait immédiatement des rations de bœuf et de biscuit. C'étaient des aventuriers, bergers et tondeurs, qui venaient se recommander aux fermes, en cas de besoin donner un coup de main au « cattle hunting », ou aider à abattre des bois. Ces gens vivent toute une année errant dans les prairies, courant les aventures, sans gîte et sans repos, et ils aiment passionnément cette vie nomade! Il faut vraiment que les aspects tout physiques d'un pays influent singulièrement sur les affections morales de ceux qui l'habitent! Que d'hommes j'ai déjà vus, en Australie, si amoureux de l'aventure et de l'inconnu, si peu soucieux du lendemain! Et nous-mêmes, n'avons-nous pas changé aussi depuis un mois? Nous voudrions encore longtemps vivre ainsi en sauvages et en nomades, coucher dans nos manteaux, galoper sur ces chevaux presque libres, et pénétrer toujours plus avant dans ces prairies et ces pampas, en nous disant dans nos courses folles : « Peut-être que dans ce ravin aucun Blanc n'a encore mis le pied! » Oui, cette vie a des charmes que vous ne pouvez connaître en Europe ; mais notre bon ami Fauvel nous attend impatiemment à Melbourne, et vous nous attendez à six mille lieues d'ici. Partons donc! malgré tous les regrets; si je me suis bien amusé dans ces plaines, j'y ai aussi beaucoup appris : je sais maintenant à fond ce que c'est qu'une station de « squatter », une « cattle-station », et je crois n'avoir rien de mieux à faire pour vous en donner une idée, que de vous dire ce qu'a fait notre hôte, M. Kapel.

En 1846, trois hommes résolus vinrent s'établir

ici aux bords du Murray, pour faire paître leurs troupeaux, dans ces prairies jusqu'alors inexplorées, où ils avaient à repousser souvent les attaques des Noirs, qui tantôt venaient brûler leurs cabanes, tantôt faisaient une guerre acharnée à leurs bestiaux. Ces hommes se tracèrent un « run », espace immense de prairies qu'ils déclarèrent vouloir occuper à leurs risques et périls contre les Aborigènes, et assurer, pour un temps donné, contre les empiètements de tout nouvel arrivant européen. Leurs limites une fois tracées, ils en firent la déclaration au gouvernement, qui est propriétaire du sol de la colonie : ce sol, il l'a vendu en certains endroits, il le vend encore ou le loue à son gré. Il y a donc ici des propriétaires qui, une fois tels, ne payent plus aucune taxe à l'État, et les « squatters ». Ces derniers ne sont autre chose que les fermiers de l'État ; ils lui payent tant par an, et, pendant leur bail, jouissent de tout ce qui se trouve sur leur « run » ; c'est dire des bois qui le couvrent, en outre des prairies, et ce n'est pas un médiocre profit. En New-South-Wales (où nous sommes aujourd'hui), l'État estime les bonnes comme les mauvaises conditions du « run », le fait explorer par une commission formée d'un nombre égal de ses représentants et de ceux des « squatters », et demande par an un prix général qui exempte son fermier de toute nouvelle taxe. J'aurai plus tard occasion de vous dire comme quoi, dans la province de Victoria, les choses se passent tout autrement, et comment, dans cette autre colonie, le « squatter » paye tant par tête de bétail et rien pour la terre : j'aime bien mieux le mode si simple du New-South-Wales.

Mais je reviens à mes moutons, ou plutôt à mes bœufs. Ces hommes donc choisirent un superbe terrain compris entre deux rivières, le « Murray » et le « Walkool », deux admirables barrières naturelles, deux sources de fécondité et d'arrosement, sur lesquelles ils pouvaient compter sans crainte pour abreuver leurs troupeaux. Le « Murray » leur servait de barrière pendant *trente* kilomètres : les deux runs de « Gonn » et de « Moorgatta » comprenaient 257 *kilomètres carrés* ou plus de 30,350 *hectares;* celui de « Noo-rong » 458 *kilomètres carrés* ou 50,584 *hectares,* ce qui fait un total de 715 *kilomètres carrés!* Ils prirent un bail de quatorze ans, pour lequel ils payèrent chaque année au gouvernement la modique somme de 7,500 fr. Ce bail expirait en 1860. Telle est l'histoire succincte des fondateurs de ce « run ». Voyons maintenant ce qu'a fait notre ami Kapel.

Il est arrivé ici en 1852, et, traitant avec ces « squatters » qui avaient en six ans fait leur fortune, il a pris leurs trois « runs » en sous-location. Pour l'*indemnité de cession* des runs de Gonn et de Moorgatta et la *monture,* qui se composait de 1,500 vaches, il leur donna 250,000 fr. Pour l'indemnité de Noo-rong, 500 bêtes à cornes et une ligne de solides barrières de bois, construites par eux et s'étendant sur 27 kilomètres, il leur paya la somme de 450,000 fr. Le Walkool au Nord, le Murray au Sud, coulent tous deux presque parallèlement, à une distance variant de 25 à 35 kilomètres. Cette barrière de bois, perpendiculaire aux deux cours d'eau, fermait complétement les « runs » sur la partie Est. A l'Ouest, Kapel les ferma également en construisant sur ce quatrième côté du rectangle une barrière de fil de fer, longue de 35 kilomètres. Ajoutez-y 34 kilomètres de barrières pour les divisions intérieures, et le prix de ces clôtures s'élèvera à 80,625 fr., ou 1,225 fr. 50 c. par kilomètre. Ainsi les dépenses de premier établissement étaient de 715,000 fr.

Quant aux charges régulières, il paye d'abord chaque année les 7,500 fr. du bail à l'État jusqu'en 1860, époque à laquelle il reprend en son propre nom un nouveau bail de dix ans pour le même territoire : le gouvernement alors le taxe à 17,375 fr. par an. Puis vient son personnel : il ne se compose que de *quinze* hommes, employés sur cet immense espace tant à réparer les barrières toute l'année, qu'à surveiller les troupeaux, à les rassembler et à les mener à Melbourne dans certaines saisons. Ces hommes, il leur donne comme gages 25 fr. par semaine, ce qui fait une dépense de 19,500 fr. par an ; avec la nourriture qui lui coûte autant, l'entretien complet de tout son monde lui revient à 37,500 fr.

Un homme pour *mille* bœufs, n'est-ce pas chose étonnante au premier abord ! Mais tout est simplifié par ces grandes lignes droites de barrières, tracées à l'américaine au milieu des prairies, où, si l'on n'a pas des bouquets de bois presque sous la main, on emploie le fil de fer avec avantage.

Viennent ensuite les frais d'entretien des barrières (3,000 fr.), la location de terrains de repos pour ses bêtes aux portes de Melbourne, de Ballarat et de Bendigo (10,000 fr.), même somme pour « divers », voilà un total de 77,875 fr. pour les dépenses annuelles.

Voici maintenant un aperçu des recettes. Notre hôte envoie tous les ans, de mai à septembre, une dizaine de ses hommes au loin dans la colonie et les colonies voisines : ceux-ci vont surtout dans les contrées qui ont souffert de la sécheresse, et chez les petits cultivateurs. Ils achètent, à raison de 50 ou 60 fr. par tête, tout le bétail maigre ou jeune qu'ils peuvent trouver. Il y a trois ans, par exemple, Kapel a ainsi acheté quinze mille bêtes âgées de trois à sept ans, à raison de 50 fr.; il les a revendues l'année dernière toutes grasses et superbes 175 fr. en moyenne, sur les différents marchés de Victoria : elles lui avaient coûté 750,000 fr.; il les a revendues 2,625,000 fr. Quel gain immense en vingt-quatre mois !

Ce sont les pluies du printemps qui décident de la fortune du « run ». Je voudrais que vous vissiez avec quelle joie notre hôte regarde chaque matin les progrès de la nappe de verdure qui s'étend autour de nous, sans que les yeux en trouvent les limites. Nous sommes en août : c'est notre mois d'avril. Les brins d'herbe touffus n'ont guère plus de deux pouces de haut ; mais ils sont si verts et si vivaces, qu'on se croirait vraiment sur un gazon d'Angleterre. Si le soleil ne brûle pas trop tôt ces prairies qui promettent tant, Kapel n'aura même pas besoin de deux ans pour engraisser ses nouvelles bêtes maigres.

Il a, de fondation, un troupeau de *mille* vaches choisies pour la reproduction, de même que *cent* poulinières qui galopent gaiement de tous côtés. Je m'étonnais l'autre jour des lignes si pures, des dos si droits, des poitrines si larges, des cous si nerveux et des têtes si carrées de toutes ces bêtes à cornes.

« Comment, disais-je à Kapel, sur des milliers de bœufs, avez-vous tant de bêtes modèles ? C'est en vain que j'ai cherché un bœuf ensellé ou une de ces vaches toutes voûtées et à long museau, comme on en voit dans nos campagnes. Mais non, ici toutes leurs épines dorsales sont tirées au cordeau et leurs têtes faites au moule ! » — « Ceci vient, me répondit-il, de la seule mesure antilibérale qu'ait prise notre gouvernement démocratique. Étalons, béliers et chevaux *ne peuvent être introduits* dans la colonie que s'ils ont été primés en Angleterre ou dans les colonies voisines : tous ces chevaux sont des « pur-sang », dont le père a coûté 35,000 fr. rendu à Melbourne; les moutons que vous avez vus courant les prés depuis Bendigo jusqu'ici, sont des mérinos allemands des plus purs; on a fait acheter en Saxe des béliers qui revenaient ici à 12,000 fr. : tous mes élèves enfin, qui sont des « Durham », descendent de ce taureau magnifique que vous avez vu l'autre jour galopant près du Walkool; il m'a coûté 20,000 fr. et vient du « cattle-show » de Londres, où il avait remporté un grand prix. »

Quinze mille bêtes d'une race si pure! Ne sont-ce pas là des chiffres étourdissants, et, pour les croire, ne faut-il pas, comme je le fais en ce moment, voir ces beaux troupeaux errer et paître dans cet immense espace clôturé? Je demandais à mon hôte combien il pensait avoir de vaches et de bœufs cette année : « Impossible de vous le dire, mon ami, me répondit-il : je ne puis le savoir qu'à mille ou deux mille près, car il en meurt quelquefois beaucoup dans les bois; il m'en naît aussi beaucoup sans que j'en sache rien : nous ne saurons tout cela que vers Noël; à ce moment, pendant une dizaine de jours, je galoperai dans tout mon « run », depuis le matin jusqu'au soir, et nous pousserons tous nos troupeaux dans le grand pré de deux kilomètres carrés qui est près de la maison : tout ce qui sera gras, nous le galoperons dans un autre enclos. Je crois qu'il n'y en aura que sept mille cette année ; car j'ai perdu beaucoup à la sécheresse d'il y a quatre ans, 500,000 fr. environ. Eh bien, ces sept mille bêtes, je les enverrai par troupeaux de cinq à six cents dans les enclos que j'ai près de Melbourne, de Ballarat, de Bendigo et de tous les centres de mineurs, et j'espère les vendre 250 fr. en moyenne. S'il en est ainsi, je céderai mon « droit » et m'en retournerai en Angleterre : on m'en a déjà offert 2,250,000 fr. l'année dernière et j'ai refusé. Grâce au Murray, tandis que d'autres « runs » sont en souffrance, le mien prospère tous les jours : cette humidité de la rivière fait ma fortune, et je compte tout à fait cette année tirer de mon « droit » 750,000 fr. de plus que l'on ne m'en avait offert ».

Voilà de ces choses que l'on ne voit qu'ici et qui sont bien intéressantes à étudier! Tout le temps de mon séjour, j'ai appris quelque détail nouveau, et, chaque soir, après les douces causeries autour du feu de la cabane, j'ai consigné sur un bout de papier tous ces chiffres que Kapel m'énumérait avec tant de complaisance et que j'avais toujours grand'peur d'oublier. Une « cattle-station » est pour moi chose connue; pourtant, donner un chiffre du bénéfice net par an me serait impossible : notre « squatter » ne le sait jamais au juste, puisqu'il règle toujours ses comptes à mille ou quinze cents vaches près ! Bref, si la vie des prairies le retient encore un an, car elle a bien des charmes, cette existence sauvage ; s'il ne se décide pas encore à céder son bail et ses troupeaux pour les 2,250,000 fr. qu'on lui propose ou les 3,000,000 de fr. qu'il espère, il aura ce qu'il appelle une année ordinaire. En regard des 77,875 f. de frais annuels, il vendra quatre mille bœufs pour 700,000 fr., et quatre-vingts jeunes chevaux pour 24,000 fr.; son bénéfice sera donc de plus de 640,000 fr.

Pendant cette année, il lui sera né au moins cinq mille veaux, tant de son troupeau choisi que de ses « vaches de passage », et, en donnant un millier de bêtes, comme part du diable, à la maladie et aux accidents, il aura de nouveau en 1867 quinze mille bêtes sur son « run ». Après avoir, depuis 1852, rapporté chaque année entre 4 et 500,000 fr., ce capital flottant pourra du jour au lendemain être converti par lui en près de 3,000,000 de francs : quinze années de labeurs lui auront assuré un joyeux retour en Europe !

Mais je crains que ces chiffres ne vous fatiguent, et je m'arrête : souvenez-vous seulement d'un *propriétaire* de *quinze mille* bœufs, d'un *locataire* de

715 kilomètres carrés [1], et dites-vous qu'il y a encore dans ce pays extraordinaire des gens qui possèdent trois et quatre fois plus que Kapel.

[1] Superficie double de celle du département de la Seine.

IX.

UN PROPRIÉTAIRE DE SOIXANTE MILLE MOUTONS.

Thule. — Pêche aux flambeaux. — Un « corrobori », danse de guerre des Noirs. — Bilan d'une « station » de moutons. — L'ornythorynx. — Contrastes dans la nature australienne. — Echuca et son chemin de fer.

13 *août*. — A cheval encore! nous sommes suivis par nos bêtes chargées de peaux de kanguroo, d'autruche et de cygne, et sur la rive nord du fleuve nous prenons la direction Est-Sud-Est : six rivières nous barrent le passage ; l'inondation en rend les approches fort périlleuses, mais avec des éperons ne passe-t-on pas partout ? Le soir un joli assemblage de cabanes nous apparaît dans le lointain : c'est la *station de Thule,* où M. Woolselley nous reçoit à merveille. Il a là, autour de lui, *quatre mille bœufs* et *soixante mille moutons!* Toute une vallée de « lagunes » s'étend à perte de vue vers le Nord : bois profonds entourés d'eau, lacs nombreux de droite et de gauche, îlots de roseaux et de lianes, tout nous promet des chasses superbes.

14 *août*. — Une tribu de Noirs est campée tout près de nous ; ils se distinguent de ceux que nous avons vus l'autre jour par des raies blanches mar-

quées à la chaux sur le front et sur la poitrine : notre vue paraît les réjouir, et, tandis que leurs horribles femmes demi-nues, tenant leurs marmots sur leur dos, ricanent en groupe sur le seuil de leurs huttes empestées, quelques hommes nous suivent et paraissent tout feu, tout flamme pour la chasse. Ils nous tinrent vraiment lieu de chiens : grues et cygnes tombaient-ils blessés au milieu d'un lac, vite les Noirs se jetaient à l'eau, nageaient pendant un quart d'heure et nous rapportaient nos bêtes. Soudain ils tombaient à plat ventre et nous indiquaient par les gestes les plus énergiques de faire comme eux : c'était quelque vol de pélicans qui approchait. Ces braves gens, ornés de bâtonnets dans le nez, d'anneaux de bois dans les lèvres, semblent nos esclaves, et, avec quelques bouts fumants de cigare comme don de joyeux avénement, nous devenons facilement les rois de tous ces *négrillons!* Les gestes seuls sont notre langue : pas de politique, pas de discussions.

Ce qui fut long, ce fut la première partie de la nuit! Le tabac et quelques gouttes d'eau-de-vie montèrent un peu à la tête de nos noirs acolytes, et, tandis que nous poursuivions une bande d'ibis, nos hommes disparurent. Nous nous étions beaucoup éloignés de la cabane; c'étaient des lieux tout à fait déserts et inconnus; nous étions perdus, pataugeant dans la bourbe, prisonniers dans les lianes, sans boussole et sans une étoile au ciel pour nous guider. Après trois mortelles heures, nous sentîmes tout à coup sous bois une odeur affreuse : « Je la reconnais, m'écriai-je, ce sont nos Noirs »! A deux cents pas de là, en effet, nous trouvâmes toute notre troupe dormant profondément au pied d'un arbre. Ils furent vraiment bons enfants; à peine éveillés, ils reprirent nos lourds trophées d'oiseaux et leurs lances qui étaient piquées en terre autour d'eux, et nous ramenèrent au pas de course jusqu'à la cabane.

Les Noirs devaient décidément aujourd'hui nous attirer à eux sans relâche; car, pendant que nous dînions tout affamés après une pareille course, nous entendîmes tout à coup des cris bizarres, signes de l'agitation de toute la tribu. Nous arrivons; le lac est comme illuminé de torches fumantes; des formes humaines, noires comme la nuit, le parcourent en zigzag, brandissant une sorte de javelots. Mis en liesse par l'arrivée des nouveaux Blancs, ils ont, paraît-il, organisé une pêche aux flambeaux; couchés ou à genoux sur des troncs d'arbres creusés, tenant d'une main une torche résineuse, de l'autre un harpon fait d'arêtes piquantes, les chefs sillonnent le lac, et percent vigoureusement le flanc de gros poissons attirés par la lumière; ceux-ci se débattent furieusement, et trois fois un de ces Nègres chavire. Bientôt ils ont sur la rive une dizaine de belles morues d'eau douce, le « Murray codd »; quelques-unes ont quatre pieds de long. La tribu tout entière s'agite et pousse des cris incroyables; ces dames noires, qui paraissaient timides au commencement, se rapprochent peu à peu en riant toujours et en tenant de petits javelots. Ce sont des armes terribles : un crochet d'hameçon est fixé à la pointe, et, une fois dans le corps de l'ennemi, on ne peut l'en faire sortir qu'en le lui faisant traverser de part en part : jolie perspective du reste! Mais la seule chose qui nous pénètre est une odeur affreuse et putride que cette race exhale à pleins poumons. Bientôt les grands poissons sont mis en trophée sur un tertre; chaque Noir brandit sa torche et sa pique; la danse de guerre, « le corrobori », commence. Simulacre de combats, sauts de mouton, cris inhumains, voltes et demi-voltes à cloche-pied, luttes corps à corps, rien n'y manque de ce que Cook et la Pérouse ont raconté jadis. Cette fête dura fort tard; le spectacle était si étrange, que les heures passaient inaperçues pour nous. Rien d'incroyable comme cette danse macabre, où les membres amaigris de ces corps d'ébène se dessinaient à la lueur rougeâtre. Les cris aigus d'une cadence monotone donnaient je ne sais quoi de fantastique à ces êtres noirs, vêtus à peine d'une ceinture de peau d'animal sauvage, gambadant frénétiquement en armes autour de leur proie. Le « corrobori » se termine par une ronde immense et un grand feu d'herbes sèches qui éclaire toute la tribu. Nous nous retirons alors, aussi stupéfaits qu'enchantés de ce spectacle.

Une chose m'a frappé après la fantasmagorie sauvage, c'est l'harmonie de la langue de ces Nègres, quand ils ne sont pas affolés par la danse et le maniement de leurs armes. Plusieurs chefs, et même des femmes, vinrent nous regarder de près, et nous débiter un flot de paroles qui étaient du pur hébreu pour nous. Je n'ai retenu de ce dialecte, peu enseigné dans nos lycées, que quelques mots utiles :

Narra-waraggarah...	Vite, dépêche-toi.
Tattawattah-onganina.	Conduis-moi.
Pounnamountah. ...	Un casoar.
Loah-maggalantah. ...	De l'eau.
Luggahnah olaï bahna.	A droite.
Luggahnah ahouïota. .	A gauche.

J'emporte de cette tribu le meilleur souvenir. Nageant comme des chiens de Terre-Neuve, bavards comme des pies, ces Noirs m'ont fait rire toute la journée. Mais ce soir nous avions, accroupi à nos pieds, un nègre qui, depuis douze ans, est l'enfant gâté de notre hôte, et qui a appris une sorte de patois anglo-sauvage qu'on devine par moments ; *moyself, moyself* (moi, moi) est son commencement à tout. « Moi, vénérer hommes blancs, mais jamais vu femme blanche. » Puis, montrant cinq figures tatouées en bleu sur son bras droit : « Ça, mon père faire à moi toutes les fois lui avoir tué hommes blancs; oh! mon père, à moi, avoir tué vingt-cinq hommes blancs avant lui mourir, mais moi très-bon, moi! »

15 *août*. — Les Noirs nous ont tous deux promenés par monts et par vaux; nous les avons peu à peu chargés d'une soixantaine de gros oiseaux d'eau et d'une dizaine de dindons. Je n'ai plus à vous parler de chasse; je voudrais vous dépeindre nos soirées dans la cabane lorsque, grillant vingt pipes d'un tabac délicieux, chacun raconte autour du feu quelque chose de sa vie, quelque chose d'Europe, quelque chose d'Australie. Hier, on ne parlait que du « corrobori », ce cancan national et militaire des sauvages; ce soir, nous apprenons de notre hôte tout ce que c'est qu'une *sheep station*.

Lorsqu'en 1855 il débarqua en Australie, il vint à cheval jusque dans ces prairies, et cet endroit lui plut; c'était sauvage et verdoyant; il voulait créer sans entraves, régner à lui tout seul sur des espaces immenses, et de tous côtés ne voir sur l'horizon que les moutons de son duché. Il a vécu en ermite, en homme des bois; mais il a réussi, il est heureux. Il a soixante mille bêtes à laine qui parcourent son « run », espace de plus de cent un mille hectares de prairies. Pas de clôtures, ce qui est une énorme économie sur les « runs » de bœufs. Les moutons que nous avons vus ces jours derniers, en chassant dans toutes ces plaines, errent par troupeaux de mille, et chaque troupeau, couchant en plein air, hiver comme été, gagnant toujours de proche en proche, dans sa vie nomade, les vallées où l'herbe tendre et le « salt-bush » l'attirent, n'a qu'un seul berger qui le suit à cheval. Il paraît qu'il est des « runs » où une moyenne d'*un* hectare est suffisante pour deux moutons par an ; mais ici même, me disait notre hôte, il en faut environ *quatre* pour *trois* moutons, à cause des sécheresses de quelques plateaux, des lagunes, des bois clair-semés ; par conséquent, aujourd'hui il en faut quatre-vingt mille pour tout son peuple paissant. Reste donc un surplus de prairies qui lui permet d'élever encore à plus de soixante-quinze mille le nombre de ses bêtes.

Comme premières mises de fonds, il a eu d'abord à construire des cabanes, des magasins à vivres, des chariots, en un mot à se munir, pour lui et ses bergers, de tout le matériel nécessaire dans une installation, quelque rustique qu'elle fût, au milieu de prairies où aucun Blanc ne s'était encore établi. Cela lui revint à environ 10,000 francs. Puis, cent bons chevaux, pour le transport de ses laines et le service de ses bergers, lui coûtèrent 40,000 francs. Enfin, il acheta chez les « squatters » établis à trente et quarante lieues à la ronde, huit mille brebis (à une moyenne de *onze* francs), qui devaient être les mères de ces troupeaux immenses que nous voyons maintenant ; il les dissémina sur ses cent un mille hectares en huit groupes errant à l'aventure. 88,000 francs pour les brebis et 10,000 francs pour cent béliers ; total de l'achat : 98,000 francs.

Voici maintenant ses frais annuels : la commission pastorale du gouvernement, après examen des bonnes et des mauvaises conditions du terrain, a évalué en bloc la location du « run » à 18,750 francs par an, plus 25 francs par mille moutons : soit 20,250 francs.

Il a actuellement soixante hommes en service permanent pour la garde et la surveillance de ses troupeaux et vingt pour ses transports, tous payés à raison de 25 francs par semaine et nourris pour un prix égal : ils lui coûtent donc en tout 104,000 fr.

Dans les mois favorables à la tonte, des brigades d'une centaine de tondeurs parcourent les prairies, s'arrêtent dans chaque « run » et font leur besogne avec une étonnante rapidité. En moyenne, ces cent tondeurs rasent chacun vingt-cinq moutons par jour, total deux mille cinq cents. En vingt-quatre ou vingt-cinq jours les toisons des soixante mille bêtes tombent sous leurs ciseaux, et vite toute la laine est récoltée. En outre de la nourriture des hommes (7,875 francs), la tonte, qui est de 20 francs par cent moutons, revient encore à environ 19,875 fr.

C'est un moment vraiment curieux, paraît-il, car, de même que, chez nous, des bandes de moissonneurs courent de ferme en ferme et font tomber sous la faux tous les blés qui couvrent le sol, de même ici, quand les brigades de tondeurs s'abattent dans les prairies, en bien peu de jours des milliers de moutons sont mis à nu, et les heureux « squatters » empilent à la hâte des pyramides de balles de laine. Les « squatters » ont pour la tonte de la laine les mêmes angoisses que nos agriculteurs pour leurs récoltes. Une fois la laine à point, il faut agir en toute hâte, l'envoyer à Melbourne et l'expédier sur le marché de Londres, pour profiter des premières demandes. L'embarras de nourrir tant de bêtes accumulées en un même point, les presse encore plus de ne pas marchander le nombre des bras; et si le beau temps paraît fixe, qu'ils ne perdent pas si belle occasion! Les orages ont en effet causé bien des ruines après la tonte, et ceux qui ont agi trop lentement dans la belle saison, ont vu à l'approche de l'automne des milliers d'agneaux tués par les grêles terribles de l'Australie, et les brebis, saisies par le froid sous des pluies de deux ou trois mois, mourir par centaines en quelques jours. Quand on aura inventé une machine à vapeur pour tondre les moutons, quelle belle économie ce sera pour les « squatters »!

La tonte est la transition entre les dépenses et les bénéfices.

Chaque mouton donne une moyenne de cinq livres de laine, bien lavée. Les soixante mille bêtes de notre hôte lui ont rapporté cette année trois cent mille livres de laine qui, immédiatement vendues pour le marché de Londres à raison de 1 fr. 87 c. la livre, ont produit un total de 561,000 francs. Actuellement le « run » de Thule ne compte que soixante mille bêtes; mais, il y a trois mois, il en avait plus de soixante-huit mille. Dans cet espace de temps, le troupeau gras de huit mille moutons a été vendu, pour la boucherie, à Melbourne et à Ballarat, 15 francs la pièce, ou 120,000 francs.

Cette année est donc une année magnifique pour le « run » de Thule; à quelques mille francs près, me disait M. Woolselley, il en résulte cette balance :

DÉPENSES ANNUELLES.		RECETTES.	
Bail.	20,250 fr.	Vente de la laine.	561,000 fr.
Bergers.	104,000	Boucherie.	120,000
Tondeurs.	19,875		681,000 fr.
Transports et divers.	15,000		
	159,125 fr.		

Bénéfice net : 521,875 fr.

Notez qu'en entrant en bail, il avait mis dans l'entreprise un capital de 140,000 francs, mais que s'il en sortait actuellement, il ne perdrait que quelques mille francs consacrés à ses cabanes et à ses chariots, tandis qu'il lui resterait ses soixante mille moutons, qui représentent un capital de 1,625,000 fr.

Voilà donc ce que c'est qu'un « run » de moutons en Australie : l'à-peu-près n'est pas de notre époque, je donne des chiffres.

Je n'ai qu'une rectification à faire : ce « run » est administré par M. Woolselley, mais il appartient à M. Caldwell, son beau-frère, qui possède et gère lui-même un autre « run » de cinquante mille moutons à une centaine de lieues d'ici, vers l'Ouest.

Pourtant, prendre ces beaux résultats comme moyenne de chaque année, ce serait certes tomber dans une grande erreur. Autant il faut avoir un corps de fer pour vivre ainsi exilé dans les prairies, toujours à cheval, sous les rayons brûlants du soleil ou sous des pluies de deux mois; autant il faut au « squatter » une âme forte pour ne pas perdre courage devant d'affreux désastres. Ici, il y a sept ans, trois mille agneaux furent un jour tués par une trombe de grêle : en 1861, quinze mille brebis périrent de soif; en 1863, quatre mille cinq cents furent submergées par l'inondation. L'inconstance est la loi du temps en Australie. A côté d'un « run » florissant, un autre « run » est inondé. Une province est dévastée par une trombe ; une autre voit des milliers d'hectares naguère verdoyants soudain desséchés si affreusement par le soleil que ses rayons, tombant sur des herbes en fermentation, suffisent pour y allumer l'incendie et en réduire toute la surface en une croûte noire et calcinée, où des milliers de moutons errent affamés et mourants. Toute une partie du « run » de Thule, un vaste plateau, fut ainsi desséchée il y a cinq ans. M. Woolselley fit alors ce qu'avaient fait déjà bien d'autres victimes du même désastre : il eut recours au « Boiling-down ».

Dans les soixante mille hectares qui restaient verts, il serra un peu les rangs de ses moutons et en mit trente-cinq mille : les vingt mille autres, il les fit entrer un à un, non pas comme ceux de Panurge, dans un gouffre d'eau salée, mais dans un gouffre de feu. Trois énormes chaudières, un peu dans le genre de petits gazomètres, furent disposées dans la plaine, et, pendant trois mois, les bergers devenus *chauffeurs* entassèrent moutons sur moutons, que le feu convertissait en flots de suif. Triste résultat de bien des labeurs ! Que de beaux troupeaux contenus désormais dans quelques barriques de ce vulgaire produit animal ! N'importe, c'était un expédient contre le malheur, et, cette année-là, dix-huit cent soixante-dix-neuf tonnes, d'une valeur de 1,875,000 francs, furent exportées de la province de Victoria.

Quant aux quatre mille bœufs de notre hôte, il les fait paître dans un « run » adjacent à celui des moutons, et il tient pour eux une comptabilité à part :

je ne vous en dis rien; les exemples et les récits fournis par notre ami Kapel m'ont suffi.

Je suis, je l'avoue, bien heureux d'avoir pu voir de près ces deux genres d'exploitations qui font la prospérité de l'Australie, et qui sont certainement ce qu'il y a de plus caractéristique sur cette terre : je vous en rends compte aussi brièvement que possible, après tous nos coups de fusil. Comme vous le voyez, il n'est plus temps de débarquer ici sans un sou et d'espérer y « faire fortune ». Ces choses extraordinaires n'arrivent que dans les vingt premières années d'une colonie : ici la colonie pastorale en a déjà trente. Maintenant, il faut des capitaux, si l'on veut très-vite sortir de l'ornière ; et, tandis que nous ne trouvons en France presque pas d'argent pour l'Algérie, qui est à notre porte, les Anglais ont cela d'admirable qu'ils envoient, sans hésiter, des millions aux antipodes. Le « squatter » dont nous venons de faire galoper les troupeaux a dû, dès les premiers jours, mettre 140,000 francs sur la table et risquer ses cartes. Si la première année avait été mauvaise, il lui en aurait fallu autant, au bout de douze mois, pour se remettre à flot. Je ne vous cite que *ce que j'ai vu*, mais je vous laisse à penser ce qu'il faut d'argent pour les « runs » exceptionnels dont on nous parle, où un seul « squatter », M. Collins, possède deux cent dix mille moutons, et un autre, cent soixante-dix mille.

Tout cela est le point de vue matériel du « squattage ». On se plaint beaucoup ici de l'opposition qui est faite aux « squatters » dans l'arène politique, de leur influence sociale combattue à Melbourne, des nouvelles lois qui les attaquent, et dont la conséquence est le morcellement des « runs ». Mais je ne vous parlerai de ces lois que quand j'aurai entendu ceux qui les font, et des chiffres généraux, que lorsque j'aurai pu consulter les « Blue-books » et les statistiques du gouvernement.

16 août. — Nous avons tué ce matin un des plus curieux animaux qu'il soit possible de voir, un *ornythorynx!* Nous longions un « *creek* », petit ravin inondé, quand un ornythorynx nous apparut tout à coup, courant comme une sorte de castor sous d'étroites voûtes creusées le long de la rive. Nous le poursuivons, il se met à la nage ; un coup de double zéro le tue roide. Singulière bête que cette sorte de loutre aplatie, longue d'un pied et demi, courant sur quatre pattes palmées, portant la fourrure du castor, et munie d'un véritable bec de canard : elle *pond* des œufs et *allaite* ses petits, voilà surtout le bizarre phénomène! Après un si beau coup, nos fusils ont fini leur service : notre dernière chasse est une chasse à courre.

A trois cavaliers, nous fondons de trois directions opposées sur un groupe de casoars, que nous avions aperçus à un kilomètre en plaine. Après une heure et demie de galopade effrénée, le casoar roule sous les pieds de nos chevaux. A part le danger, c'est une chasse aussi entraînante que celle du grand kanguroo, et, quoique nos chevaux fussent des pur-sang, galopant à merveille, j'ai cru pendant une heure que nous n'atteindrions jamais ce grand oiseau-coureur, qui faisait des enjambées de quatre mètres et pointait tout droit dans la même direction.

Notre course dans l'intérieur est terminée : elle nous a fait voir des choses étonnantes. Terre vraiment étrange que celle-ci :

Un animal moitié canard, moitié fourrure, y pond et y allaite.

On ramasse une branche d'arbrisseau; on la jette à l'eau, elle va droit au fond : c'est une sorte d'ébène.

Et au bord de l'eau vous prenez une pierre, vous la jetez; elle flotte : c'est une sorte de pierre ponce.

Les cerises portent leur noyau en dehors.

La femelle du casoar pond, le mâle couve. Ce sont, du reste, des oiseaux qui ont des ailes sans plumes.

Vous êtes dans un bois : c'est en vain que vous cherchez l'ombre; les feuilles se présentent toutes de profil au soleil.

Vous donnez trois cigares à un Naturel ; comme il est tout nu, il ne peut les garder que sous l'aisselle ou dans sa tignasse crépue.

Les kanguroos, plus heureux, ont une poche où il y a place pour leurs petits, même sevrés.

Ils ont quatre pattes ; mais, sur des milliers que j'ai fait fuir devant moi, pas un n'en a jamais employé plus de deux pour courir.

Quant à la queue, ils s'en servent le plus drôlement du monde : dès qu'ils s'arrêtent, ils s'assoient dessus comme un marchand de coco sur son bâton.

Nous avons fait plus de cent lieues à cheval pour voir toujours le même grand arbre, l'arbre à gomme ; c'est bon pour les enrhumés, mais monotone.

Il n'y a de pierres — et encore ! — qu'aux bords des ruisseaux : il y a des pelouses de gazon de vingt lieues sans un caillou ! En revanche, Burke et Sturt ont trouvé à deux cents lieues d'ici des déserts de pierre si grands que leurs bêtes y sont mortes de faim.

Tout ceci n'inspire-t-il pas le sentiment de l'extraordinaire ? La création de l'Australie semble tenir du caprice ; qui sait ? elle n'est peut-être pas finie ; les éléments sont là pour en faire une terre comme les autres ; ils sont séparés : ici deux cents lieues carrées de pierre ; là, trois cents lieues de gazon ; plus loin, de l'eau.

« La difficulté n'est pas d'y trouver un terrain où

il y ait de l'or, mais bien un terrain où il n'y en ait pas », c'est vrai. Il y a de l'or partout, plus ou moins abondamment, mais partout.

Aussi, riche en or, mais pauvre en terre végétale, l'Australie est-elle par excellence la patrie des mineurs et des troupeaux nomades! Elle ne pourra jamais être une terre pour les agriculteurs. Mon impression est que les nouveaux « squatters » doivent s'aventurer dans l'intérieur, et lancer leurs troupeaux sur les milliers de lieues carrées de prairie que les explorateurs ont découvertes; s'ils se rapprochent les uns des autres, ils se nuiront! La fortune de cette contrée n'est pas dans la qualité de son sol, elle est dans son espace!

18 août. — En quatorze heures de cheval, nous arrivons aujourd'hui aux bords du Murray; à une soixantaine de lieues environ en amont de Gonn, où nous l'avions vu pour la première fois. Le fleuve ici est plus resserré et plus impétueux : ses rives sont d'une verdure charmante; le gazon est toujours notre route unique. Nous continuons la direction Est-Sud-Est que nous avions prise en partant de Gonn, et le soir nous couchons dans nos manteaux, en pleine prairie.

19 août. — Encore vingt-neuf lieues de marche le long du Murray, et ce ne sont plus des troupeaux de mille bêtes que nous voyons sur ses rives : quelques baraques nous apparaissent vers le soir, c'est *Echuca,* une ville de bois qui a trois ans. Une quinzaine de cabarets, une scierie à vapeur, un bac, des rues en gazon défoncé où l'on disparaît jusqu'à la cuisse, des magasins à laine, une gare qui est un champ orné de rails et une locomotive, voilà l'aspect d'Echuca, poste avancé de la civilisation en Australie. Cette ligne de chemin de fer n'est que la continuation de celle que nous avons quittée à Bendigo. Nous avons, en résumé, décrit à cheval un delta de cent quarante-cinq lieues. Bendigo est à l'angle Sud, Gonn à l'angle Ouest, Echuca à l'angle Est. Quand on a fait tant de lieues à cheval et qu'on n'a vu que kanguroos, bœufs et moutons, le chemin de fer fait une impression toute nouvelle. J'apprends que cette ligne est la plus longue qu'il y ait en Australie. Echuca, relié ainsi à Melbourne, est sur la limite de Victoria et de New-South-Wales. La colonie est donc traversée de part en part, sur une distance de deux cent cinquante kilomètres, par une voie ferrée. J'apprends en outre que la ville, si ville il y a, n'a été fondée qu'après la construction totale du chemin de fer. Ainsi, tandis que chez nous un chemin de fer est la conséquence des besoins d'une population établie, ici il est le prélude et la cause des établissements nouveaux. Ici vous avez un espace immense de prairies fertiles; vous voulez y faciliter les progrès des colons, vous tracez une ligne droite qui part de Melbourne, qui va droit au Nord et qui atteint les frontières de la colonie voisine ; les colons aussitôt s'échelonnent tout le long de cette voie, qui satisfait à leurs besoins et qui offre un débouché à leurs produits. Les « stations », c'est le cas de le dire, les fermes, les villes, prennent naissance sur ce tracé ; la prospérité pastorale, engendrée et activée par les bienfaits de la vapeur, s'étend alors tout d'un coup, de droite et de gauche, sur des terrains que des abords trop longs et trop difficiles rendaient tout à l'heure improductifs. La hardiesse fait des merveilles ! Une colonie marche à pas de géants, sans tous les papiers timbrés, les entraves et les décrets de M. le préfet, que doit lire pendant des années en France une ville de trois mille âmes qui « sollicite » un chemin de fer par la voix d'un candidat officiel.

Echuca ne nous retient qu'une heure. Vers le soir nous prenons le train pour Melbourne, et en une nuit nous sommes rendus à la grande ville. Ne pouvant consentir à quitter si vite le brave Kapel, auquel nous devons une si grande reconnaissance, nous l'avons ramené avec nous. On nous trouve ici tout brunis et tout sauvages ; nous rapportons de la vie des bois les plus délicieux souvenirs. Il n'est qu'une chose que je n'en rapporte pas, ce sont mes cheveux, que l'humidité des nuits passées sous le ciel étoilé des prairies a fait tomber en masse. Ces nuits ont fait de moi, — sinon un sage, — du moins un chauve comme Hippocrate!

X.

DERNIERS JOURS EN VICTORIA.

« L'Africaine » en Australie. — Clubs et réunions. — L'oiseau-lyre. — Le clergé. — Réservoirs de Yean-Yean. — Jardin botanique. — Résumé statistique.

21 août. — Depuis notre retour en ville, les représentations à l'Opéra et les grands dîners de gala ont remplacé les danses fantastiques des Nègres et les mets de kanguroo sous la hutte. *Les Huguenots, l'Africaine, Robert le Diable,* se donnent à Melbourne dans une salle superbe, où les toilettes, élégantes comme à Londres, rappellent tout à fait l'Europe : les décors sont étonnamment réussis; seule, la prima donna chante de manière à nous faire souvenir que nous sommes aux antipodes.

Sir Edmund Barry, le fondateur du Musée et de la Bibliothèque, le juge en premier de la Cour suprême, grand chancelier de l'Université, etc., etc., en un mot, le grand homme de Victoria, réunit un jour tous les ministres et tous les hommes importants de la colonie à un grand dîner en l'honneur du Prince. Je ne veux vous parler de ce dîner que pour vous dire combien le luxe est incroyable ici : l'amphitryon a toutes les grandes manières d'autre=

fois, que relève encore son costume à la mode de nos pères, depuis le jabot jusqu'à la culotte collante et les escarpins à boucles. Les laquais poudrés, les splendeurs de la salle, les mets exquis d'un cuisinier français, nous donnent, après quatre mois, une nouvelle image de la vieille Angleterre. Sir Edmund nous raconte comment il a tracé au cordeau, sur les prés, les rues de la ville actuelle, et comme quoi les tentes ont succédé aux grandes herbes en deux ou trois semaines, et les maisons de pierre de taille aux tentes, en moins d'une année : de 1851 à 1852, les terrains de Melbourne avaient augmenté de mille pour cent! Il nous apprend tous les rapides progrès de l'Université, qui, depuis quelques années, confère des grades aussi valables que ceux d'Oxford et de Cambridge. Également versé dans les sciences et dans les arts, sir Edmund semble avoir apporté ici avec lui toutes les institutions anglaises. Il a apporté aussi sa cave, et il offre lui-même aux convives une énorme bouteille de Porto contenant près de cinq litres, ornée des classiques toiles d'araignée et décorée d'une classique ode d'Horace, sur un vieux parchemin qui a vieilli avec la bouteille : le vin est si bon qu'il fait souvenir un d'entre nous des vers effacés par le temps, et l'on boit aux « absent friends », aux amis absents. C'est la coutume générale à la fin de chaque repas en Australie; et ce souvenir de la patrie éloignée, répété tous les jours, est bien conforme à la devise des habitants de cette terre, qui est si profondément vraie : « *Cœlum, non animum muto.* »

Le lendemain, le Melbourne-Club donnait son grand dîner au Prince, et cent vingt membres y prenaient place. Ici, on boit du champagne comme de l'eau claire, et les cercles sont aussi beaux qu'à Londres. Comme nous sommes déjà loin des sauvages !

23 *août*. — Dandinong. Pour n'en pas perdre l'habitude, nous courons de nouveau les prairies. Un nouvel oiseau s'envole d'un buisson, puis deux, puis trois ! Ce sont des oiseaux-lyre, les plus charmants de l'Australie : le corps est noir et gros à peu près comme celui d'une petite poule; les pattes sont courtes, mais la queue a plus de deux pieds de long. Quand il se sauve dans les buissons, il la laisse traîner à terre comme un souple et ondoyant manteau de cour; dès qu'il perche, il fait la roue comme un paon, et c'est une véritable lyre qu'il déploie alors, semblable à un éventail, une lyre antique, toute gracieuse et toute légère : les deux grandes plumes externes, blanches et feu, naturellement cintrées en dedans, puis recourbées en dehors, en forment les montants; les plumes du milieu, effilées et roides, figurent les cordes. On voudrait entendre de mélodieux gazouillements s'échapper, comme une plain-

tive élégie, de ces cordes qui semblent vibrer; mais l'oiseau-lyre, l'oiseau emblème de la musique, est muet de naissance. Ainsi l'a voulu la nature australienne, paradoxale et illogique! J'en ai tué un, j'en ai manqué un autre : un long éclat de rire s'est fait entendre au loin sous bois. Puis j'ai tiré un opossum qui sautait d'une haute branche ; la masse tombe : je cours la ramasser, elle se dédouble : la mère opossum morte était entre mes bras; le petit s'échappait de la poche maternelle, et atteignait déjà les premières branches, quand je commençais à peine à comprendre ce joli tour de prestidigitation ! Un second et brusque éclat de rire me frappe de nouveau et semble chaque fois s'éloigner de moi. « Rira « bien qui rira le dernier! » murmurai-je en rechargeant mon arme; et vite je courus sous bois, ne pouvant me figurer qui, dans ces forêts sauvages, manifestait une si franche hilarité à chacune de mes mésaventures. Ma surprise fut grande quand le rieur recommença : c'était un oiseau! Je le tuai au plus beau moment de son rire, que je défie tout voyageur de distinguer des éclats de la voix humaine. J'étais tout honteux de ma méprise et de ma colère : l'oiseau était à mes pieds. On m'a appris ce soir que c'était le « Laughing Jackass », l'âne rieur, sorte de geai huppé, à long bec et au corps deux fois gros comme celui du geai européen. C'est ainsi que l'ont nommé les premiers colons, étonnés, comme moi,

12.

d'être reçus dans les forêts vierges par des rires étourdissants. Quelques pies sont nos dernières victimes ; nous ne les tuons que pour la curiosité du fait : le noir et le blanc sont symétriquement disposés sur leurs plumes, à l'inverse de ce que nous voyons en Europe.

Le soir, tandis que nous faisions bouillir une queue de kanguroo, ce qui donne une soupe exquise, et rôtir, au bout d'une ficelle, deux ou trois grosses perruches, le bruit d'un cheval au galop nous appelle à la porte de notre maison de bois. Le cavalier s'arrête : il descend et nous interpelle par nos noms. C'est un brave clergyman catholique irlandais, tout rond, tout souriant, qui a appris, je ne sais comment, notre excursion de chasse, et qui vient voir si nous ne mourons pas de faim. Avec un Irlandais, la glace est bien vite rompue, et sa visite, près de l'âtre qui pétille, m'apprend force choses que j'ignorais encore sur le clergé australien. C'est un curé de campagne dont le district avait, il y a six ans, cinq ou six lieues carrées d'étendue, et ses appointements étaient alors de 5,000 francs par an. Aujourd'hui, la population ayant beaucoup augmenté, la cure a été coupée en deux parties, et il est réduit à 2,500 francs. Comme vous le voyez, le gouvernement colonial semble avoir de belles finances. Au contraire des antiques errements de la métropole, les Chambres victoriennes n'ont pas admis de religion d'État, et ont établi devant la loi, comme sur le budget, l'égalité des cultes.

Les priviléges de l'Église anglicane n'existent donc pas sur cette terre anglaise, où la jeune démocratie, libre de toute entrave ancienne, s'est mise si merveilleusement à l'œuvre pour amener chaque chose sur la pente d'une complète égalité. Les sectes religieuses ne sont par conséquent soumises à aucune juridiction particulière autre que celle que les fidèles s'imposent volontairement à eux-mêmes. Le grand problème qui porte le trouble dans le Royaume-Uni s'est résolu ici par les bienfaits de la liberté, avec calme et succès.

La colonie a voté 1,250,000 francs de subvention annuelle au clergé disséminé sur son territoire : cette somme figure dans un acte additionnel de la Constitution fondamentale, et elle est répartie entre les différents cultes, en proportion du nombre des membres de chaque croyance.

En Victoria, il y a environ 425,000 protestants, 140,000 catholiques, 3,000 juifs, 58,000 étrangers à tout culte.

En outre des appointements annuels des quatre cent trente membres du clergé, la subvention est proportionnellement affectée à la construction des églises; et il y en a déjà plus de mille trois cent cinquante dans la colonie.

Il fallait cet appui matériel du gouvernement pour

que les cultes pussent s'établir, malgré les épreuves sociales de la fièvre de l'or et la constitution laborieuse de la colonie pastorale. Maintenant que l'Australie a trouvé son état normal, le sentiment public tend à s'élever contre la subvention. Quelques-unes des plus petites sectes ont déjà renoncé au secours qu'elles recevaient : la Chambre Basse a plusieurs fois « passé » un acte d'abolition de l'acte additionnel de la Constitution. Jusqu'à présent, la Chambre Haute l'a rejeté; mais il est évident que la colonie de Victoria aura, avant quelques années, son Église libre dans l'État libre.

Le brave curé resta fort tard dans notre cabane, puis il reprit son cheval et disparut au galop dans les bois. Deux jours plus tard, nous allons rejoindre la route de Melbourne et attendre la malle-poste de Cobb-Cobb and C°, grand char ouvert, peint en rouge, attelé de sept chevaux et qui arrive de quarante lieues dans l'intérieur. Des mineurs, des bergers, des tondeurs, y sont entassés, et racontent les histoires les plus extraordinaires sur leur vie nomade.

30 *août*. — Notre dernière semaine à Melbourne a été surtout une semaine d'affaires. Nous avions été comblés de tant d'attentions et d'amabilités, pendant plus d'un mois et demi, en Victoria, que nos visites d'adieu ne pouvaient se faire à

la légère. Je veux pourtant vous parler encore de deux établissements importants : les Réservoirs de Yean-Yean, dont les bienfaits s'appliquent aux 130,000 habitants de Melbourne, et le Jardin botanique, qui est une sorte de Providence pour toute l'Australie.

Le Yean-Yean est un lac artificiel formé à dix-neuf milles de Melbourne, et à six cents pieds au-dessus du niveau de la cité. Un remblai de plus de neuf cents mètres de long et de sept mètres de haut arrête les eaux d'une vallée, sur une surface de plus de cinq kilomètres carrés; ce réservoir, qui contient environ vingt-trois millions de mètres cubes d'eau, alimente la ville avec une telle abondance, qu'il donne six cent dix-huit litres d'eau par personne et par jour, et avec une telle pression que non-seulement, en cas d'incendie, les jets, admirablement répartis, arrêtent immédiatement les progrès des flammes, mais encore, dans un grand nombre des manufactures de la ville, il a remplacé la vapeur comme force motrice. C'est la rivière Plenty (Abondance) qui forme ce lac improvisé. Ce travail immense a coûté près de 20,500,000 fr., nous disait l'inspecteur des travaux publics : il a été fait grâce à un emprunt colonial, mais il rapporte déjà 1,500,000 fr. par an, et promet un revenu bien plus considérable encore, dès que l'eau sera distribuée dans les faubourgs environnants.

Voilà un des travaux de la ville qui est née en 1851! *Ab uno disce omnes.*

En outre des jardins publics qui sont charmants, il y a à Melbourne, sur une colline toute couverte de verdure, un superbe jardin botanique; c'est le petit royaume du docteur Muller. Nous y passions avec lui des heures toujours trop courtes. Membre des sociétés savantes de l'univers entier, couvert de décorations, l'excellent docteur est le plus libéral des souverains : il donne chaque matin la liberté à des centaines de sujets; ce sont de simples moineaux qui lui arrivent d'Allemagne, par cages de trois cents, et chaque navire qui jette l'ancre à Port-Philipp apporte pour lui quelques milliers de ces petits pierrots que nous maudissons en Europe, mais qui viennent détruire en Australie des nuées d'insectes nuisibles. Du reste, ces pierrots, voyageurs malgré eux, en prenant leur vol sous un ciel nouveau, ne perdent pas au change : la température moyenne est, pour toute l'année, de quinze degrés centigrades, comme à Rome. Elle est pour l'hiver de dix degrés, pour le printemps de quatorze, pour l'été de vingt et un, et pour l'automne de seize.

Le brave docteur a risqué souvent sa vie au service de la science. Il avait déjà longtemps parcouru des parties inexplorées de l'intérieur pour recueillir tous les spécimens d'histoire naturelle et de botanique inconnus avant lui : il avait aussi rédigé toute la flore de l'Australie, œuvre immense et fruit des plus durs labeurs, quand, il y a deux ans, en 1864, il provoqua une expédition destinée à rechercher le malheureux explorateur Leichhardt. Leichhardt est encore un des martyrs des découvertes dont le souvenir est si touchant en Australie.

De 1844 à 1846, Leichhardt avait fait de magnifiques voyages dans l'intérieur, où l'on croyait à des lacs d'or, mais où il trouva des prairies sans fin; en 1847, il partit de Moreton-Bay, pour explorer toute la partie nord-est : dix-sept années s'écoulèrent sans qu'on eût de nouvelles de lui, sans qu'on pût suivre ses traces! Le docteur Muller émut l'opinion publique; des fonds considérables furent vite donnés par tous; il lança Mac-Intyre suivant de nouveaux indices que donnaient des Naturels, et lui-même, parcourant sans relâche les contrées sauvages du golfe de Carpentaria (à douze cents milles de Melbourne), cherchant fiévreusement un compatriote qu'il espérait toujours joindre, restant souvent huit et dix jours sans trouver d'eau, puis perdant ses provisions et devant cependant faire feu sur les tribus qui l'attaquaient de leurs flèches empoisonnées, il revint épuisé, sans avoir rien pu trouver ! Il nous racontait toute son émotion, quand il découvrit un semblant d'indice ; exténué et défaillant, il ne renonça à ses recherches qu'après bien des mois, hésitant entre les récits des Naturels qui disaient l'explorateur noyé, et ceux qui, ornés de quelque dépouille européenne, faisaient comprendre qu'ils avaient mangé *un peu* du savant Leichhardt !

Homme persévérant et hardi, le docteur Muller a planté les jalons pour les esprits aventureux de la jeune génération : tout noble but l'enflamme ; il encourage les nouveaux « squatters » : « Après les déserts de pierres blanches, de granit et de sable, leur dit-il, vous trouverez des prairies pour des milliers de troupeaux ». Mais le malheur de l'Australie, c'est le manque d'eau : il veut y remédier ; il consacre à ce but presque tous les fonds du Jardin botanique, et il y réussit. Il répartit dans l'intérieur des terres des millions d'arbustes, nés dans ses pépinières ; de petits ruisseaux se forment rapidement sous ces jeunes bois : les résultats sont superbes déjà, et chaque année on les a parfaitement constatés. Sur des terres nues il a créé, en plus d'une centaine de points, des bois et des cours d'eau.

Mais ce qui maintenant excite son enthousiasme, c'est qu'il a pu se mettre à la tête d'un grand mouvement, pour engager toutes les colonies australiennes et la métropole à construire, à frais communs, un chemin de fer qui irait de Melbourne au golfe de Carpentaria. Ce serait traverser l'Australie bout pour bout, ouvrir l'intérieur à la colonisation, créer une route infiniment plus courte pour toutes les communications avec l'Europe et la Chine. Quel beau projet! Ce peuple est si hardi, il prend si vite feu pour les grandes idées, que des gens importants de Melbourne espèrent voir se réaliser, avant dix ans, ces rêves gigantesques !

Ce qui est déjà une belle réalité, c'est de voir les fils télégraphiques fonctionner dans la colonie sur près de quatre mille kilomètres, et dans toute l'Australie sur plus de seize mille. Car ils suivent les rivages de l'Océan Austral, puis du Pacifique, depuis Adélaïde au Sud-Ouest jusqu'à Port-Denisson au Nord-Est : ce sont les deux points extrêmes de la colonisation sur la côte. Ajoutez-y les phares sur tous les points dangereux de cette ligne, et pensez qu'il y a trente et un ans, il n'y avait pas un Blanc sur le sol de Victoria.

Avant de quitter la colonie, que nous avons, je crois, assez parcourue dans tous les sens, j'ai reçu d'un des membres du gouvernement une chose que j'ambitionnais fort. C'est le cahier bleu des Statistiques de Victoria. Un rapide coup d'œil sur ces compilations annuelles a complété pour moi l'impression d'admiration dont j'avais été frappé tout d'abord ; et, de ces milliers de chiffres, j'ai tâché d'extraire les plus saillants.

Sur une étendue un peu inférieure à celle de la Grande-Bretagne, c'est-à-dire sur environ 22 millions et demi d'hectares, plus de 15,300,000 sont occupés par les troupeaux, 205,000 sont affectés à l'agriculture, 1,400 à la vigne, et 188,000 aux mines d'or.

La population, qui était de 8 personnes en 1835, — de 31,000 en 1845, — de 364,000 en 1855, était l'année dernière de 626,000 habitants.

L'immigration, dont la moyenne était de 2,000 âmes dans les cinq premières années, sauta en 1852 à 94,000, se maintint quelques années dans ces chiffres élevés, et retomba à 27,000 pour chacune des cinq dernières.

L'émigration, au contraire, nulle en 1852, atteint aujourd'hui, par suite de la découverte de l'or en Nouvelle-Zélande, le nombre de 21,000 par an.

De dix ans en dix ans, depuis 1835, le nombre des chevaux s'est élevé de *quinze* à 9,000, — 32,000, — 121,000.

Celui des bêtes à cornes, d'une *cinquantaine* à 238,000, — 568,000, — 621,000.

Et enfin celui des moutons, de *quatre cents* à 2,400,000, — 5,000,000, — 8,835,380!

Depuis le principe, cette jeune colonie a exporté 203,688,000 kilogr. de laine d'une valeur de 769,591,000 fr., et 380,000 blocs d'or valant 3,800,000,000 de francs!

Ne sont-ce pas là en vérité ces fées du commerce de l'Australie, dont je vous parlais l'autre jour? Et je suis stupéfait en additionnant ainsi tout ce que leur baguette a fait sortir, chaque année, du fond et de la surface de cette terre!

Voici maintenant, relevés et résumés dans ces labyrinthes bien ordonnés qu'on appelle les statistiques, quelques états sur l'année dernière, 1865, dont je veux, à vol d'oiseau, vous rendre compte.

Les 8,835,380 moutons ont donné 19,193,000 kilog. de laine d'une valeur de 82,878,000 fr.

Les mines d'or ont rendu 214,709,425 fr.

En outre, le bétail vivant, les cuirs, les viandes salées, etc., etc., sortant de la colonie, montent à une somme de 88,656,500 fr., ce qui fait un total de 328,768,700 fr. pour les *exportations*.

Les *importations*, qui en 1851 n'étaient que de 26,400,000 fr., et qui s'élevaient, il y a dix ans, si haut que la balance était de 147,000,000 de fr. en leur faveur, se sont, heureusement pour la colonie, abaissées vers l'équilibre, tandis que les sorties ont rapidement augmenté. Les premières ont baissé d'abord, grâce aux revirements salutaires et à la modération dans les besoins qui commencèrent avec la fin de la fièvre de l'or, et ensuite grâce aux progrès de l'industrie locale qui se perfectionnait, et qui leur opposait les produits de 2,000 machines, 650 manufactures, 74 brasseries, etc., etc. Les secondes ont monté surtout par le développement des troupeaux de moutons, qui éleva de 10,089,000 kilog. à 19,193,000 kilog. les laines exportées.

D'autre part, composées de boissons, farines, épiceries, chaussures, étoffes, fers, machines et charbons, les entrées s'élèvent à 331,438,000 fr.

Plus de dix-sept cents navires, jaugeant six cent mille tonneaux, ont, dans cette année, apporté tout ce qui est nécessaire à tant de besoins nouvellement créés, et emporté vers l'ancien monde, l'Inde ou les colonies voisines, des richesses brutes d'une valeur égale. Dans cet ensemble de détails, il m'a paru curieux de voir, faute de bras pour traire, une importation de plus de 7,500,000 fr. de beurre et de fromage, dans une colonie où il y a presque autant de sujets de l'espèce bovine que d'habitants; et, faute de machines, la rentrée pour une valeur d'environ 47,500,000 fr. de lainages dont la matière première a fait le tour du monde, par Horn et Bonne-Espérance, pour aller se faire tisser en Europe. Mais c'est la conséquence d'une société naissante : à voir ses rapides progrès en trente ans, je suis convaincu que si jamais j'y retournais dans quelques années, je la trouverais se suffisant à elle-même par ses manufactures, et exportant seulement l'immense trop-plein de ses richesses indigènes.

Un commerce de plus de 660,207,000 fr., tel est donc l'ensemble des fortunes privées. Autre est l'aspect des finances de l'État, qui a eu bien plus d'énormes créations à faire, sans toucher ensuite les mêmes bénéfices, et qui, *sans avoir jamais reçu, pour quoi que ce fût, un seul penny du gouvernement de la métropole*, paye le voyage des immigrants et entretient une marine coloniale, en outre de tous les services publics admirablement organisés dans leurs moindres branches et largement rétribués. L'emprunt a été la conséquence forcée de la création, et la dette courante est déjà de 225 millions de fr. : elle est négociée à 6 pour 100 et remboursable jusqu'en 1891. L'ardeur avec laquelle on en a enlevé, sur le marché de Londres, la plus grosse part, l'emprunt de 175,000,000 de francs pour les chemins de fer, prouve la confiance où l'on est ici et là-bas que, à l'instar du passé des créations privées, « le temps futur sera de l'argent » pour l'État.

Cela dit, les dépenses publiques annuelles, y compris l'amortissement de la dette, sont en équilibre avec les recettes. Celles-ci ont été l'année dernière de 73,330,000 francs, provenant de trois grandes sources : les douanes pour près d'une moitié; la vente, la location des terres, les recettes de chemins de fer et les impositions pour l'autre.

Depuis l'origine, 2,496,000 hectares ont été vendus et ont produit plus de 305,317,000 fr. En 1865, — 12,898,000 hectares étaient en location, répartis entre 1,156 « squatters », qui payaient un loyer total de 5,628,000 fr.

Ç'a été là la pierre d'achoppement entre les « squatters » et les agriculteurs. Si ceux-ci se plaignaient de ne labourer que 205,000 hectares et de ne fournir que la moitié du blé consommé par la colonie [1], si les milliers d'immigrants qui viennent prendre leur part sous le soleil de l'Australie étaient forcés, pour posséder, d'aller à deux cents lieues dans le Nord, loin de toute communication, c'était, criait la masse, la faute des fermiers de l'État, qui, s'étant installés les premiers, avaient monopolisé le sol au profit de leurs troupeaux. Devant cette lutte, qui a été fort grave, entre le troupeau et la charrue, mais surtout entre les premiers occupants légaux et les nouveaux arrivants, les législateurs se sont demandé s'il était juste de laisser 12,898,000 hectares entre les mains du nombre minime de 1,156 « squatters » dans une colonie qui compte 626,000 habitants, et s'il ne fallait pas, pour cause d'utilité publique, favoriser l'essor d'une immigration de laboureurs et de petits fermiers qui, habitant la même terre, réclamaient les mêmes avantages. Morceler graduellement les grands « runs » et les laisser envahir peu à peu par les petits fermiers, tel est l'esprit de la loi nouvelle. Elle a passé, et désormais chaque petit cultivateur peut mordre d'*un mille carré* par an sur un « run » : c'est une sangsue posée à la grande exploitation des troupeaux. Sera-t-elle salutaire? On veut l'espérer. Et si une ceinture de céréales qui feront baisser le prix de la nourriture dans toute la colo-

---

[1] 17 hectolitres par hectare.

nie, une ceinture de population à laquelle il écoulera plus facilement ses produits vient entourer chaque « run », peut-être le « squatter », dont je comprends aussi toutes les plaintes, se consolera-t-il d'avoir perdu son vaste empire de prairies, qui semblait illimité, en voyant la prospérité de milliers d'immigrants auxquels il a montré la route de la fortune, et qui l'ont suivie !

Qu'ils viennent donc hardiment ceux que la colonie appelle de nouveau aux métiers et aux champs ! Elle donne tout ou partie de leur passage de Liverpool jusqu'ici aux cultivateurs, aux ouvriers, à leurs familles.

Ceux-ci, gagnant de 18 à 23 fr. par jour, trouveront la viande de bœuf et de mouton à six sous la livre, le pain à trois sous, et ils payeront 9 fr. 50 c. par semaine un cottage à deux chambres qui, en 1854, se louait 70 fr. pour le même temps.

Ceux-là iront au Trésor : ils y trouveront une grande carte de la colonie, ce qui est son trésor véritable : tout ce qui y est teinté en rouge est vendu, tout ce qui est en vert est loué ; dans tout ce qui est en blanc, ils peuvent « choisir », s'établir et cultiver ; pendant *sept ans*, ils ne payeront la location de l'hectare que 2 fr. 50 c. par année, à la condition d'acheter à la fin de cette période ce même hectare 25 ou 30 fr.

Mais ce qui est le plus demandé sur le marché de l'immigration, ce sont..... les femmes ! La proportion, qui était de 14 pour 100 hommes en 1838, est maintenant encore de 64 pour 100 : la cote est haute, et le placement fait fureur !

Du reste, les immigrants et immigrantes trouveront pour leurs enfants des écoles répandues par le gouvernement avec une étonnante prodigalité ; j'ai pu remarquer que c'était là le point d'honneur des Victoriens. L'enseignement est libre, et les ministres de tous les cultes ont leurs écoles particulières de droit et de fait. Mais l'enseignement national et purement laïque est seul donné aux frais de l'État : il admet sur les bancs les enfants de toutes les croyances, et laisse à chaque culte le temps et le soin de l'instruction religieuse. Près de mille écoles, que fréquentent plus de cinquante mille enfants, sont ouvertes, et les statistiques constatent que parmi les enfants au-dessus de cinq ans, les quatre cinquièmes savent lire et écrire, les dix onzièmes savent lire seulement.

De conscription, néant ! Il n'y a que trois cent cinquante soldats dans Victoria ; ils sont envoyés par la métropole, mais soldés par la colonie.

Enfin, au moment de nous embarquer, après sept semaines passées sur ce sol, je veux vous dire une impression qui est le résumé de tout mon séjour : de toute cette population blanche, pas une main, — *pas une,* — ne m'a été tendue pour me demander l'aumône !

XI.

TERRE DE VAN DIÉMEN.

Détroit de Bass. — Une rencontre intéressante à Launceston. — Hobart-Town. — Des bals aux antipodes. — Ruines de tombes françaises. — Pisciculture. — L'arbre de Cook. — Les adieux. — Ouragan. — Souvenirs politiques. — Refuge à Éden.

1*er septembre* 1866. — Nous partons aujourd'hui pour l'île de *Van Diémen*. Tout ce que j'en sais, c'est que ce n'est pas Van Diémen qui l'a découverte. C'est *Tasman*, un jeune homme plein de courage et d'ardeur, qui soupirait tendrement pour mademoiselle Van Diémen — en 1642 — et auquel un père trop cruel, la retenant captive dans les splendeurs des palais de Batavia, s'obstinait à la refuser. Le jeune navigateur résolut alors de trouver des terres nouvelles : l'existence d'un grand continent dans l'Océan Austral n'avait été constatée que par Quiros et Torrès en 1606, puis confirmée de 1618 à 1627 par les Hollandais Hertoge, Zeachen, Lewin, Nuitz et de Witt. C'étaient seulement quelques points de la côte, éloignés de quatre et cinq cents lieues les uns des autres, qu'ils avaient reconnus et dont les sauvages les avaient chassés. Tasman, dans son premier voyage, fit tout le tour de ce continent sans le voir réellement, et revint pourtant convaincu que la terre qu'il avait baptisée en faisait absolument partie. Mais il avait aussi couvert les îlots des mers australes des noms et prénoms de sa belle; il alla porter au célèbre Gouverneur de Java les récits écrits de ses découvertes, les cartes et les curiosités de toutes les terres sur lesquelles il avait planté le pavillon hollandais, et alors seulement il obtint mademoiselle Marie pour récompense! Serait-il trop hardi de se demander si les pères de famille sont encore aussi récalcitrants aujourd'hui..... en Hollande?

A trois heures et demie nous levons l'ancre : un vapeur à hélice, construit à Glasgow, *le Derwent,* nous emmène en compagnie d'une cinquantaine de passagers. Nous descendons le Yarra-Yarra pendant plus d'une heure, nous nous élançons rapidement dans la baie de Port-Philipp que nous avions la première fois sillonnée avec tant de lenteur; les forts tirent le canon, et la brise emporte avec nous, presque à fleur d'eau, leurs gros nuages de fumée, que couvrent d'une teinte de pourpre les rayons du soleil couchant.

2 *septembre.* — Le détroit de Bass est traversé, et à midi les côtes de l'île nous apparaissent. C'est seulement cent cinquante-cinq ans après la découverte

de Tasman que deux jeunes gens, Flinders et Bass, en 1797, suivant les côtes depuis Sydney dans une barque longue de trois mètres, reconnurent que Van-Diémen était une île, et séparée du continent par un profond détroit de deux cent soixante et onze milles !

A midi, nous sommes à l'embouchure du Tamar ; c'est une rivière étroite et pittoresque : d'abord des roches basaltiques coupées à pic, des montagnes dont la cime est couverte de neige la resserrent en mille méandres ; des affluents, des cascades nous donnent de temps à autre une jolie échappée de vue sur des vallées où brillent en fleur les pommiers, les joncs marins touffus, et mille plantes que le printemps réveille ; puis on se croit à chaque instant dans un lac fermé de toutes parts : c'est plutôt une succession de petits lacs qu'une rivière ; on se demande comment on pourra en sortir, et tout d'un coup, entre deux roches, on voit comme une gorge sombre, on tourne court, et un nouveau lac apparaît au loin. C'est courir vraiment de surprise en surprise !

A la nuit tombante nous débarquons dans la petite ville de Launceston, où il y a environ 10,000 habitants. Mais, après l'animation un peu américaine de la cité opulente de Melbourne, ceci nous semble tout froid et tout mort. Et puis, c'est la terre classique des déportés de l'Angleterre ; il y a seulement une quinzaine d'années que ces tristes arrivages ont cessé ; déjà sur les quais il nous a semblé voir de ces visages sombres et farouches qui paraissent marqués au front de leur trop illustre origine. « Si nous retournions à Melbourne ! » nous disions-nous.

Mais le silence de la soirée, qui ne commençait pas gaiement, parce que nous nous sentions dans ce calme si seuls et si loin, fut soudain interrompu. Un homme d'un grand âge entra : sa figure vénérable, ses traits énergiques, ses longs cheveux blancs, ce je ne sais quoi de grand et de simple d'un patriarche, nous frappèrent dès l'abord. S'appuyant sur un rustique bâton et s'avançant lentement, il nous parla tout de suite de la France, « pour laquelle son cœur battait si fort » ; puis, en montrant le Nord, il nous demanda le plus simplement du monde si nous avions été heureux de notre long voyage dans la colonie de Victoria. — « C'est une merveille, lui dîmes-nous, quand on pense qu'en si peu d'années.... » — « Oui, reprit-il, quand on pense que Batman est mort et que c'est moi qui, avec Batman, ai débarqué le premier en 1835 à Port-Philipp pour y fonder une colonie ! .... » C'était Sams...., c'était le survivant de ces deux hommes énergiques !

Il s'assit près du feu, et voyant toute notre sympathie, toute notre émotion, il céda à nos instances, et nous raconta toute son histoire. Il a quitté l'An-

.gleterre en 1814, emportant son petit patrimoine et espérant faire sa fortune, mais il fit surtout celle des autres. Il s'établit à Van Diémen avec ses troupeaux : « Alors, nous dit-il, on ne connaissait de ces
» vastes terres qui s'appellent aujourd'hui Victoria,
» que les côtes découvertes par Bass. Une seule fois
» un groupe aventureux de matelots avait voulu
» aborder, mais les Naturels les avaient bien vite
» relancés à la mer, et jusqu'au 1er janvier 1835
» aucun Blanc n'avait osé y reparaître. Nous étions
» alors plusieurs familles d'honnêtes laboureurs, em-
» ployant les « convicts » aux travaux journaliers et
» habitant le haut des collines qui dominent actuel-
» lement la ville; toutes ces familles n'en formaient
» vraiment qu'une seule. Nous fêtâmes la nuit du
» premier de l'an d'une manière étrange : un grand
» feu fut allumé sur la montagne, il éclairait notre
» drapeau national, et, pensant à la patrie absente,
» nous étions tous rassemblés alentour. Là, devant
» les nôtres, nous fîmes serment, Batman et moi,
» de tenter dans la nouvelle année quelque chose
» d'extraordinaire, et de porter une partie de notre
» troupeau de l'autre côté du détroit, dussions-nous
» même l'abandonner ensuite, espérant, s'il pro-
» spérait, peupler une partie du continent pour nos
» petits-neveux. Ce qui fut dit fut fait; en juin nous
» débarquâmes sur les rives du Yarra-Yarra; les
» Naturels, hostiles d'abord, nous lancèrent des

» flèchés, puis s'enfuirent. Vous savez si nos mou-
» tons ont prospéré! Mes fils m'ont, après dix ans,
» remplacé en Victoria. L'an dernier, j'ai voulu
» voir ce qu'étaient devenus et ces rivages dé-
» serts et ces prairies immenses : des palais, là
» où de ces deux mains j'ai bâti une hutte en écorce
» d'arbre, des chemins de fer là où je traçais un
» sentier, des millions de moutons sur ce sol que
» nous avons conquis et ouvert pour nos semblables,
» voilà ce que j'ai trouvé ! »

Puis ce brave homme nous parla, les larmes aux yeux, du capitaine Laplace, qui, dans son voyage de découvertes à bord de *la Favorite*, avait touché à Van Diémen et emmené l'un de ses fils, pour lui faire donner une bonne éducation en France. C'est ce souvenir qui avait gagné au nom français le cœur du vieillard. Son fils est revenu et il a suivi l'exemple de ses frères. Chacun est à la tête d'une « station » dans les colonies australes, et ils font tous fortune.

4 septembre. — L'île est traversée de part en part, du Nord au Sud, et sur une distance de deux cents kilomètres, par une grande route que les « convicts » ont construite jadis. Nous la prenons pour aller à Hobart-Town, la capitale, et croiriez-vous que dans cette terre, la plus proche du pôle sud après la Patagonie et Tawaï-Pounammou, c'est un classique «mail-coach» anglais à quatre chevaux qui fait chaque jour ce service? Nous partons dès cinq heures du matin; au point du jour, le Ben-Lomond et le Ben-Névis, sur notre gauche, se dessinent en grandes silhouettes (1); le paysage est riant au possible : tantôt ce sont des champs coupés de haies comme en Angleterre, tantôt des bois sauvages remplis de troupeaux; la route ferrée, bien dessinée au milieu des torrents et des roches, est aussi bonne que les nôtres. En trois points nous avons de superbes panoramas qui nous montrent la plus grande partie de l'île; ce sont les trois cols qu'il faut franchir, et, après quinze heures de route, après avoir passé sur des ponts de pierre le Jourdain et le Derwent, nous entrons dans le silencieux Hobart-Town.

15 *septembre*. — Dix jours viennent de se passer tout autrement que nous ne pouvions l'imaginer. Dans cette ville, qui, au premier abord, ressemblait pour nous à la plus morne et à la plus puritaine des villes d'Écosse, nous avons été fêtés à chaque heure de la façon la plus cordiale et la plus aimable. Le gouverneur, colonel Gore Brown, les ministres, tout un noyau de société instruit, heureux et enjoué, ont reçu le Prince avec une grâce charmante; c'était un joyeux et insolite événement pour

[1] Cinq mille pieds.

la colonie. — Van Diémen, que ses habitants, plus justes que les géographes, appellent Tasmanie, est renommée pour ses belles « misses » et ses belles pommes, les filles d'Ève et ce qui nous a fait perdre le paradis. Nous trouvons les deux tout à fait de notre goût dans cette oasis des mers, toute riante et fécondée par un climat délicieux, toute paisible et éloignée de la fièvre des spéculations et des mines, tout entière aux mœurs douces d'une grande famille et à un bonheur de clocher! Nous avons donc vu tout de suite s'organiser une série de fêtes, et tous les soirs nous avons dansé. C'était tantôt dans les grandes salles d'armes et dans les belles galeries remplies de fleurs du palais du Gouvernement, tantôt dans les salons du président de la Chambre Haute et des grands propriétaires du pays, qui ont à la ville une parfaite installation. Les grands dîners gala de quatre-vingts couverts, les concerts, les comédies, les parties de croquet et de cheval, toujours et partout avec les aimables « misses », nous ont, en vérité, fait chaque jour oublier que nous étions aux antipodes.

Seule la journée du dimanche nous fut laissée libre tout entière, elle fut occupée par un pieux devoir. Nous montons avec l'évêque catholique sur une colline qui domine Hobart-Town; au sommet, au milieu des roches et des arbres, nous cherchons les vestiges des tombes où sont enterrés les marins, au nombre de quarante environ, morts ici pendant l'expédition de Dumont d'Urville, avec les corvettes *l'Astrolabe* et *la Zélée,* en 1840.

Un tronçon de pierre dégradée s'est écroulé, les croix de bois sont renversées à terre en désordre ; les petites planches qui contenaient les inscriptions tombent en poussière, rongées par le temps. Sur elles maintenant se sont étendues les grosses touffes d'une forêt de géraniums qui poussent ici à l'état sauvage. En grattant la mousse épaisse, en rassemblant les morceaux épars de ces modestes croix, en cherchant les limites en terre de ces amas de fosses, nous retrouvons avec peine la plus grande partie des noms de ceux qu'elles contiennent, victimes malheureuses de l'épidémie qui régnait à bord depuis les glaces du pôle sud et qui avait fait d'affreux ravages ! Nous étions bien émus en voyant ainsi abandonnées, cachées par une végétation croissante et presque perdues, les dernières traces de ces Français morts sur une terre lointaine. Le Prince a voulu que les limites envahies de ces tombes exilées fussent relevées, et il commanda le soir même une grande pierre funéraire où seront écrits tous les noms que nous sommes parvenus à reconnaître au milieu de ces ruines. J'y ai cueilli quelques fleurs de la forêt qui les ombrage, espérant les rapporter en souvenir aux familles de ces malheureux. Pensez combien, lorsqu'on est soi-même si loin de ceux qu'on aime, la vue de ces tombes est faite pour émouvoir! Voici ce que l'on grave sur la grande pierre :

EXPÉDITION AUTOUR DU MONDE

DES CORVETTES

L'ASTROLABE ET *LA ZÉLÉE*.

A LA MÉMOIRE DE

. . . .
. . . .
. . . .

ET DES AUTRES MATELOTS DÉCÉDÉS A HOBART-TOWN

EN 1840.

HOMMAGE D'UN PRINCE FRANÇAIS, MARIN COMME EUX,
QUI A VOULU SAUVER DE L'OUBLI LES NOMS DE SES COMPATRIOTES
MORTS DANS L'ACCOMPLISSEMENT
D'UNE MISSION GLORIEUSE POUR LA FRANCE.

9 SEPTEMBRE 1866.

Un jour nous sommes montés au mont Nelson, d'où la vue est superbe : à l'Ouest la succession des lacs formés par le Derwent, échelonnés entre des groupes de collines boisées et de grandes roches qui ont un aspect fort sauvage ; — au fond de la baie la ville d'Hobart avec ses fortifications, son palais du Gouvernement, véritable château gothique d'une décoration d'opéra, et le mont Wellington tout couvert de neige, haut de quatre mille cinq cents pieds, qui domine l'île entière. Victoria semble être un immense gazon anglais; la Tasmanie est une petite Suisse. — Au Sud enfin, une ceinture de presqu'îles nombreuses, escarpées, torturées, aux formes extraordinaires qui ferment la baie comme un grand lac, et contre lesquelles les longues lames de l'Océan Austral brisent avec fureur. Non loin du mont Nelson est un ravin, peut-être unique dans le monde, la « Fern Tree Valley ». Un torrent y coule sous des milliers de fougères-arbres qui s'élèvent au milieu des roches comme des colonnes, ou qui, inclinant leurs branches touffues sur l'eau, sont jetés comme des ponts sur des cascades. Ces fougères ont plus de trente pieds de hauteur, et de leur sommet s'étendent, pour former un vaste berceau, leurs longs panaches réguliers, si gracieux et si verdoyants.

Un autre jour encore, avec des amazones, nous avons visité à cinq lieues de la ville, dans un site charmant, un asile où six cents orphelins sont recueillis et élevés aux frais de l'État; cela lui coûte trois cent mille francs par an. Tout ce petit monde, aux faces rouges et fraîches, avait ses habits de fête en notre honneur, et six cents gâteaux furent avalés d'un seul coup et au commandement. C'était plus gai que la visite que nous fîmes ensuite aux sombres forts des prisons : le gardien nous fit passer sur le fatal pont-levis, et, en nous montrant la noire trappe à bascule qui sert à envoyer les condamnés dans un monde évidemment meilleur, il nous dit avec tout le flegme britannique : « Nous pourrions y pendre *comfortablement* sept personnes à la fois. »

Un bal superbe qui dura jusqu'à cinq heures du matin chez le chancelier de l'Université, où les jolies personnes et les jolies toilettes étaient fort nombreuses, nous remit en gaieté. Je ne fais point comme *l'Examiner* et *le Mercury*, journaux quotidiens d'Hobart-Town qui rendent compte chaque matin, dans les moindres détails, de toutes nos visites officielles et de toutes les fêtes que l'on a données au Prince la veille, et je vous fais grâce de notre vie mondaine.

Une chose m'a vivement frappé ici, et je crois qu'elle est d'un rare exemple : rien ne saurait vous donner une idée de la grande harmonie, de la fraternité véritable qui règne entre les fidèles et les prêtres des deux religions en Tasmanie. Catholiques et Protestants veulent oublier ce qui les divise, pour ne voir que les grands intérêts qui les unissent, sur une terre dont l'origine est souillée par les « convicts », mais où une société nouvelle et pure a lutté, se forme et domine. En général, dans les pays où deux communions sont en présence, chacune, — toujours sur la brèche, — exagère pour ainsi dire les devoirs de ses pratiques et creuse davantage le fossé qui la sépare de l'autre ; ici, cette opposition, poussée à l'extrême, et je l'en félicite, n'est plus religieuse, — elle est sociale : c'est la lutte entre les hommes libres et les déportés, et ceux-là se resserrent d'autant plus en un centre honorable et intact que ceux-ci forment une caste plus tranchée et plus impure. Dans cette société saine d'Hobart-Town, si fière au dehors, si blessée qu'en Europe l'ignorance la puisse confondre avec ceux qui ont bâti ses ponts et creusé son port, tout le monde s'aime donc et ne s'en cache pas. Que de fois, dans les belles réceptions du Gouverneur, nous avons vu les deux évêques causer longuement ensemble, bras dessus, bras dessous, comme de vieux amis, et les membres des deux clergés s'unir et se fondre avec tous dans une douce intimité.

Une fois même, il y eut une soirée musicale au palais : une messe de Mozart en je ne sais quel bémol, avec orgue et chœurs virginaux de plus de soixante voix, fut exécutée en grande pompe par toutes les beautés tasmaniennes ! Je me suis réveillé au *Credo* pour voir sur le même canapé les deux évêques plongés côte à côte dans un profond sommeil. Heureusement la musique sacrée fut, après l'*Ite missa est*, convertie en valses et quadrilles : tout le jeune monde des « pretty girls » se mit à tourner et valser sans sermon, et si avant dans la nuit, que le jour nous surprit encore soupant comme aux noces de Cana.

Pour nous reposer, une grande galopade d'une journée à New-Norfolk, au milieu des roches les plus sauvages, nous fit voir en outre de la belle nature un établissement de pisciculture. Les Tasmaniens en sont très-fiers : il y a là tout un personnel serieux d'administration, et les graves questions de la fécondation et de l'incubation rendaient encore tout palpitants les directeurs. Nous suivions une route qui n'était pas sans danger pour les amazones : elle côtoie l'extrême bord de roches hautes de plus de trois cents pieds et coupées à pic; au fond du précipice, un cours d'eau large, rapide, bouillonnant, se heurte en cascades et avec fracas. Enfin, nous voilà aux ruisseaux d'élevage et au laboratoire où, d'après les livres de MM. Coste et Milne Edwards, on fabrique les petites bêtes nageantes. Le Gouvernement y met tous ses soins : il a fait venir d'Angleterre, il y a un an, cent mille œufs de saumon. Il a fallu les maintenir dans des caisses entourées de glace pendant tout le temps de la traversée, ce qui a été une dépense énorme : le tout est revenu à près de cent cinquante mille francs. — Pour nous, après cette longue course et bien des recherches, nous parvînmes à voir *deux* petits poissons gros comme un carpillon, encore ne suis-je pas certain que ce ne fût pas deux fois le même, car nous ne prîmes le second que cinq minutes après avoir relâché le premier. C'était fort intéressant, et ce produit d'un œuf qui avait passé la Ligne et voyagé pendant six mille lieues pour venir sans doute se faire manger par une volée de cormorans qui faisaient le guet, me paraissait semblable à ces éphémères qui restent trois et quatre ans en larve, pour naître une fois au coucher du soleil et mourir avant son lever, sans avoir fait un seul repas. Mais on nous expliqua que sur les cent mille œufs, quatorze mille saumons étaient nés et six mille avaient heureusement terminé leur première éducation. On venait de les lâcher et de les lancer vers la grande mer, d'où l'on *espère* qu'ils reviendront [1].

Plaisanterie à part, cet essai peut faire la fortune de la Tasmanie : elle est la seule des colonies australiennes qui ait des rivières favorables aux saumons ; une fois peuplées, elles donneront des pêches qui, avec des débouchés de villes riches de plus de cent mille âmes, comme Melbourne, Adélaïde et Sydney, feront rentrer des millions dans la modeste île de Van Diémen.

17 *septembre*. — Le colonel Chesney et une

[1] Un journal et une lettre d'Australie m'ont appris depuis mon retour qu'ils étaient tous rentrés au bercail : la colonie ne se possédait pas de joie.

vingtaine de jeunes gens de la ville ont frété un gentil vapeur pour nous faire voir toutes les anses pittoresques de la grande baie; le navire est pavoisé aux couleurs de France et nous porte vite au milieu d'un dédale d'îles, de canaux naturels formés entre des roches qui surplombent. Voici à droite le canal d'*Entrecasteaux* avec ses gorges profondes, à gauche le cap *Raoul* avec ses récifs écumants couverts d'une nuée d'oiseaux. Puis, bercés par une grande houle du Sud, nous arrivons au cap de l'*Aventure*; on met les canots à la mer, on débarque : voilà un arbre centenaire dans l'écorce duquel des lettres sont taillées au couteau $\boxed{\begin{array}{c}\text{COOK}\\\text{26 jan.}\\\text{1777.}\end{array}}$; telle est l'inscription qu'y fit le célèbre capitaine, quand il découvrit ce promontoire et le baptisa du nom de son navire.

Bientôt, autour de l'île Franklin, nous nous mettons tous à pêcher : trois requins, une cinquantaine de poissons bizarres dont plusieurs sont tout couverts de pointes absolument semblables à celles du hérisson, et des « trompettes » au long nez, furent notre proie, à la grande joie d'un brave archidiacre que la cravate blanche et le gilet en étoffe de cilice n'empêchaient pas de faire les mots les plus facétieux.

19 septembre. — L'heure du départ a sonné : malgré une tempête d'équinoxe épouvantable, dont les rafales blanchissent d'une nappe d'écume toute la baie, « *la Tasmania* », un petit sabot de deux cent cinquante tonneaux, allume ses feux : c'est elle qui doit nous mener à Sydney. Nous avions fait le matin tous nos adieux : une dernière heure toute triste, au palais du Gouvernement, nous avait permis encore de remercier tant d'hôtes aimables d'un séjour délicieux. En arrivant au quai, nous le trouvons couvert de monde : toute la ville est venue dire adieu au Prince. Une vraie, une grande foule est rassemblée pour nous donner le plus « hearty farewell » et nous demander souvenir et retour. Elles aussi, nos aimables danseuses, elles sont toutes là près du bateau, dans leurs plus jolies toilettes, comme pour nous donner encore plus de regrets. Ministres et « squatters », évêques et amazones d'hier, tous avaient eu cette attention charmante, qui nous toucha bien profondément. A peine sommes-nous à bord que tout le jeune monde escalade la passerelle, et voilà le pont si envahi qu'on n'y peut plus bouger. C'est ainsi chargée que *la Tasmania* aurait dû partir ! Mais la troisième cloche vient nous arracher aux « shake hands » de tant de personnes si aimables qui, pendant quinze jours et jusqu'à la dernière seconde, avaient fait aux trois voyageurs un si cordial accueil.

L'hélice commence ses premiers tours, et *la Tasmania*, prenant son aire, longe le quai que les lames furieuses balayent et que suit pourtant toute cette foule, dont chaque personne nous était connue. Et tandis que tout le groupe de jeunesse remplit en courant le bateau-ponton du bout de la jetée, trois « cheers! », trois « vivat! » bruyants nous saluent et nous porteront sûrement bonheur. Enfin, les signaux des chapeaux et des mouchoirs s'agitent au vent : nous les distinguons jusqu'au dernier moment, au-dessus d'une foule qui devient peu à peu confuse, et pensez si nous y répondons! Bien vite, ce rivage, si animé tout à l'heure, devient seulement un horizon pour nos regards. Une voiture légère, suivant un promontoire qui abrite le port, apparaît une dernière fois, et des signaux y sont encore faits pour nous! En arrivant un soir à l'improviste sur ce sol inconnu, pouvions-nous penser que nous devrions le quitter si émus et si reconnaissants? La Tasmanie nous a donné une hospitalité comme peut-être jamais voyageurs n'en trouvent : nous voudrions lui dire, non pas « adieu », mais « au revoir » du fond du cœur, et, si elle a espéré n'être jamais oubliée, ses souhaits seront exaucés!

Cependant la tempête est plus forte que jamais : seuls sur ce pont désert, nous nous cramponnons à grand'peine contre les rafales : la baie, hier si calme et si riante, est obscurcie par de gros nuages noirs que le vent emporte vers les cimes neigeuses, et les gorges profondes qui nous environnent ont pris un aspect fantastique sous ces sombres couleurs. Hobart-Town, Hobart-Town disparaît! Nous aussi nous allons peut-être disparaître dans les vagues énormes que le Sud-Ouest nous amène : *la Tasmania* lutte et hésite; tout craque, tout se brise à bord : le choc des lames contre les roches, un ressac saccadé et affreux, nous font compter les minutes dans cette passe, où toute la fureur de l'Océan Austral et des courants de foudre viennent se heurter contre une petite île.

Le soir, le vent tourne au Sud, et apportant avec lui l'atmosphère glaciale du pôle, il chasse les nuages et laisse la pleine lune éclairer le spectacle de tout son éclat. Il vente « tempête! » les vagues qui déferlent balayent le pont d'un bout à l'autre, et le peu de toile que nous faisons pour « appuyer » le navire ne résiste pas. C'est en de telles conditions, avec un bâtiment qui donne une bande énorme et qui menace par moments de s'« engager », que, serrant la côte malgré nous, nous arrivons à doubler le cap Pillar, qui est un des plus beaux sites de Van Diémen. C'est l'extrémité sud-est de l'île : une série de hautes aiguilles en roches basaltiques de trois cent soixante pieds de hauteur s'avancent, comme les piliers d'une jetée druidique, jusqu'à près d'une lieue en mer. Poussés par les lames qui viennent s'y briser, nous n'en passons qu'à un quart de mille : l'effet est saisissant et donne vraiment le frisson. Quand la vague se heurte contre ces groupes de colonnes qui diminuent graduellement jusque près de nous, l'écume jaillit à une hauteur immense ; puis le flot se retire, et la lune, tour à tour cachée et brillante, apparaît entre les piliers élancés, dont les intervalles sont un instant remplis par l'écume, puis un instant à jour! Mais l'astre est encore très-bas sur l'horizon, et, se levant à l'Est, de l'autre côté des piliers, il en projette l'ombre presque jusqu'à nous, tandis que leurs silhouettes, coupées si verticalement, se dessinent avec grandeur : le danger donne encore à cet ensemble quelque chose de plus étrange et de plus souverainement imposant. C'est sous l'impression de ces roches majestueuses et des efforts de notre frêle barque, que nous passons la nuit sur le pont. Mais, le cap une fois doublé, *la Tasmania* laissa « porter » et fila vent arrière : sur la dunette, on ne parla plus des lames immenses qui passaient par-dessus le couronnement, on parla des souvenirs d'Hobart-Town !

20 *septembre*. — Le calme est revenu, mais les grands coups de roulis ont tout cassé, et réuni dans le même massacre nos baromètres, nos thermomètres et nos cuvettes. C'est aussi un peu dans ce désordre que, au moment d'acalmie dont je vou-

drais tant profiter, se présentent à moi toutes les impressions que m'a inspirées l'ensemble de la Tasmanie. Tout ce que nous avons vu dans cette île, les personnes qui nous ont entourés, aussi bien que les campagnes riantes et les villes paisibles parcourues, nous auraient presque fait croire qu'un monde sépare ce pays du Melbourne plein d'usines, du Ballarat plein d'or,— un monde et un siècle, pourrait-on dire! En un jour, nous sommes passés de l'effervescence d'une cité avancée du progrès à une « county-town » d'il y a cent ans. Après six semaines du spectacle d'une vie chauffée à toute vapeur, un séjour à Van Diémen a quelque chose de rafraîchissant comme une idylle, et c'est un véritable repos. Mais on ne peut toujours dormir; on sort de l'île comme d'un rêve, et toutes les phases par lesquelles elle a passé se résument.

Avant toute chose, il est un sentiment qui nous peine : en suivant de près cette belle côte, nous venons de relever successivement les caps Raoul, Surville, Péron, Maurouard, Bougainville, Taillefer, Tourville, Lodi et du Naturaliste; les baies de Dolomieu, de Fleurieu, de Monge et du Géographe. Chaque point de ces terres, comme du grand continent australien, a été illustré par nos marins : pourquoi faut-il que le pavillon de la France, qui avait été « à la peine », ne soit pas demeuré « à l'honneur » et n'y ait brillé, à l'heure périlleuse des découvertes, que pour laisser ensuite le champ libre à d'autres, et ne nous gagner aucune possession? De Marion sur *le Castries*, qui fut le premier après Tasman et qui vit couler le sang français, de d'Entrecasteaux sur *la Recherche* et *l'Espérance*, de Baudin et d'Hamelin sur *le Géographe* et *le Naturaliste*, il ne reste que de *grands noms :* l'Angleterre a une *grande colonie.*

Mais avant d'être la colonie de Tasmanie, elle a été l'*établissement pénitencier* de Van Diémen. C'est là une lugubre histoire! Jusqu'en 1803, on n'en connaissait que les rivages inhospitaliers que défendaient des tribus nombreuses et féroces. Le gouverneur de Sydney y envoya les plus turbulents de ses « convicts » : cette île devenait le Botany-Bay de Botany-Bay pour ceux que la première ville fondée par les « convicts » rejetait de son sein. Puis la métropole elle-même y lança directement des navires chargés de prisonniers : les premiers qui partirent sanglotaient, paraît-il, comme si on les donnait, non à la liberté, mais à la mort : ils pensaient ne jamais arriver si loin, et, en effet, il y eut plus d'un naufrage. Un membre du gouvernement, le docteur Officer, homme intéressant au possible, me donnait des détails saisissants sur ces voyages. *L'Amphitrite* coula dès le départ, et cent trois femmes avec leurs enfants furent noyées dans la cale, où le commandant les avait enchaînées; *le George III* et *la Néva* furent brisés presque au port ; *le Gouverneur-Philipp* sombra lentement dans le canal de d'Entrecasteaux, où nous étions l'autre jour ; mais il y eut là un beau trait : le commandant Griffith, pendant le sauvetage, donna sa parole d'honneur aux « convicts », qui ne pouvaient prendre place dans les chaloupes, de ne pas quitter le bord jusqu'à ce qu'elles revinssent ; mais avant leur retour il fut noyé avec eux. Puis, quand on apprit dans les cachots de Londres combien les terres australes étaient fertiles, ce fut à qui partirait pour « faire une fameuse chasse aux kanguroos ! »

La première période fut celle de la création et des crimes. Quand les routes furent faites, les ponts construits, les troupeaux importés et les Aborigènes mis en fuite, la prospérité des établissements pénitenciers attira les immigrants libres en Tasmanie, et les hommes d'État de l'Angleterre, ayant envoyé les « convicts » dans un pays sain et fertile, avaient pensé juste en espérant que leurs sueurs seraient plus profitables à une colonie naissante, que leurs vices invétérés ne pouvaient lui être nuisibles. Il semble qu'étonnés d'abord de n'avoir plus de riches à piller et de faibles à battre, surpris de se sentir tous égaux et responsables dans une société qu'ils étaient alors seuls à composer, ces criminels aient pourtant puisé une certaine énergie pour le bien dans ces terres éloignées du théâtre de leurs premiers méfaits, et qu'ils aient pris à cœur de faire prospérer un pays où ils avaient tout à créer, comme leur vie à défendre, et où les sources de leur richesse ne dépendaient que de leur travail. Ils se sont sentis hommes, bientôt à la tête de nombreuses familles, cultivant un sol et faisant paître des troupeaux qui les récompensaient largement de leurs peines.

Les immigrants commencèrent à arriver vers 1815, et affluèrent dans une mesure bien proportionnée à la richesse des pâturages comme à la petite dimension de l'île. Mais les difficultés n'ont pas manqué ! Les Naturels, qui avaient été dispersés par les « convicts », reviennent à la charge au nombre de plus de sept mille, et les Blancs, pendant de longues années, luttent contre eux par les armes : c'est une guerre affreuse ! Après bien du sang versé, elle se termine d'une manière étrange. — Un certain John Robinson, dont chacun à Hobart-Town nous a fait un sympathique portrait, s'était dans une vie nomade concilié l'affection des Noirs : toujours sans armes, passant au milieu des plus grands périls d'une tribu à l'autre, et se faisant l'ami de toutes, cet homme d'une forte trempe, philanthrope et à demi-sauvage, avait pris à cœur la tâche si lourde d'amener la race noire à une entente avec les envahisseurs. D'autres, avant lui, avec toutes les forces de la garnison et le concours de tous les « convicts », avaient fait une grande, une immense battue, depuis le Nord de l'île, pour refouler les Aborigènes au Sud, dans le territoire assez vaste de la péninsule de Tasman, rattachée au corps de l'île par une langue de terre à peine large d'une lieue. La battue avait duré plusieurs mois : une ligne de feux pendant la nuit et de soldats pendant le jour, sur près de trois cents kilomètres, avança graduellement jusqu'à l'extrémité sud : on n'avait pas vu un Noir ! Ils avaient tous « forcé les traqueurs », grâce à l'obscurité et aux ravins. Ils étaient sortis victorieux de la lutte, ils pillaient et tuaient de plus belle. — John Robinson alors obtint la victoire par la douceur : il était l'idole des sauvages ; il les entraîna avec lui dans la péninsule. En regard de l'injustice qu'il y a à venir, avec une suprême jactance, conquérir les terres les plus fertiles sur une race qui les tient de ses ancêtres, comme le noble caractère d'un homme qui sauve la vie à plus de six mille indigènes emporte l'admiration !

Mais, de même qu'il faut un Océan Austral aux albatros, de même il faut avant tout l'espace aux Aborigènes ! Ceux-ci n'ont pu supporter longtemps la mitoyenneté avec les nouveaux occupants : ils avaient échappé au massacre des « convicts », ils voulurent de même échapper aux bienfaits et à la commisération d'une race de colons libres qui cherchait à les évangéliser et à les vêtir ; ils préférèrent l'exil à une lutte impossible ou à une vie sans espace. Une partie mourut de maladie en proportion effrayante, comme des poissons d'eau vive resserrés dans une eau stagnante ; le reste, peu à peu, sans guerre, sans éclat, se dispersa d'île en île dans les terres de Flinders, de Furneaux, et finit par gagner le grand continent australien, dans l'intérieur duquel il a cherché le désert.... et la liberté! Ils étaient sept mille en 1816, il n'y en a plus que.... cinq dans toute l'île, trois hommes et deux femmes!! Nous les avons vus il y a quatre jours, on les gardait comme des reliques : on les photographiait!

De trois sociétés en présence, une était donc anéantie. Restaient les immigrants et les « convicts ». Je n'ai pas eu l'occasion d'entendre les plaintes de ceux-ci; mais les premiers, quoique libres et maîtres, n'ont cessé, depuis le principe, de maudire le Colonial Office, qui leur envoyait le rebut de ses prisons à employer et à surveiller. Chaque fois qu'un navire de prisonniers mouillait devant Hobart-Town, immédiatement une protestation était signée par toute la population saine de l'île, qui voulait, avec raison, éviter leur contact immoral, et garder pour elle les développements de ses pâturages et de ses cultures, au lieu d'en voir une partie fatalement aliénée au profit des criminels implantés sur le sol, et devant gagner, soit par le temps, soit par bonne conduite, leur libération.

Pour que le noyau d'hommes libres soit resté

pur, songez ce qu'il a fallu de luttes! Le tableau de la population que j'ai vu au ministère de l'intérieur donne les chiffres qui déterminent chaque élément : 17,500 hommes de naissance libre contre 7,000 « convicts » en 1825; 23,000 contre 18,000 en 1835; 43,000 contre 24,000 en 1847, telle était la composition des habitants. Enfin, en 1857, les hommes libres étaient au nombre de 77,700 et les déportés au nombre de 3,000 seulement. C'était la seconde fois qu'une société nuisible s'effaçait. Ce brusque et heureux changement dans l'équilibre est dû, d'abord à la cessation des « envois » de la métropole, qui date de 1850, mais surtout à la déportation au second degré que fit à son tour la colonie elle-même dans la péninsule de Tasman, où elle avait voulu jadis interner les sauvages, et qu'elle ne veut pas considérer comme son territoire. C'est une administration à part, sur un sol presque totalement séparé du sien, où un système de coercition adoucie, s'exerçant sur un milieu homogène, agit plus sur ses espérances que sur ses craintes. Cette mesure énergique, qui d'un trait dépeint le fond honnête de la Tasmanie, fut prise au moment où Victoria, inaugurant vaillamment son indépendance, portait un de ses premiers édits, en interdisant absolument son sol aux « convicts » transfuges, que les établissements pénitenciers lui auraient vite et fatalement écoulés. Mais, grâce aux troubles des premières années dans la société libre, jamais castes, entre gouvernants et gouvernés, n'ont été plus nettement démarquées en fait, et c'est là le secret de toutes les différences frappantes entre la vie politique de la Tasmanie et celle de Victoria. Contraste si curieux, que, lorsqu'on compare ces deux populations, il semble impossible de croire qu'elles appartiennent au même sang! Ce sont pourtant des hommes de la même race anglo-saxonne, émigrés de la même Angleterre, en rapports constants entre eux et la même métropole. Cette différence en deux points si rapprochés n'est-elle pas la preuve concluante des influences radicales que peuvent avoir sur les idées et le caractère d'un peuple les institutions qui le régissent?

En Victoria, suffrage universel sur toute la ligne, démocratie avancée, esprit d'initiative et d'aventure, idée de progrès et d'égalité, animation américaine. — De l'autre côté du détroit, suffrage restreint, à tel point que la plus grande moitié de la population libre est exclue de toute participation aux affaires publiques; la plus petite moitié élit la Chambre Basse, à peine un quart la Chambre Haute : idées étroites en général, esprit de caste poussé à l'extrême, affaires lentes et malheureuses, état positivement arriéré.

Voilà les conséquences de l'élément « convict » trop longtemps en vigueur. Les immigrants, qui n'ont pas subi la grande crise de nivellement social que la découverte de l'or a occasionnée à Victoria, constituent une aristocratie de la terre et de la richesse qui refoule dans l'industrie les descendants des premiers « convicts ». Quand je dis « immigrants », ce n'est pas l'acception très-misérable du mot que nous donnons en France qu'il faut entendre, mais c'est nommer bon nombre de « gentlemen farmers » et de « cadets » de grandes familles anglaises. Presque tous les habitants que nous voyons sont nés ici ; ils y ont reçu une solide éducation, et pris une bonne position depuis longtemps ; ils ne sont pas arrivés tout faits, tout poussés en un jour, tout égaux à l'instar des Melbournois jetés en Victoria, comme un banc de champignons, et ayant tous le même jour de naissance civile, celui de la découverte de l'or en 1851 ! Il ne faut donc pas s'étonner qu'il y ait ici une véritable société, avec ses degrés et ses instincts, qui tranche d'autant plus du grand seigneur, que la classe inférieure est d'une origine plus infime. Aussi tout se tient ; la vie sociale n'est que l'image de la vie politique. Quand les colonies ont été invitées à tracer elles-mêmes les articles de leurs constitutions, Victoria, où le domestique avait quitté ses maîtres et le clergyman ses paroissiens, pour devenir leur égal dans la recherche de l'or, Victoria n'eut pas de peine à établir les droits de l'homme et la démocratie la plus pure et la plus raisonnable. —

A Van Diémen, où le propriétaire de moutons et le fermier méprisaient le pauvre immigrant irlandais et le « convict » encore marqué au front des lettres ignominieuses des « Galères de la Reine », la classe aisée voulut s'élever sur un piédestal inaccessible, afin d'y défendre par le suffrage censitaire le gouvernement du petit nombre.

L'exclusion de tous droits politiques était basée sur la pauvreté. Mais qu'est-il arrivé? Après avoir énergiquement obtenu l'abolition de la transportation, la Tasmanie n'a pas abordé avec le même esprit les sacrifices que lui imposait son indépendance. Un beau jour, avec la suspension de l'envoi des « convicts », s'est arrêtée la subvention de la métropole, qui tombait sur la colonie en pluie d'or, à raison de 170,000 fr. par semaine. Avec eux aussi a disparu la garnison nombreuse qui les gardait et qui dépensait sa solde dans le pays; mais on s'était si bien *habitué* à cette manne venant du dehors, à la direction de Gouverneurs à pleins pouvoirs, responsables seulement vis-à-vis de la métropole, que la Tasmanie a été longtemps sans connaître la liberté, et qu'elle est restée dans cet état d'enfance des pays trop gouvernés, où le peuple regarde sans cesse du côté du pouvoir, pour lui demander aide et protection. Cette habitude, qui datait de longtemps, n'a pas peu contribué à endormir la population, à la priver peu à peu de cette énergie virile qui se trempe dans les difficultés, et qui est si nécessaire au développement d'une colonie.

Entre des mains puissantes et dans un grand pays, le despotisme peut donner au dehors, pour un temps, de la gloire et de la prépondérance, mais toujours il tue, avec la liberté, l'esprit d'initiative et de spéculation entreprenante. C'est ce qu'a fait ici, dans la première période de la colonie, l'administration militaire et pénitentiaire; l'industrie n'est pas née, la somme des entrées dépasse de beaucoup celle des sorties; la terre qui a donné les premiers bestiaux à Victoria, est obligée d'importer aujourd'hui de Melbourne, non-seulement troupeaux, mais viande abattue, pour plus de 2,360,000 fr. Le budget des dépenses de l'année a dépassé, de près d'un million, celui des recettes; et pourtant, malgré ces faits, malgré le manque de subvention, on a continué la construction ruineuse d'édifices publics et d'un palais du Gouvernement qui coûte 2,500,000 francs; on paye les ministres 22,000 francs par an, et on entretient une nuée de fonctionnaires, qui absorbent près de trois millions. — Le résultat est, pour un pays de 95,000 habitants, qui a cependant vendu plus de 1,476,000 hectares de terrain, une dette de 13 millions de francs, sans qu'il y ait chemin de fer ou usines, et sans autre espoir que la vente des terres à des immigrants futurs, qui semblent peu se préparer à venir, ou bien, nous disait-on en souriant, « quelques merveilleuses années de pommes (1). »

Mais la Tasmanie a commencé maintenant son apprentissage de la liberté, me disait, au moment de mon départ, le colonel Gore Brown, de qui je tiens beaucoup de ces détails, et qui, sous son titre d'officier, est un Gouverneur civil; aidant de toutes ses forces le mouvement libéral. Une étincelle a provoqué l'incendie : les ministres, en voulant tirer le revenu non plus des douanes, mais d'un impôt sur la propriété, se sont heurtés contre l'opinion publique très-émue. Le pays tout entier, pendant notre séjour, était dans la plus grande agitation : la dissolution des Chambres, devenue nécessaire, fut prononcée par un message du Gouverneur, le matin même de notre départ. Par ce réveil général, par les élections nouvelles, les esprits sages espèrent voir triompher l'idée des économies radicales dans les dépenses; et ce parti, dont nous avons connu les champions les plus actifs, comptant sur le jeu facile des institutions politiques, veut faire sortir de l'ornière une contrée qui mérite assurément la prospérité.

Le fond est bon : avec des ressources précieuses en bois de toute nature, avec le développement des pâturages qui comptent, après tout, encore 1,752,000

---

[1] L'an dernier, la Tasmanie en a exporté pour une valeur de 1,560,000 francs.

moutons et 110,000 têtes de gros bétail, avec des gisements de fer très-riches, encore inexploités, et la certitude de filons d'or, de cet or qui est la panacée universelle en Australie, puisqu'il attire toujours l'immigration et développe toutes les ressources ; avec un terrain à céréales bien autrement fertile que celui du continent voisin, et qui produit une moisson valant 32,700,000 fr.; en un mot, avec un ensemble de terrains occupés, de bétail, d'immeubles, de navires, de banques et de produits exportés d'une valeur totale de 475 millions de francs, ils veulent, délivrés des Aborigènes et des « convicts », condamner le système de réglementation et d'entraves qui les a maintenus si bas, et qui, contraire au grand principe de liberté des colonies voisines merveilleusement prospères, a transformé, d'une manière si opposée, des éléments de richesse presque semblables : l'un, en effet, était force motrice ; l'autre, force d'inertie !

Il est encore un autre parti, celui des basses classes. Le mot *annexion* est arrivé jusqu'aux antipodes : elles veulent l'annexion à Victoria. Ces excellents Tasmaniens ne demanderaient pas mieux, mais ce sont les Victoriens qui ne veulent pas ; ils les ont trouvés jusqu'à présent un peu trop en arrière de tout le monde, et les traitent de Béotiens.

Béotiens si l'on veut, ces braves gens ont, il faut l'avouer, une qualité qui manque à leurs facétieux voisins, la modestie. Tandis qu'à Melbourne on nous disait, avec raison il est vrai, mais peut-être un peu souvent : « Contemplez notre œuvre ; il y a quatorze ans, c'était le désert ; n'en avons-nous pas fait une nouvelle Europe ? » ici, ces bons habitants excusent toute la simplicité de leur oasis qu'ils montrent avec humilité ; ils sont tout flattés que les étrangers viennent les voir de si loin ; ils suivent paisiblement leur chemin, sans avoir encore fouillé une terre où il y a de l'or, sans chercher par de fiévreux efforts d'autre bonheur que celui de vivre en famille, doucement et sans bruit, avec ce je ne sais quoi d'une île patriarcale pour laquelle la nature s'est montrée si généreuse.

Il y aura pourtant de la vie aventureuse à mener dans ces parages. Un esprit intrépide et ardent, une exception à la placidité de tous, le colonel Chesney, était arrivé facilement à me monter la tête pour une tentative de découvertes qu'il va faire dans la partie nord-ouest de l'île. Un seul homme, un berger, a pu y pénétrer l'an dernier, et il en a rapporté plusieurs spécimens d'or extrêmement riches. Il y a là une série de montagnes situées précisément sous le même méridien que Ballarat, et qui ne sont autre chose que le prolongement des mêmes filons d'or.

Mais il reste une barrière de torrents, de roches escarpées, de ravins, qu'on n'a pu encore franchir et qui entoure ce nouvel Eldorado. Le colonel m'a montré tous ses équipements, ses échelles de cordes munies de crampons, ses canots portatifs en caoutchouc, tout frais arrivés de Londres. Il partira avec deux amis et un domestique : « Venez donc avec moi, me disait-il ; vous aimez l'aventure. C'est charmant à vingt ans de découvrir des terres ! Et puis, si nous trouvons de l'or, nous reviendrons millionnaires, et alors les belles misses d'Europe...! » Mais l'expédition ne se mettra en marche qu'au mois de janvier, époque où nous devons être déjà en Chine, et la question est tranchée à mon grand regret d'une façon catégorique.

21 septembre. — A l'abri du cap *Oomooroomoon*.

Je commence par promettre ma défunte perruque au grand dignitaire de la Faculté de Paris qui dénichera ce joli nom dans ses connaissances géographiques ! C'est une petite anse de la baie de Twofold, perdue entre les promontoires de la côte orientale de l'Australie, et encaissée entre des roches de granit rouge et des montagnes couvertes de grands bois de sapins qui descendent jusqu'au rivage : site pittoresque et sauvage, mais à cette heure tout triste et tout obscurci par de gros nuages noirs, que les rafales amènent de la haute mer. C'est ici que nous a jetés un violent coup de vent d'équinoxe. *La Tasmania* ne tenait plus la mer : elle s'en allait à la dérive malgré les efforts saccadés d'une machine impuissante; les vagues la poussaient à la terre et la roulaient sans merci, en menaçant de l'entr'ouvrir, sans qu'elle pût même essayer de lutter.

Quand un gros temps nous assaillait entre le cap de Bonne-Espérance et l'Australie, nous contemplions avec sang-froid ces lames immenses dont nous étions le jouet; l'espace faisait notre salut. Mais cette fois nous sommes près de la côte; et la côte c'est le naufrage, si l'on ne choisit sa retraite avant l'heure où aucun moyen humain ne peut résister à la fureur d'un ouragan! Dès midi nous avons donc fui devant le temps et cherché un abri dans la crique la plus proche. A trois heures nous mouillons sous le vent du cap, en même temps qu'un trois-mâts dont les bastingages ont été emportés, et dont la mâture désemparée fait peine à voir : c'est un sauve-qui-peut effrayant! Le ronflement de la tempête dans les bois de sapins est si rauque, la mer brise si fort contre le cap Oomooroomoon, et le tonnerre gronde avec un si épouvantable fracas, que la grosse face du capitaine de notre « barque » n'est pas encore revenue de sa pâleur subite. Ce bon type d'homme rond comme une boule, dont le « surouest »[1] ne parvient pas à cacher le quadruple menton, hier cramoisi, aujourd'hui blanc de neige,

---

[1] Sorte de coiffure portée seulement dans les gros temps.

fait véritablement mon bonheur quand il gesticule sur la passerelle : il connaît du reste bien son affaire ; car il nous a dit que c'était son deux cent quarante-huitième voyage entre Hobart-Town et Sydney, et « un des plus dangereux », ajoutait-il, sans que nous eussions besoin de cette dernière parole pour nous en apercevoir.

Maintenant que nous voilà en sûreté, et que *la Tasmania* est follement bercée en dormant sur ses trois ancres, nous demandons un canot et quatre hommes au capitaine, et nous débarquons tous deux, pour regarder une tribu de Naturels dont les feux s'élèvent au milieu des sapins : ils sont semblables à ceux du Murray, aussi inoffensifs, aussi noirs, et au premier moment ils me paraissent encore plus affreux, mais j'oubliais que cela n'est guère possible.

Cette baie est renommée pour la pêche de la baleine : les vertèbres colossales de leurs carcasses blanches sont jetées en grand nombre çà et là sur le sable du rivage, et à l'aspect lugubre d'une baie sauvage et sombre s'ajoute la vue du cimetière des cétacés océaniens. Ce qui est étrange, c'est qu'en ce coin si isolé du monde il y a pourtant sur une colline sept cabanes de bois, habitées par quelques Blancs ! Ils ont, par une douce ironie, appelé du beau nom d'Éden la réunion de leurs huttes misérables. Au train dont vont les choses en Australie, il y aura peut-être là dans quinze ans un Opéra et un Parlement! Il me semble maintenant que j'ai vu Melbourne naissant. Une centaine de moutons presque perdus, quelques trous en terre où trois hommes cherchent de l'or, et la forêt de sapins toute vierge encore, voilà l'Éden que nous avons vu. Espérons que le beau temps va en chasser *la Tasmania*, avec sa cargaison de pommes, qui serait ici d'un placement douteux.

XII.

SYDNEY.

Baie féerique. — Les missionnaires français. — Charme et distinction de la société. — Botany-Bay et souvenirs de La Pérouse. — Convicts et immigrants. — Ecoles. — Les Montagnes Bleues. — Les fils de l'illustre Mac Arthur. — Rapports avec la Nouvelle-Calédonie. — Les institutions et les richesses de la Nouvelle-Galles du Sud.

Sydney, 23 septembre. — Nous avons pu nous arracher au paradis d'Oomooroomoon et reprendre la mer! Nous avons passé entre l'île Montagu et la côte. Vers le soir, au coucher du soleil, le cap Perpendiculaire qui ferme la baie Jerwis se détachait sur le ciel. C'est une roche de deux cent quatre-vingts pieds, coupée à pic sur la mer et s'avançant audacieusement entre celle-ci et la baie, comme une jetée majestueuse : l'effet en est superbe. Dans la nuit nous arrivons à Sydney, guidés de bien loin par la lueur du gaz et les feux de couleur de tous les navires de la rade.

24 septembre. — Dès le matin, lord John Taylour vient nous prendre et nous emmène à une grande partie de cheval, organisée pour le Prince par Son Excellence sir John Young, Gouverneur de la Nouvelle-Galles du Sud. Le rendez-vous est au palais : neuf amazones et quelques cavaliers y sont réunis, et les plus beaux chevaux de revue nous sont amenés. La promenade commence... par une navigation à vapeur; au bas du jardin un petit steamer nous attend; vite on embarque les chevaux et nous traversons la baie. Cela devient alors une galopade charmante sur les crêtes des montagnes qui dominent cette nappe d'eau, si pure et aux bords si riants. Ouvrant sur la grande mer par une passe de quinze cents mètres de large que dessinent, comme une porte druidique, deux roches surplombant de plus de trois cent cinquante pieds, la baie s'enfonce profondément dans les terres en suivant les formes les plus capricieuses, en s'avançant aventureusement comme un grand fleuve incertain de sa route, d'abord vers le Nord-Ouest, puis vers le Sud-Ouest, enfin vers l'Ouest, si bien qu'à peine entré par cette porte' qui paraît gigantesque, on se trouve tout étonné d'être enfermé comme dans un lac de Suisse, et l'illusion serait complète si les longues vergues des « clippers » au mouillage ne rappelaient la haute mer.

Port-Jackson compte trente-six baies s'ouvrant dans la baie générale, et plusieurs d'entre elles remontent à douze lieues dans les terres; les côtes sont très-pittoresques : tantôt boisées, tantôt rocheuses, elles nous montrent tour à tour la nature la plus sauvage, les hauts rocs à pic contre lesquels les vagues se brisent, les beaux jardins avec une quantité d'élégantes villas, et cette exubérance de fleurs naturelles, dont la nappe aux mille couleurs s'étend jusqu'à l'écume des vagues; au fond de ce beau lac, sur la rive sud, est bâtie la ville de Sydney. C'est une sorte de presqu'île, que l'on pourrait comparer à une main droite s'avançant hardiment dans la baie; en effet, cinq grands promontoires ayant exactement la forme des doigts un peu écartés, constituent la partie principale de la ville; et c'est ce qui la rend si originale, car les rues qui ont la direction Est et Ouest aboutissent par chaque extrémité à un nouveau port; elles semblent être des canaux entre chaque bassin; du point le plus élevé d'une rue, on voit un port à ses pieds avec tout le mouvement des vapeurs, puis bien vite des maisons de l'autre côté, et enfin des mâts se montrent encore derrière ces maisons; c'est la plus belle situation qu'on puisse voir. Près de nous, que de jolies villas entourées de jardins d'orangers et d'amandiers en fleurs! Nous suivons toujours la crête des montagnes; cela nous éloigne des routes, des «cottages»; notre vue s'étend davantage, et nous jugeons à merveille de l'ensemble. Là-bas, au fond, quelle belle eau bleue! que de gorges sombres, que de promontoires couverts de verdure! Ici, en haut, sous un soleil de printemps, les fleurs sont toutes écloses; mêlées aux grandes herbes sur lesquelles courent les lézards, elles brillent partout avec une fraîcheur matinale et une abondance étonnante; elles montent toutes jusqu'à la poitrine des chevaux, et rien n'est plus charmant, dans ce fouillis de fleurs si hautes, que de voir galoper nos petits groupes de cavaliers et d'amazones; celles-ci sont en gris-perle ou en bleu très-clair, avec de longs voiles bleus et blancs. Après avoir traversé un bois touffu d'arbres à camphre, de bambous et de palmiers, nous arrivons sur un mamelon au bas duquel s'étend un bras de mer; on le descend avec prudence au milieu des roches, et, en nous avançant sur l'extrémité de la pointe, nous voyons à droite Port-Jackson, et à gauche l'entrée d'une autre baie qui paraît aussi bien grande, — c'est Middle-Harbour. Le Gouverneur a envoyé d'avance deux chaloupes et un ponton, et en trois voyages toute la cavalcade a passé l'eau; deux heures après nous sommes sur la plage de la grande mer, à Long-Reef, où une grande houle de Sud-Est jette les vagues qui se brisent en avant du rivage sur la ligne des écueils.

C'est fort avant dans la soirée que nous reprenons la direction de la ville; la nuit est si claire; un parfum si délicieux s'exhale de ces montagnes couvertes de fleurs; à travers les grands arbres s'ouvrent de si poétiques échappées de vue sur les eaux de la baie, qui reflètent comme un miroir les brillantes constellations de l'hémisphère austral, les péripéties de notre jeune « party » chevauchant lentement dans une véritable forêt de fleurs ont tant de charmes, que je crois encore rêver en descendant de cheval bien tard dans cette seconde nuit de notre séjour à Sydney.

13 *octobre* 1866. — Pendant trois semaines d'une activité dévorante sur un sol où tout nous était facile, où tout nous charmait, nous avons à chaque heure béni la fortune qui nous a amenés ici. Le lendemain de notre cavalcade, nous embarquons sur un petit vapeur pour remonter la rivière de Paramatta. Des plantations d'orangers, des cultures magnifiques entrecoupées de gorges escarpées, toutes verdoyantes et ombragées, égayent les bords pittoresques et les eaux limpides de son cours sinueux. Seul le soleil, qui est certainement très-bon pour les orangers, commence à nous paraître un peu trop chaud; mais il donne une telle vie au paysage!

Bientôt, quand la rivière se resserre trop entre les roches, une embarcation nous prend; elle est conduite par huit jeunes insulaires de « Samoà », à la peau couleur jus de tabac; ils rament vigoureusement et nous débarquent au fond d'une baie retirée où flotte le pavillon tricolore. C'est « la Montagne des Chasseurs », la demeure des missionnaires Maristes, un petit coin de la France, où quelques colons de nos compatriotes sont aussi venus se grouper. L'animation est grande et la réception toute cordiale. L'évêque des îles des Navigateurs, de passage à la Mission, nous accueille à bras ouverts et nous donne même un spectacle étrange. C'est au moment du coucher du soleil : sur la haute terrasse naturelle d'où la vue s'étend au loin, d'un côté sur la baie lointaine aux formes capricieuses, de l'autre sur les silhouettes de pourpre des Montagnes Bleues, les jeunes Océaniens s'avancent dans le costume de leurs îles, avec la coiffure à plumes et la ceinture aux bandelettes de couleurs variées ; ils exécutent une danse langoureuse sur une cadence bizarre, puis se groupent et s'accroupissent en cercle autour d'un grand vase, supporté par un trépied à dessins fantastiques, et se préparent à faire le « kaava », leur liqueur nationale. Le « kaava » est une racine blanche, à gros nœuds, au goût vif et piquant ; ils la coupent en petits morceaux, la mâchent et la remâchent en en bourrant leur bouche jusqu'à ce qu'il devienne impossible d'y plus rien faire pénétrer. Semblables à des petits amours de pain d'épice, ils ont l'air d'avoir une orange sous chaque joue ; toujours avec un sang-froid indien, ils mâchent leur amalgame salivaire jusqu'à ce qu'il forme une boule bien compacte qu'ils crachent alors *élégamment* dans leur main droite, puis qu'ils portent en cérémonie dans le vase, où l'on a versé un peu d'eau à l'avance.

C'est un moment de joie pour nos marmitons d'Oupolou et de Tongatabou ; ils battent rapidement toutes les boulettes dans l'eau, comme du blanc d'œuf dans une crème fouettée; en quelques minutes la liqueur mousse et devient d'un beau jaune d'or; la jeune troupe nous apporte à chacun une coupe en noix de coco ciselée, toute pleine du breuvage, et..... nous en buvons ! Je croyais prendre une médecine, mais je fus tout étonné d'y trouver un goût piquant et plutôt agréable à la première gorgée ; à la seconde, ça me donna une secousse à faire pousser des cheveux à un chauve, et heureusement j'en profite ! On nous dit que le « kaava » grise et que ce ragoût maigre de carême fait tourner toutes les têtes à Tongatabou ! Soit, mais pour ma part je conseillerais volontiers à l'établissement de faire apprendre la cuisine française aux jeunes catéchumènes, en les exhortant à faire jouer à la mastication préliminaire et aux assaisonnements salivaires un rôle moins prédominant. Je rapporte une racine de « kaava », bonne au moins pour une douzaine de grogs.

Les missionnaires nous donnèrent les détails les plus étonnants sur leur vie dans ces îles sauvages, où une feuille est un vêtement et un poisson un calendrier. En effet, l'année pour eux n'a que six mois, et le jour où elle commence leur est marqué par l'apparition d'un petit poisson, de forme extraordinaire, qu'ils appellent « Pallolo », et qui ne se montre, comme un phénomène bizarre, qu'à intervalles parfaitement réguliers. Ce poisson-chronomètre me trotte bien un peu dans la tête, mais.... c'est monseigneur Elloy, de l'archipel de la Société, qui m'en a raconté l'histoire.

Vivre dans des huttes de feuilles, se nourrir de cocos, de maïs et de petites poules, évangéliser les natures les plus brutes de peuplades toutes nues, voilà la tâche des missionnaires dont le Père Saage nous dépeignait les saisissantes alertes : chaque jour, chéris par une tribu, ils risquent d'être massacrés par la tribu voisine. Mais quelles âmes délicieusement naïves que celles de ces insulaires! C'est là qu'est arrivée cette fameuse histoire d'un missionnaire qui s'efforçait d'abolir la polygamie : au moment de quitter un chef, il lui fait promettre de renvoyer toutes ses femmes et de n'en garder qu'une. Six mois après, il revient, trouve le chef seul avec sa femme légitime, et ne se possède pas de joie d'avoir remporté un si beau triomphe; puis, incidemment dans la conversation, il demande ce qu'étaient devenues les autres femmes... « Mais, je les ai mangées! » repartit ingénument le prosélyte. Triste fin de tendres épouses!

Mais la vie de Sydney nous rappela bien vite l'image de l'Europe, et, à tant de milliers de lieues de Paris, un *quatre à six* aussi élégant, aussi brillant que chez nous, me remplit d'abord d'étonnement.

C'est un beau jour chaque semaine que celui où se tient la cour à « Government House », et où les calèches nombreuses et d'un grand luxe, les équipages les plus riches, avec des valets poudrés, amènent dans les jardins du palais toute la société de Sydney.

Ces jardins occupent un joli promontoire baigné par la mer et, tout resplendissants des fleurs des Tropiques, qui contrastent avec quelques arbres d'Europe, ils font un magnifique effet. Le palais lui-même, construit dans le style gothique, domine la baie comme une citadelle, et ses salons de réception sont dignes d'un roi. Nous avions, dès notre arrivée, été porter à lady Young, qui avait aussi reçu royalement l'infortuné Prince de Condé et qui l'avait, comme une mère, soigné jusqu'à sa mort, l'hommage de toute notre reconnaissance. Presque chaque jour, le matin ou le soir, nous avons été fêtés dans ce palais, où, si pleine de grâce et de cœur, elle réunissait tous ceux qui pouvaient intéresser les trois voyageurs français. Ce qui était ravissant, c'étaient les grandes réceptions de jour, que, malgré la fin de la « saison », elle prolongea en l'honneur du Prince. La musique militaire égayait les jardins, où se trouvaient souvent réunies plus de deux et trois cents personnes. Les jeunes femmes allaient et venaient des salons sur la pelouse, comme dans les matinées du « high-life » de Londres ; elles portaient des toilettes venant directement de chez mesdames Soinard et Barenne de Paris (je crois même avoir entendu prononcer le nom de M. Worth), et formaient la société la plus aimable, la plus gaie, la plus gracieuse qu'on puisse rêver.

Melbourne était la ville de l'or, des clubs, de la démocratie et des grandes affaires; Hobart était une hospitalière « county town »; Sydney, avec tout le cachet « gentleman » de l'Angleterre, avec l'aimable expansion créole, le pittoresque qu'enfantent un ciel presque tropical et des fleurs seules pour nature, Sydney est la ville du « high-life » pleine d'enjouement, de la société aristocratique jouissant de ses richesses et de tous les charmes du monde élégant. Aussi chaque jour c'étaient de nouvelles parties.

Quel contraste entre cette ville de plus de cent mille habitants, avec des théâtres, des bibliothèques, des rues animées, dont quelques-unes, Pitt street et George street, sont ornées de boutiques d'un bout à l'autre et sillonnées sans cesse par des voitures de luxe et des omnibus, quel contraste entre tous les effets brillants d'une civilisation étonnante et l'aspect sauvage de Botany-Bay, où débarquèrent les fondateurs de Sydney!

Nous avons été voir cette baie célèbre. En deux heures à cheval nous y arrivons : des collines de sable la séparent du versant de Port-Jackson : on croirait à une petite langue de désert entre deux oasis de fleurs. Quand le capitaine Cook découvrit, en 1770, les côtes orientales de la Nouvelle-Hollande, il avait marqué son étonnement d'une flore si exubérante, en baptisant cette baie du nom de Botany. Jamais vous ne pourriez vous imaginer, en effet, un parterre naturel plus émaillé des plus délicates et des plus vives couleurs, et cela pendant des lieues ! Des tiges aux panaches écarlate que nos chevaux brisent en galopant, un parfum si fort qu'il porte à la tête et serre les tempes, une forêt magnifique de fleurs, toute variée, toute luxuriante, voilà l'ensemble des bords de la baie. C'est sur un promontoire qu'est élevé le monument de La Pérouse. Une colonne de vingt pieds de haut environ porte sur son chapiteau une sphère de bronze, et sur son socle une inscription :

CE LIEU, VISITÉ PAR M. DE LA PÉROUSE EN 1788,
EST LE DERNIER D'OU IL AIT FAIT PARVENIR DE SES NOUVELLES.

Et plus bas :

MONUMENT ÉLEVÉ AU NOM DE LA FRANCE PAR MM. DE BOUGAINVILLE ET DU CAMPER, COMMANDANTS DE LA FRÉGATE LA THÉTIS ET DE LA CORVETTE L'ESPÉRANCE, MOUILLÉES A PORT-JACKSON EN 1825.

A deux cents mètres environ, dans la direction de la plage, sous de beaux arbres, se trouve la tombe du Père Receveur, physicien de l'expédition de La Pérouse, mort dans la baie pendant le séjour des corvettes françaises. Sur la pierre tumulaire on a gravé l'inscription suivante :

HIC JACET LE RECEVEUR, EX FF. MINORIBUS, GALLIÆ SACERDOS, PHYSICUS IN CIRCUMNAVICATIONE MUNDI, DUCE DE LA PÉROUSE, OBIIT DIE 17 FEB. 1788.

Il paraît que le premier tombeau construit par l'équipage de *l'Astrolabe* avait été détruit par les Naturels ; c'est le Gouverneur Philipp qui fit graver sur une feuille de cuivre l'inscription que je viens de reproduire, et qui la fit clouer au tronc d'un arbre du voisinage : elle a depuis servi à rétablir le monument.

Par une coïncidence curieuse, les deux navires de La Pérouse entraient dans la baie au moment même où la division du Gouverneur Philipp en sortait pour aller s'établir à Port-Jackson. Nous voyons là la première page de l'histoire des colonies australiennes. C'était en mai 1787 qu'était partie d'Angleterre l'escadre des onze navires portant sur un sol dont les contours seuls avaient été découverts par les navigateurs, sur un sol inconnu et habité par les Anthropophages, le premier noyau de populations devenues depuis si florissantes et destinées à former un jour un puissant empire. Sur onze cent dix-huit personnes qu'elle transportait sous le commandement du Gouverneur Philipp, il y avait six cents « convicts » hommes et deux cent cinquante « convicts » femmes ; le reste se composait des officiers et soldats chargés de les garder. Le 18 janvier 1788, au bout de huit mois, l'escadre mouillait à Botany-Bay; sept jours après, le Gouverneur, ayant découvert la baie magnifique de Port-Jackson, y transféra le siége de la colonie naissante.

En moins de quatre-vingts ans, ces premières huttes ont été remplacées par une ville vraiment magnifique, et ce coin d'exil transformé en une colonie de *quatre cent onze mille* habitants, qui a été le berceau des colonies voisines, longtemps ses satellites et ses dépendances; elles forment maintenant un ensemble de *quinze cent mille* Blancs dont le commerce s'élève à plus d'*un milliard cinq cents millions de* francs! La pauvreté et la condition impure des premiers pionniers ont été noyées et refoulées dans l'abîme par le flot régulier et envahisseur d'une immigration pure, laborieuse et honnête, comme l'est une immigration anglaise, qui emporte avec elle ses institutions, sa religion, ses mœurs, sa patrie morale tout entière. Si le bonheur veut que je revienne en Europe, une chose avant tout me sera bien vivement à cœur : ce sera de contribuer à laver la Nouvelle-Galles du Sud de la tache que lui a infligée en Europe son origine impure, tache due à ce que l'histoire n'a enregistré que les années de la déportation. Mais l'ignorance publique, abusée et entretenue par un tel souvenir, n'a pas soulevé le voile lointain du « convictisme », qui a caché désormais pour elle une société saine et vivant de notre vie, une société qui, dès qu'elle s'est sentie assez forte, a rejeté les navires de déportés hors des eaux de son port, et a conquis le terrain pour le triomphe de son commerce, pour la sûreté de sa vie privée, pour l'honnêteté qui fait son fond et qui la rend égale à une ville d'Angleterre; égale, oui, c'est vrai, mais aussi d'autant plus jalouse de son honneur, que l'opinion publique est plus portée à le mettre en doute, et qu'elle a dû lutter pour l'affirmer.

Dans les réceptions si belles du palais et de tous ces châteaux élégants, où des familles de la plus grande honorabilité et souvent de la noblesse anglaise, nous donnaient des fêtes comme j'en ai vu dans la vie de château si renommée d'Angleterre, d'aimables personnes nées et élevées ici, parlant comme nous le français, nous disaient quelquefois : « Nos compatriotes d'Europe nous croient logés » dans des huttes et servis sans doute par des nègres » ou des « convicts »; ils vous supposent armés de » revolvers, pleins de crainte pour votre argent, et » ils savent si peu même ce que sont nos villes, » qu'ils écrivent à M. un tel: *Tasmania in New-* » *Zealand*, ou *Melbourne in New-South-Wales!* » Je comprends que cela les exaspère !

J'ai certes bien couru pendant ces trois semaines, cherchant à me rendre compte de tout, et, malgré tant de charmes, croyant toujours que quelque réminiscence des « convicts » surgirait pour moi dans la succession de spectacles qu'offrent une cité active et ses environs, dans la lecture des journaux nombreux qui se publient chaque matin. Eh bien, toujours j'ai retrouvé les traits saillants d'une société qui a voulu à toute force rester pure de toute tache, et dont la marche énergique a rejeté les premiers « convicts » bien loin dans les îles voisines, dans les forêts de l'intérieur, où, isolés et s'enrichissant à l'écart, ils défrichent les terres et vivent cachés.

Un seul souvenir de l'origine est venu me frapper. Sur un des piliers obscurs des soubassements de la scène au grand théâtre de Victoria, dans Pitt street, était gravé il y a peu de temps encore, m'a-t-on raconté, le prologue de la première pièce qui ait été jouée en Australie. C'était en 1796, huit ans après le débarquement : il n'y avait alors que des « convicts » et la garnison. Le Gouverneur permit aux premiers d'ouvrir un théâtre qui leur rappelât la mère patrie ; et le 16 janvier il y eut, c'est le cas ou jamais de le dire, une *première* à Sydney. Le curieux de la chose, c'est que le prix d'entrée était d'un « shilling » payable au bureau en argent, en farine, en viande ou en vin. Ceci seul dépeindrait toute l'assistance, si le prologue, composé par un poëte improvisé, ancien « pick-pocket » de Londres, n'était en outre d'un caractère unique dans le monde : « Sans beaucoup » d'éclat ni battements de tambour, franchissant les

» mers immenses, nous arrivons de climats loin-
» tains. Vrais patriotes, bien entendu, c'est pour le
» bien de notre patrie que nous avons quitté son
» sol..., et personne ne doutera que notre émigra-
» tion n'ait été trouvée des plus profitables à la na-
» tion anglaise[1].... »

Ce memento de l'an 1796, seule trace, trouvée dans une cave, d'un temps qui n'est plus, trace si opposée à tout cet ensemble aimable et pur du monde de Sydney d'aujourd'hui, m'a saisi comme un contraste qui élargit d'un coup la pensée : c'est une fidèle reproduction de la vérité. Ce qui reste du « convict » est dans la cave, dans l'obscurité, caché aux

---

[1] From distant climes, o'er wide spread seas we come
Though not with much eclat or beat of drum;
True patriots all, for be it understood,
We left our country for our country's good :
No private views disgraced our generous zeal,
What urged our travels, was our country's weal;
And none will doubt but our emigration
Has proved most useful to the british nation.
But, you inquire, what could our breasts inflame
With this new passion for theatric fame ;
What in the practice of our former days,
Could shape our talents to exhibit plays?
Your patience, Sirs, some observations made ,
You'll grant us equal to the scenic trade.
   He, who to midnight ladders is no stranger,
You'll own will make an admirable Ranger.
..... And sure in Filch I shall be quite at home.
..... Some true bred Falstaff we may hope to start.
The scene to vary, we shall try in time

regards de tous, dans des endroits où personne ne va! C'est en dessous de la scène, et de plus la toile a été baissée. Mais elle se lève, et toutes les loges, toutes les stalles sont remplies, sous un lustre éblouissant, de cette société anglaise, élégante et riche, instruite et heureuse! Des officiers, des cadets de grandes familles, des lords, des magistrats et des grands propriétaires qui ont aimé cette terre, qui y ont établi leur « home » et fait leur position politique, qui préfèrent leur vie de château et l'espace de leurs domaines à la vie plus étroite d'Angleterre, mais qui *tous* sont arrivés ici avec un nom aussi pur que le veut l'honneur britannique, et ce n'est pas peu dire :

> To treat you with a little pantomime.
> Here light and easy Columbines are found,
> And well-tried Harlequins with us abound
> From durance vile, our precious selves to keep,
> We often had recourse to th' flying leap :
> To a black face have sometimes owed escape,
> And Hounslow Heath has proved the worth of crape.
>   But how, you ask, can we e'er hope to soar
> Above these scenes, and rise to tragic lore?
> *Too oft, alas!* we 've forced th'unwilling tear,
> And petrified the heart with real fear!
> Macbeth, a harvest of applause will reap,
> For some of us, I fear, have murdered sleep.
> His lady too, with grace will sleep and talk,
> Our females have been used at night to walk.
>   Grant us your favor, put us to the test
> To gain your smiles we'll do our very best;
> And without dread of future Turnkey Lockets,
> Thus, in an honest way, still *pick* your *pockets!*

voilà l'assistance, voilà le Sydney actuel! Eh bien, pour beaucoup d'esprits en Europe, et pour moi tout le premier avant mon départ, je tiens à l'avouer, le voile de l'ignorance m'avait borné l'horizon aux dates de la déportation : je n'avais entendu parler que de l'obscurité de la cave. Maintenant j'ai vu de mes propres yeux combien le petit nombre de colons de l'époque première s'est effacé presque sous terre, comme la lie sous une eau limpide, pour laisser la place à plus de quatre cent mille honnêtes gens qui ont apporté ici, avec leur honorabilité, leur fortune ou l'énergie qui la crée ; de là ce grand spectacle qui se déroule pour nous dans toute sa beauté, en pleine lumière et en pleine liberté! Je ne serai heureux que si j'ai pu remplir mon devoir, et rendre hommage à la société de Sydney qu'on ne connaît pas, et pour laquelle on est, chez nous, injuste sans le vouloir.

Des bienfaits de cet ordre moral découle tout naturellement la prospérité matérielle de la colonie : le mouvement y est immense. Chaque jour, huit et dix vapeurs entrent dans la grande baie ou en sortent; de demi-heure en demi-heure les « ferry-boats » à vapeur sillonnent les petites baies qui séparent la capitale des faubourgs; les quais sont bordés d'une quadruple rangée de navires, souvent de quinze à dix-huit cents tonneaux; les banques, les hôpitaux, les écoles, les églises (dont une cathédrale vraiment superbe) sont multipliés avec cette prodigalité de la race anglaise qui ne recule devant aucun sacrifice. Quatre millions ont été donnés, moitié par les « voluntary contributions » de la munificence privée, moitié par l'État, pour la construction du collège catholique de Saint-Jean, qui est grandiose, et celle de l'Université anglicane, dont le « Hall » rappelle celui de Westminster. Plus de trente-quatre mille enfants, dans les écoles primaires nationales et dans les établissements supérieurs, reçoivent dans la colonie une instruction qui coûte à l'État 1,600,000 francs par an. Ceci n'est qu'un exemple : les principaux personnages nous ont fait voir chaque jour plusieurs de ces beaux établissements; et quand nous sortions attristés de la vue de quelques amputations dans les hôpitaux, pour entrer dans quelque collège, dont les amphithéâtres et les bancs usés me rappelaient ma vie d'il y a deux ans, les « cheers » joyeux de sept cents élèves, pour lesquels le Prince obtenait du recteur un jour de congé, me donnaient envie de prendre aussi mes ébats !

Un moment nous avons voulu déballer nos fusils et faire de nouveau une pointe dans l'intérieur; mais comme on nous conseillait de parcourir précisément le Sud, vers le Murray où nous avions déjà été, en traversant la colonie de Victoria tout entière, et où nous n'aurions vu que mêmes moutons, mêmes « stations » et mêmes kanguroos, nous avons sans peine renoncé à cette idée, et préféré prendre un bon à-compte de vie civilisée, avant la jongle de Java et l'existence sûrement aventureuse de la Chine et du Japon.

Un jour, après un bal charmant en ville, dès quatre heures et demie du matin, M. Martin, le premier ministre, nous emmène dans le « State-wagon » d'un train spécial, sur la ligne qui monte jusqu'aux Montagnes Bleues. Pendant la première heure, les cultures seules d'un pays plat s'étendent à perte de vue sur notre passage. « Il faudrait deux fois plus de bras pour l'agriculture, nous disait-on partout, car, tout compte fait, nous devons importer pour 7 millions de francs de céréales; la colonie donne cent soixante-trois litres et demi de blé par habitant, et la consommation moyenne est de deux cent cinquante-quatre litres et demi. » Mais comme ce sol nourrit des troupeaux de moutons, dont la laine seule exportée rapporte plus de 28 millions de francs par an, ne doit-on pas s'estimer encore cent fois dans les heureux? On a à peine créé; et produire pour consommer, c'est chose banale : produire pour exporter des milliards, tandis que nos colonies souhaitent seulement de se suffire à elles-mêmes, voilà le beau rêve de l'Australie, qui devient vite réalité! — Ce n'était pas assez de voir, dans toute cette longue plaine, les locomotives sur plusieurs voies ferrées refouler au loin les tribus aborigènes; les Montagnes Bleues leur restaient comme refuge; nous voici à leur pied, on les franchira. Au bas de cette chaîne serpente le Warragamba ou Nepean, fleuve profond et large, coulant à pleins bords. M. Martin avait envoyé à l'avance un canot avec six hommes de la marine royale; nous remontons rapidement le fleuve. D'abord nous pouvons nous croire sur l'Escaut, tant les rives sont basses et le pays plat; une longue plantation d'orangers vient faire diversion et nous rappelle les rivières de l'Italie; puis, presque sans transition, nous passons de la plaine à une gorge profonde qui s'enfonce sur une largeur de deux cent vingt mètres, que l'eau remplit tout entière, dans les premières ramifications des Montagnes Bleues; c'est une vallée du Rhin, c'est un site sombre et austère.

La montagne a été déchirée en deux parties par quelque révolution souterraine : la coupure a cinq cents pieds de hauteur et les inflexions de la crête ancienne se correspondent sur les sommets qui nous dominent à droite et à gauche; il y a des roches qui ne semblent plus tenir qu'à un fil, et cela fait frémir. Des éboulements récents ont arraché des arbres en certains endroits, et leurs troncs enlacés de plantes grimpantes, suspendus par les racines, semblent pendre comme des grappes aux roches, dont les interstices sont de vrais paradis d'orchidées. Jamais je n'en ai vu tant de variétés bizarres, se mariant entre elles depuis la cime de la montagne jusqu'à la surface de cette eau bleue, dont elles recouvrent les bords comme un berceau naturel de lianes.

C'est là un site rare, mais d'autant plus frappant en cette Australie, dont le véritable caractère est une plaine de gazon sans limites. Vers midi, après quatre heures de cette navigation pittoresque, où d'autres troncs d'arbres, entraînés par le courant, nous venaient choquer quelquefois, on fit cuire un déjeuner sur une roche, et il y avait heureusement autre chose que des orchidées; les matelots ne sont guère embarrassés pour devenir bûcherons et cuisiniers; ils auraient presque mis le feu à la forêt! Le courant nous ramena rapidement à notre point de départ, Penrith, qui était jusqu'aujourd'hui le « terminus » de la voie ferrée.

Là, un second train spécial amène le Gouverneur et lady Young avec une quarantaine de dames et demoiselles de la société de Sydney; on vient inaugurer le pont de fer (200 mètres et trois piles) jeté sur la rivière, et la ligne qui escalade les Montagnes Bleues pour relier Bathurst à Sydney. Escalader est le mot, car nous voyons une série de viaducs en zigzag, bâtis en solide maçonnerie, et de rampes taillées dans la corniche, s'élevant par degrés jusqu'au point culminant de la première montagne qui

nous fait face, c'est dire à trois mille sept cent
soixante-quinze pieds au-dessus de nous. La pente
est de trois mètres sur cent[1]; et la moyenne
de la dépense, de 187,500 francs par kilomètre.
Rien de charmant comme de monter ainsi jusqu'au sommet, sur un trajet de cent douze kilomètres, en fort gaie et élégante compagnie d'abord,
et ensuite d'une manière tout étrange. La ligne
ferrée ne peut contourner les mamelons et profiter
des inflexions des cols; elle attaque le flanc de la
montagne par des rampes et des lacets, en s'y ap-
pliquant comme à une échelle; nous montons « machine en avant » pendant un kilomètre, on s'arrête
une seconde sur une corniche d'échappement; grâce
à un changement d'aiguilles, et faisant « machine
en arrière », nous montons en sens inverse pendant
une distance égale; ainsi de suite, nous voyons
bientôt, en nous penchant en avant, la série des
corniches superposées par lesquelles nous avons
passé et se coupant toutes obliquement à un angle
de quatre degrés. Nous nous étions élevés par des
viaducs, de deux en deux parallèles à eux-mêmes,
et dont le point extrême du troisième, par exemple,
était à quatre-vingt-dix mètres plus haut que la
naissance du premier. Nous étions au sommet, dominant à une distance immense toute une plaine de

---

[1] Par moments même d'un trentième.

culture qui se perdait dans un lointain horizon. Dans quelques mois, la ligne sera faite jusqu'à Bathurst; le travail sera plus facile.

Quel peuple pourtant que ce peuple anglais! Malgré une chaîne de montagnes qui commence par un flanc abrupte de trois mille sept cent soixante-quinze pieds, ils ont une ville de quatre mille âmes qu'ils veulent relier à Sydney, et vite voilà un chemin de fer, des travaux d'art, de grandes dépenses, ils n'hésitent pas! C'est à ce prix que cette ville deviendra, en dix ans, un centre de vingt mille habitants et que toute une contrée nouvelle, improductive jusqu'à présent, s'ouvrira pour plusieurs millions de moutons. Et pourtant il faut qu'ils fassent venir leur fer d'Angleterre!

Nous revenons comme la nuit tombe à Sydney, tout joyeux d'avoir vu tant de choses en vingt-quatre heures, et ayant fait près de deux cents kilomètres, en outre des « lunchs » et des danses inséparables de toute inauguration anglaise.

Le samedi et le dimanche qui suivent, nous allons à Manley-Beach et à Watson's-Bay : ici est le phare de l'entrée de Port-Jackson; la grande mer rugit au pied de la roche noire qui surplombe sur elle, et du sommet de laquelle la vue s'étend au loin : elle a trois cent cinquante pieds de haut, et forme une voûte qui nous empêche de voir sa naissance et donne le vertige. C'est là qu'a eu lieu récemment un affreux naufrage, celui du *Dunbar*, qui manqua la passe et qui, en se brisant, fut englouti dans l'abîme : trois cent quarante personnes périrent ; deux des officiers qui nous accompagnaient avaient été spectateurs, hélas! impuissants, du sinistre, et avaient vu tous ces malheureux, après trois mois de mer, se noyer en luttant contre des vagues qui les frappaient contre les roches à pic et ensevelissaient leurs cadavres dans le gouffre !

Manley-Beach, au contraire, est une baie située sur la côte Nord de l'entrée et séparée de l'Océan par une étroite langue de terre. Rien de riant comme ses bois pittoresques et ses jardins naturels de fleurs. C'est là qu'une dizaine de vapeurs, chargés à couler bas, conduisent le dimanche tout le bon peuple de Sydney : les pique-nique, les fêtes sur l'herbe, les danses, les jeux y abondent. Vous voyez qu'on secoue gaiement ici le rigide ennui qu'engendre d'ordonnance pareil jour en Angleterre; il faut une heure et demie pour ramener à la ville les joyeux promeneurs.

Un « brick-fielder », ouragan du Sud-Ouest, vient accidenter notre retour. D'épais nuages de sable jaune, tout opaques, obscurcissent le ciel et s'effondrent sur nous; avant de recevoir un seul grêlon, nous avons un pouce de poussière sur le pont et plus d'un grain dans les yeux. Puis, avec la grêle, la brise fouette si fort la surface de l'eau, qu'une nappe d'écume blanche la couvre sans que les vagues aient le temps de se former. Si l'on ne carguait pas lestement partout, la mâture serait vite en bas!

Une fois, quelques jeunes gens frétèrent un steamer pour nous faire voir tous les coins ravissants de cette baie, qu'on sillonnerait un an sans en connaître les anses les plus féeriques. On se jeta à l'eau par-dessus bord, et l'on tira la senne, qui contenait — rien du tout au premier coup, deux cents poissons au second; — et tous les rires, toutes les farces de pareille baignade ne se firent pas attendre avec de si « jolly fellows ».

Une autre fois, un joli yacht armé en cotre, où nous étions dix-sept, jeunes filles et jeunes gens, nous mena avec belle brise de la baie de «Woolloomoolloo » jusqu'à l'un des méandres sauvages de la rivière de Paramatta. Le canot remonta un cours d'eau sous les lianes : une grotte sombre est là, fermée seulement par quelques planches. Sur le seuil de cette demeure primitive, deux vieux Irlandais, un octogénaire et sa femme, fument paisiblement leur pipe, entourés de leurs pourceaux. O Philémon et Baucis! Il y a quarante ans qu'ils vivent là, cachés comme de vrais sauvages, loin de tout sentier, de toute habitation. Est-ce là le spectacle qu'on devrait attendre dans le pays des mines d'or?

Nous avions avec nous le brave Dalley, le conteur

par excellence, le dessinateur et le rieur du *Punch and Charivari* de Sydney. Car il y a aussi un *Punch* ici, tout spirituel comme celui de Londres. La verve ne put tarir, malgré une rafale qui inclina le cotre d'une manière effrayante, sans que cela effarouchât les « misses », et qui le fit danser d'une belle manière au milieu des lames. Mais danser à terre les amusait plus ; car tout cela, c'était notre vie du dehors, notre vie d'excursions, qui nous arrachait aux charmes de la vie mondaine de Sydney. On nous pressait toujours d'y revenir, et l'on ne se fatiguait pas de nous fêter. Chaque soir c'était un bal, où nous retrouvions avec joie la société la plus brillante : il durait bien avant dans la nuit, et l'honneur m'échut même d'y mener un cotillon. Un Parisien ne mène pas tous les jours un cotillon aux Antipodes !

Mais, dans le jour, tant de personnes aimables nous réunissaient tous, aux jeux de la campagne, dans les beaux jardins qui dominent la baie et qui sont des merveilles ! Chez lady Manning, des terrasses couvertes de fleurs, échelonnées par gradins comme le sont les maisons dans l'amphithéâtre que forme la ville de Gênes, donnaient vue de bien haut sur les baies riantes de Sydney-Cove, Farm-Cove et Woolloomoolloo. Les vagues venaient mourir sur les parterres du Parc botanique, dont aucun de nos officiers de marine n'a sûrement oublié les massifs et les délicieuses promenades.

Plus loin, une anse tout entière, Elizabeth-Bay, forme presque un lac, et tous ses bords verdoyants font un seul jardin. C'est là qu'est, dans une situation unique comme beauté, le château de madame Susannah Macleay : des bambous, des palmiers majestueux s'y mêlent aux fougères-arbres et aux bois naturels de lis, hauts de quinze et vingt pieds, portant au sommet de leur tige élégante des bouquets panachés écarlate et bleu de ciel; c'est le plus féerique jardin de la plus charmante et de la plus gracieuse des châtelaines!

Puis il y avait encore un cottage français où les heures s'écoulaient pour nous bien douces, dans la causerie de ses habitants pleins de savoir et de cœur!

15 *octobre*. — Mais, avant de quitter la colonie, une course historique et curieuse nous prend la journée. Nous allons avec le Gouverneur à vingt lieues de Sydney, à Camden, la terre de MM. Mac Arthur. Leur père est celui qui, avant tous, a deviné que l'Australie, au lieu de rester le dernier des pénitenciers pour les échappés du gibet, devait devenir une terre anglaise et libre, appelée à jouer un grand rôle dans l'équilibre du monde par ses richesses naturelles et par un commerce qu'il fut le premier à créer.

Les prairies de Camden sont remplies de troupeaux et les coteaux de vignobles, d'où viennent, par parenthèse, les meilleurs vins « de Bourgogne » de l'Australie. Par une échappée de vue, les deux vieillards nous montrèrent la vallée où l'on retrouva, après cinq ans, les premiers bestiaux qui avaient été importés en Australie avec les « convicts » en 1788. Il paraît qu'au moment du débarquement, on avait mangé presque toutes les bêtes vivantes de l'expédition. Une vingtaine s'étaient échappées, et, jusqu'en 1793, personne n'avait pu les revoir. C'est là même que Mac Arthur surprit le troupeau qui en était issu, et qui, devenu sauvage, courait les prés et défiait les flèches des Aborigènes; ceux-ci, qui avaient goûté souvent les côtelettes humaines, voulaient leur comparer un haricot de mouton,

J'étais avide d'entendre les récits des fils de celui que les Australiens appellent à juste titre « le fondateur de leur prospérité ». A peine âgé de vingt ans, le capitaine Mac Arthur faisait partie du corps d'officiers chargés, en 1788, de commander les troupes du « Penal Settlement » de Botany-Bay. Abordant avec les « convicts », témoin de toutes les péripéties du premier établissement et des premiers labeurs qui ont ouvert ces plages lointaines à la civilisation, il songea tout d'abord à l'élevage des troupeaux, à l'exportation des laines. C'était hardi pour un homme qui voyait les peuplades noires vivre autour de lui de meurtre et de pillage, et qui ne pouvait encore s'appuyer que sur des criminels bannis et débarquant sans ressources. La distance qui le séparait des pays où il devait chercher les animaux reproducteurs, le manque presque absolu de communications pour leur renvoyer les produits annuels, semblaient à d'autres des obstacles insurmontables. Mais, dès 1797, il put faire venir du Cap de Bonne-Espérance *cinq* brebis et *trois* béliers de la race mérinos ; il les croisa avec une *dizaine* de brebis du Bengale, qu'il obtint en même temps : une race, dont la toison était riche et le tempérament fait au climat australien, en fut le fruit. Les progrès rapides, la réussite prodigieuse de ce modeste troupeau, encouragent Mac Arthur. En 1803 il vient en Angleterre : convertir « la terre du suicide », comme on appelait alors l'Australie, en une colonie commerçante, — voilà son but.

« Vous parlez de nous donner de quoi suffire seulement à une misérable existence de prisonniers, disait-il aux lords du Conseil privé ; croyez-moi, je vous donnerai plus de laine sur le marché de Londres, qu'il n'en faudra pour la consommation de l'Angleterre tout entière. » Et comme les lords le traitaient d'utopiste.... « Je dis plus, ajouta-t-il, l'Australie, avec son océan de pâturages, vous enverra plus de laine que tous les troupeaux de l'Europe et de l'Asie. » Et, pour assurer un si bel avenir, il demandait seulement au gouvernement quatre ou cinq vaisseaux entièrement chargés de brebis. Mais, comme tous les grands innovateurs, il fut reçu par le comité avec un sourire de dédain. Seul lord Camden lui donna quelques bonnes paroles encourageantes, et obtint pour lui de George III, à titre d'obole de courtoisie, *une* brebis et *neuf* béliers de son troupeau modèle de Kew. Il paraît qu'à cette époque les souverains raffolaient des rustiques fermes-modèles, et que les conseils privés n'étaient pas des plus clairvoyants. Rebuté par l'État, incompris par tous, le jeune officier fréta à lui seul un navire, et emporta à Sydney, outre le cadeau de la munificence royale, quatre cents brebis saxonnes de la plus pure race, achetées à ses frais. « C'est dans ces prés qui vous entourent à perte de vue, nous disaient MM. Mac Arthur, que notre père vit prospérer les troupeaux que lui seul avait importés, et sur lesquels il fondait un si grand espoir; s'il lui avait été donné d'atteindre quatre-vingt-dix-sept ans, il aurait vu le développement, unique dans le monde, d'une richesse dont il avait créé les modestes commencements; il aurait vu ce que vous voyez non-seulement dans notre colonie, mais dans toutes celles dont elle a été le berceau, qu'elle a nourries dans leur enfance, et qui lui ont successivement demandé, comme à une seconde mère patrie, leurs premiers troupeaux. »

Ce que nous voyons, en effet, ce sont huit millions

de moutons dans la Nouvelle-Galles du Sud, près de neuf millions en Victoria, un million et demi en Tasmanie, six millions dans l'Australie méridionale et autant dans la Terre de la Reine! C'est un total de *trente millions et demi* de moutons, représentant 457,500,000 francs, et donnant, par an, une exportation de 152,500,000 livres de laine, d'une valeur de 290,000,000 de francs!

Quand, en regard de ces chiffres, on songe que c'est seulement en 1823 que se vendirent, pour 2,200 francs, sur le marché de Londres, *douze* balles de laine qui étaient la première exportation de l'Australie, n'est-on pas saisi d'étonnement? Voilà une œuvre anglaise! voilà une œuvre de bien peu d'années : avant dix ans, elle sera doublée. Que sera-t-elle dans un siècle, puisque les « squatters » n'occupent encore que le littoral d'un continent presque aussi grand que l'Europe?

Le gouvernement de la colonie s'est montré reconnaissant envers l'homme énergique qui a tant fait pour elle. Un espace immense de prairies, dans lequel un département français danserait à l'aise, est devenu son bien. Le moins âgé de ses deux fils nous a fait faire une grande course dans ses domaines : des étalons et des poulinières pur-sang y folâtraient d'un côté; de l'autre, c'étaient des bœufs par milliers, et des moutons par dix mille!

Mais, au milieu de cette véritable exposition

d'animaux de race européenne, un seul échantillon indigène fait tout à coup son apparition dans l'herbe. C'est un affreux serpent gris et marron, long d'environ deux mètres : nous le tuons avec enthousiasme, et vite un Noir l'enroule sur une grosse branche, et le porte en triomphe. C'est, paraît-il, un des plus venimeux de ces parages. Il y a un mois, un des bergers de la « station » est mort, en trois heures, de la morsure de pareille bête. Un autre berger vient d'être mordu aux reins : notre hôte, passant par là, n'a pas hésité ; il lui a fait dans la chair, avec son couteau, un trou où l'on fourrait le poing, puis l'a brûlé avec un fer rouge, et l'a arrosé avec une liqueur faite d'herbes du pays. Je m'imagine que je pourrais bien faire dix fois le tour du monde avant de trouver quelqu'un qui n'ait pas l'horreur innée des serpents !

C'est comme l'horreur des «convicts», tout le monde l'a; on les déteste ! « Et pourtant, nous disait l'un de nos hôtes, nous les avons vus à l'œuvre, quand il n'y avait pas encore dans la colonie d'autres hommes libres que les officiers et la garnison. Jamais nos portes n'étaient fermées, — il est vrai que les serrures étaient chose inconnue, — jamais ils ne nous ont volés. Défricher les bois, construire des quais et tracer des routes, tels étaient leurs travaux. Quand les immigrants libres arrivèrent en foule, on les leur donna comme ouvriers et comme serviteurs, et beaucoup, par leur bonne conduite, recouvrèrent pardon et liberté. Jamais la moyenne des crimes ici n'a égalé celle des crimes en Angleterre. » — Telle a été la grande et incontestable utilité des déportés : ils ont été les pionniers involontaires dont les premiers coups de pioche ont ouvert une carrière toute pleine de trésors. On n'aurait jamais trouvé un millier d'hommes libres pour aborder sur les écueils de Botany-Bay; on en trouva trois cent mille pour débarquer sur les quais de Sydney.

L'élément « convict » a été une nécessité dans la fondation, à une époque où l'horreur publique pour ces pays était égale à la publique ignorance; mais ce temps une fois passé, son influence pernicieuse ne pouvait être combattue que par la transformation graduelle du mode de gouvernement, à mesure qu'une immigration libre transformait la condition morale des gouvernés. Ce qui a fait la fortune admirable de la Nouvelle-Galles du Sud, c'est la dose de liberté dans l'administration de ses affaires, qu'augmentait l'arrivée de chaque navire d'immigrants, c'est le « self-government », l'élection libre, la participation de tous à la vie politique. Si on avait maintenu pour la « colonie » le système autoritaire du « pénitencier », ce ne sont pas des villes de plus de cent mille âmes, des parlements issus du suffrage populaire, une presse libre, des chemins de fer, un commerce de plus d'un milliard, en un mot une civilisation européenne et libérale, dont nous aurions eu le multiple spectacle en Australie. Nous aurions trouvé sur le sol de la Nouvelle-Hollande des casernes et des prisons, les décrets indiscutables d'un Gouverneur omnipotent, le silence approbateur d'un conseil « pour la forme », des expéditions héroïques sans résultat, un monopole sur tout, des règlements sur tout, et un gendarme pour deux colons !

C'eût été, du reste, à peu près un exemple de notre système colonial, dans le genre de celui de la Nouvelle-Calédonie, qui semble prendre ce dernier chemin. J'aurais voulu la voir, mais aucun navire de commerce ne s'y rendit pendant mon séjour; il n'est donc qu'une seule chose que je sache *de visu* sur notre colonie : c'est le tableau de ses relations commerciales avec Sydney, publié ici dans les statistiques du ministère. Les exportations de Sydney pour Nouméa ont été, en 1865, de 983,000 francs, tandis que Nouméa, en retour, n'a exporté que 49,000 francs. La différence est donc de 934,000 francs en faveur de la Nouvelle-Galles du Sud.

Pourtant, par ses immenses ressources naturelles, sa nature tropicale, sa position commerciale, comme cette belle île pourrait vite devenir une magnifique colonie ! nous disent ici ceux qui l'ont visitée. Située sous la même latitude que Bourbon, ayant un sol

17.

d'une étonnante fertilité qui donne, comme à Bourbon, sucre, café, épices, elle n'a pas besoin, pour faire fortune, d'envoyer ses produits, par le cap Horn, à l'Europe distante de six mille lieues; elle est à quatre jours de Sydney, à dix de Melbourne; elle a ce bonheur unique pour une colonie tropicale, d'avoir *son Europe* à sa porte, et elle pourrait y écouler sûrement tous ses produits! La nature trop sèche du sol australien se refuse à la culture du sucre et du café; cette population de plus d'un million et demi de Blancs, établie et opulente, au lieu de faire chercher en trois mois, à Maurice ou à Java, les produits tropicaux qui lui sont nécessaires, n'aura qu'à étendre la main et nous laissera des millions chaque année, dans cette île admirablement choisie comme stratégie commerciale. — Je voudrais espérer pour elle cette prospérité.

Mais, pour le quart d'heure, il paraît que c'est un vaisseau à trois ponts, commandé au sifflet du contre-maître : les colons y sont traités en passagers pékins qui gênent la manœuvre des « ouvriers de la transportation ». Au moment du fléau récent de Bourbon, douze colons sont venus en députation chercher le moyen de s'y établir; la richesse du sol les tentait. Un despotisme militaire marié à une centralisation de bagne leur a fait voir qu'ils seraient de trop, et ils sont repartis pour leur île natale.

Mais aussi, officiellement, n'est-ce pas avant tout

une délicieuse position que l'on a préférée pour un pénitencier? Les déportés tentent-ils de s'échapper par mer, leurs frêles embarcations sont brisées sur les récifs de coraux! Veulent-ils forcer par terre le cordon militaire qui les garde, ils tombent dans les montagnes entre les mains des Canaques, qui les rôtissent immédiatement et les croquent à belles dents! Et puis, c'était une si belle occasion de faire, à trois reprises, l'essai d'un *phalanstère,* de surprendre tout d'un coup le monde par la mise en pratique de cette originale théorie! Le malheur est qu'après des scènes du plus haut comique, et quoique les cargaisons de *vertueuses* orphelines arrivassent plus nombreuses qu'elles n'étaient annoncées de France, le phalanstère rêvé a mal tourné! Le plus clair des importations françaises, c'est de l'absinthe; et le plus saillant des exportations, ce sont des papiers timbrés et des rapports militaires. Mais si nous n'avons qu'environ dix-sept cents hommes libres là où les Anglais en auraient déjà dix-sept mille, et si une subvention de 300,000 francs dépasse encore, de près des deux tiers, les ressources propres à la colonie, dont le fonds est pourtant si riche; si nous savons occuper, fortifier, clôturer, verbaliser et inspecter, plutôt que coloniser, nous avons toujours la gloire des armes. A Sydney, on comble de louanges les neuf cents hommes de notre garnison calédonienne, et cet hommage mérité fait toujours battre notre cœur d'une grande joie.

Toutes deux nées à un grand intervalle de temps, non pas sous la même étoile, mais dans la même obscurité, la Nouvelle-Calédonie et la Nouvelle-Galles du Sud semblent placées face à face pour faire ressortir davantage, d'une part l'état d'enfance où est la première, de l'autre le magnifique développement de prospérité qu'a atteint la seconde, et que je souhaite de tout mon cœur à sa sœur puînée, dans un même temps d'existence et dans les mêmes proportions.

Le tableau est brillant pour la colonie anglaise en 1865 : 411,388 habitants possèdent 8,132,511 moutons, 1,961,905 bêtes à cornes et 282,587 chevaux; les dépenses de l'État s'élèvent à 43,912,275 francs, et les recettes à 53,930,825 francs, dont l'excédant amortit rapidement la dette, qui est encore pourtant de 143,725,000 francs; 1,912 navires jaugeant 635,888 tonneaux entrent dans ses ports; son commerce général est de 304,980,600 francs; la viande est à six sous la livre, et la moyenne des salaires des ouvriers de 12 fr. 50 c. par jour.

La constitution de la Nouvelle-Galles du Sud ne ressemble ni à celle de Victoria, ni à celle de Tasmanie. L'« Assembly », composée de soixante-dix membres, est nommée périodiquement par le « Residential suffrage », c'est-à-dire par tous les citoyens inscrits comme résidents : c'est la Chambre des députés. La « Législative » est nommée à vie par le Gouverneur, en conseil des ministres responsables, c'est la Chambre des pairs. Dans ce gouvernement constitutionnel, la main habile et aimée par tous de sir John Young a su maintenir tendue, sans qu'elle se rompît, la corde entre l'élément conservateur et l'élément libéral, vaincus ou triomphants tour à tour dans le jeu des institutions parlementaires. Les affaires sont toujours entre les mains de gens supérieurs, et quand ce n'est pas M. Martin qui les dirige, c'est M. Cowper, suivant les courants de l'opinion publique qui juge, et de l'élection qui sanctionne.

Quoique la société de Sydney, capitale d'une colonie surtout pastorale, où une aristocratie puissante se tient en dehors du commerce, soit une société ancienne, en comparaison de celle de Melbourne, que nivelèrent sa naissance dans la fièvre de l'or et le caractère éminemment commercial de tous ses habitants, la vie politique y est également animée et y passionne tout autant les esprits.

Pour tous ces hommes que nous avons vus, ici est leur patrie, dont ils sont amoureux, comme le sculpteur l'est de la statue qu'il exécute; ici est leur arène où les élections les élèvent, où ils luttent pour leurs principes et où ils augmentent de leurs propres mains leur prospérité. Plus assise que Victoria, mais moins libérale, plus lente, mais moins fiévreuse, plus semblable à l'Angleterre, tandis que sa voisine se rapproche plus de l'Amérique, — la Nouvelle-Galles du Sud m'a paru le fleuron le mieux monté et le plus solide de la couronne brillante des colonies britanniques; en soixante-dix-sept ans, elle a montré ce que peuvent, malgré les plus grands obstacles, l'autonomie, l'énergie et le libéralisme.

XIII.

CÔTE ORIENTALE D'AUSTRALIE.

Une occasion unique pour franchir le détroit de Torrès : *le Hero*. — Newcastle et ses charbons. — Brisbane et les renards volants. — La Terre de la Reine, colonie naissante. — Un récit des sacrifices humains de Dahomey. — Une cité âgée de deux ans. — Les feux des Cannibales. — Les îles de corail. — Où *le Hero* faillit sombrer.

17 *octobre*. — Le moment du départ est arrivé! Nous comptions rester six semaines en Australie, nous en avons passé quatorze, retenus en tous points par un intérêt toujours croissant et une hospitalité de toutes les heures. Au lieu de suivre la route banale de la malle anglaise par Melbourne, le Port du Roi-George et Ceylan, une occasion s'est tout à coup offerte : le Gouvernement envoie un vapeur à Batavia, par le détroit de Torrès, afin de tenter d'établir des communications commerciales entre les colonies australiennes et les possessions hollandaises.

Le Hero a été choisi pour cette périlleuse mission. L'attrait de naviguer pendant douze cents milles entre les récifs de la mer de Corail, de franchir la passe réputée la plus dangereuse du monde, ne nous laisse pas hésiter un instant, malgré les craintes et les instances de tous ceux qui s'intéressent à nous.

Au point du jour, nous sommes à bord : je ne connais rien de comparable au désordre, à l'animation et au tapage qui précèdent le départ d'un paquebot, pour une traversée qu'on présume devoir être d'un mois. Tous les matelots sont gris, c'est la règle; les fournisseurs de vivres sont en retard, c'est commun à tous les climats. Les grues à vapeur nous font descendre sur la tête tonneaux de porc salé, moutons en vie, vaches qui beuglent. Ficelés chacun dans une forte sangle, dix chevaux pur-sang gigotent en décrivant une parabole à la hauteur des hunes, et, à peine sur le pont, ils piaffent, glissent, roulent effrayés au milieu des matelots qui ont encore plus peur; des bandes de cochons affolés font des charges de la dunette au gaillard d'avant, en nous perçant les oreilles de leurs cris stridents. Charbon et légumes frais sur un navire peint à neuf, tout est pêle-mêle, tout le monde s'égosille, et une ménagerie de cacatois vient donner la plus haute note! On ne les embarque heureusement qu'à la dernière minute. Puis nous larguons les amarres, l'hélice nous pousse hardiment en avant, et nous nous élançons, comme une flèche rapide, à travers cette baie qui nous paraît encore plus belle que jamais....

Le bruit du bord n'arrivait plus jusqu'à moi ; penché sur la dunette, j'étais en pensée sur la terre ferme, et je regrettais avec émotion cette ville aimable, où l'on nous avait dit si souvent : « Vous reviendrez un jour. » Tous ces lieux qui nous avaient tant charmés, se déroulaient de nouveau à nos yeux en un même spectacle : c'étaient et Macquarie's Chair, et Woolloomoolloo, et Elizabeth-Bay; et je me disais que le véritable Éden de l'Australie n'est pas à Twofold, ni sous le cap Oomooroomoon, mais il est bien là !

> .... Le bonheur reste au gîte,
> Le souvenir part avec moi.

Et peu à peu les dernières habitations, éclairées par le soleil levant, s'effacent sous les dômes de fleurs, et sont tout à coup masquées par les roches où *le Dunbar* s'est perdu.

Vers le soir, nous serrons la côte de près : elle est brûlée, sablonneuse et monotone ; nous entrons dans le port de Newcastle. L'entrée est semée de bancs, agitée par des courants rapides, en un mot très-dangereuse. Nous voyons au milieu des récifs les hauts mâts du steamer *Cowarra*, qui s'y est perdu depuis notre arrivée en Australie. C'est à cinq cents mètres de terre, et, chose affreuse! sur deux cent soixante-quinze passagers, un seul, un jeune homme de vingt ans, est parvenu à se sauver, en se cramponnant à une bouée.

Nous sommes venus ici pour chercher les onze cents tonnes de charbon que doivent engloutir les fourneaux du *Hero* pendant son voyage. Newcastle est le grand, mais le seul marché de charbon colonial en Australie : nous tenions beaucoup à en visiter les mines, qui, avec un si immense mouvement industriel, valent cent fois des mines d'or.

18 *octobre*. — Les directeurs nous conduisent à cheval à la mine de Waratah : deux galeries, de huit cents mètres chacune, pénètrent horizontalement dans le flanc de la montagne qui est tout entière un énorme bloc de charbon; là prend naissance une veine dont on ne peut préciser la fin, et qui, large de plusieurs kilomètres, épaisse de quatre mètres, s'enfonce dans la direction sud, avec une inclinaison de cinq mètres sur trois cents. La Waratah emploie deux cent cinquante ouvriers payés à raison de 4 fr. 40 c. la tonne : ils extraient une moyenne de trois mille cinq cents tonnes par semaine, qui reviennent sur place à 10 fr. 35 c. Cette mine, qui n'a besoin ni de creuser des puits, ni d'employer des machines, mais qui trouve la matière à la surface, est la plus privilégiée. Elle nuit fort à ses concurrentes, que grèvent les foncements profonds, et qui pourtant doivent vendre au même prix qu'elle. Plus loin, nous visitons le « Bore-Hole », où nous descendons à trois cents pieds sous terre : c'est une manière comme une autre de nous rapprocher de l'Europe, et de voir combien une mine de charbon est incomparablement plus propre qu'une mine d'or. Le Bore-

Hole appartient à une grande compagnie, « l'Australian agricultural », qui fait de tout, du charbon, du cheval, des choux, des bœufs et des moutons. Le gouvernement lui a donné, en pur don, 2 millions d'hectares ; elle en a acheté 800,000 autres pour une somme de 20 millions de francs ; elle a près de 200,000 moutons, 20,000 bœufs et 500 hommes à gages, bergers et mineurs qu'elle paye 1,750,000 fr. C'est là un exemple du « squattage » par association, qui est assez commun en Australie. Les actionnaires ne vendraient pas pour un empire ; ils espèrent chacun leur petit million avec impatience, et nous disent qu'ils n'ont plus longtemps à attendre : heureux financiers, dont le sort doit faire envie aux amateurs confiants de l'emprunt mexicain !

19 *octobre*. — Le gros ventre du *Hero* a absorbé ses onze cents tonnes de charbon : nous aurons été pour un vingt-cinquième dans l'exportation hebdomadaire de Newcastle, ville bien faite, du reste, par son aspect sombre, pour contraster avec Sydney : après les palais d'une fée, nous avons vu le ramoneur. Notre navire est un ancien « blockade-runner », construit à Glasgow pendant la dernière guerre d'Amérique, pour forcer le blocus des ports confédérés ; c'est dire qu'il est très-bas sur l'eau, entièrement en fer, et effilé comme une pirogue. Il a 235 pieds de long, une machine de 250 chevaux,

42 hommes d'équipage, et jauge 1,200 tonneaux, ce qui depuis aujourd'hui ne lui donne, comme vous le voyez, guère de place pour les marchandises. C'est un ballon d'essai que lance l'Australie afin d'ouvrir la route : les navires marchands bien chargés le suivront, s'il réussit.

22 octobre. — Nous sommes sortis des eaux de la Nouvelle-Galles du Sud, pour entrer dans celles de la « Terre de la Reine ». Quant aux eaux du ciel, je croirais qu'elles veulent nous noyer à bord : un grain terrible, une vraie trombe a tout cassé dans notre barque. L'orage, chargé de nuages froids et venant du Sud, est remonté très-vite contre la brise basse et chaude du Nord ; il y a eu un instant équilibre et lutte au-dessus de nos têtes, puis les deux électricités se sont combinées, tout s'est rompu, les vapeurs condensées se sont précipitées sous forme de grêlons gros comme des œufs de pigeon, et le baromètre est monté d'un quart de pouce en une minute et demie ; la danse générale de tous nos instruments, qui pirouettaient, était à l'avenant. Tout le monde s'est réfugié dans l'entre-pont : plusieurs geais et perroquets de la ménagerie ont été tués roides, par les ricochets des grêlons dans leurs cages couvertes ; les chiens, contusionnés à vif, hurlaient de douleur.

La panique a été courte mais inouïe. En outre du tonnerre, la mer s'en est mêlée : elle nous a si bien secoués, que tout l'échafaudage qui protégeait les chevaux attachés sur le pont est démoli soudain : vergues et mâts de fortune qui le formaient s'écroulent; les pauvres bêtes descendent la garde comme des capucins de carte; les uns sur le flanc, les autres les quatre fers en l'air, sont culbutés par les lames, et plus ils tentent de se relever sur le pont glissant, plus ils retombent et se blessent. Il faut être de bonne trempe pour garder son sang-froid en pareille bousculade : d'un bras de fer et d'une voix tonnante, Logan, notre capitaine, était admirable. Ayant quelque habitude du danger, nous lui prêtions main-forte de notre mieux. Le pont ressemblait tout à fait à ces battues d'Afrique, où les gros animaux sauvages sont poussés au galop, entre deux haies, jusque dans une fosse, où ils s'empilent comme des alouettes dans un pâté. Un cheval est déjà mort et lancé à la mer, deux autres se préparent au même plongeon.

Hélas! rien de tout cela n'a pu laver le cloaque le plus épouvantable que j'aie jamais vu, et qui n'est autre chose que notre cuisine : deux charcutiers mulâtres, crasseux et huileux, ne versent à poignées que le poivre rouge et les clous de girofle; et l'eau pour nous désaltérer est gluante et chaude! En voyage, c'est de tout cela qu'il faut rire, pour soutenir le moral, lorsque le physique est en souffrance.

Mais nous voici sous le vent de l'île Moreton ; nous filons nos lourdes ancres dans la baie, et un petit vapeur venant de Brisbane nous accoste. L'aide de camp du Gouverneur, sir George Bowen, apporte au Prince une aimable lettre qui l'engage à toucher terre ; pendant deux heures, nous remontons les bords plats et marécageux du Brisbane River ; on s'arrête un moment pour prendre trois grosses tortues jaunes, longues d'environ un mètre et demi : une fois à bord et sur le dos, les pauvres bêtes agitent convulsivement et en vain leurs pattes aplaties, et montrent en même temps leur crâne dénudé où roulent deux grands yeux avec une expression d'agacement évident. Quelle bonne soupe elles vont nous faire !

Nous passons toute la soirée à « Government House » : nous sommes près du Tropique et la chaleur est grande ; les jardins sont étranges. L'apparition d'un animal nouveau vient interrompre un instant notre causerie ; c'est le « flying fox », sorte d'écureuil marron dont les pattes, en s'étendant, déploient entre elles un tissu transparent et membraneux, qui fait parachute et qui lui sert d'ailes comme pour voler d'un arbre à l'autre, à des distances de cent et cent cinquante mètres. Je ne sais pas quel nom latin ou grec la science lui a donné, mais je l'appellerais volontiers l'écureuil chauve-souris. C'est charmant de les voir s'élancer du faîte d'un haut sapin, et se soutenir en l'air avec la rapidité d'un dard, pour descendre diagonalement de l'autre côté de la prairie sur des arbres de vingt ou trente pieds : quand la brise les porte, ils vont très-loin, semblables à ces feuilles d'automne qui voltigent inanimées, à de grandes distances d'un arbre élevé.

Il y a là quelques « bounyas » ; c'est l'arbre sacré des Noirs de ces contrées. Pin vigoureux, à la construction bizarre, mais régulière comme l'araucaria, il atteint bien vite une imposante hauteur. Son fruit, du genre ananas, mûrit seulement tous les trois ans ; les Sauvages se réunissent par tribus pour l'aller cueillir dans certains bois qu'ils vénèrent. Chose curieuse, depuis l'établissement des Blancs, l'odeur des troupeaux, le voisinage des maisons font mourir rapidement ces arbres ; et maintenant les Noirs, en allant récolter ses fruits, chantent, paraît-il, sur une triste cadence, que lorsque « la dernière bounyana mûrira sur le dernier survivant des forêts de bounyas et tombera à terre, le dernier Noir rendra son âme aux étoiles. »

C'est en effet un triste spectacle que de voir cette race s'éteindre si vite : une grande mélancolie s'est emparée de toutes les peuplades du Sud ; elles se voient mourir chaque jour. Pauvre race, naïve et sauvage, qui n'a pris de la civilisation que ce qui pouvait lui nuire : les excès de la boisson et les maladies nouvelles, qui la détruisent comme la gelée tue les mouches. Depuis quatre-vingts ans qu'elle est en contact avec l'industrie des Blancs, elle n'a pas eu une seule fois l'énergie de se mettre à l'œuvre, de travailler à l'exemple des envahisseurs, de tirer de la même terre les mêmes profits qu'eux! Non, se vautrer sur le sable pendant des jours et des nuits, chasser l'opossum avec des piques en arêtes de poisson, en manger pour quatre jours et dormir après au soleil, dans la crasse putride et la paresse du boa qui digère, voilà la vie de cette race qui semble maudite! On a eu beau élever des enfants noirs, leur apprendre des métiers, leur faire gagner des salaires élevés; à vingt ou vingt-cinq ans, ils se sont échappés des villes vers les bois, pour reprendre le cours d'une misérable existence. Bien mieux, il y en a un, d'une remarquable intelligence, qu'on a élevé à Melbourne, qui s'est pris de passion pour les machines et l'industrie : il avait presque des manières d'Européen; il savait un peu de mathématiques et pouvait résoudre une équation du second degré; on l'a envoyé passer deux ans en Angleterre, on l'a présenté à la Reine et comblé de gracieusetés. Eh bien, maintenant, courez les bords sauvages du Murrumbidgee ou de l'Ulla-Dulla, et vous le trouverez tout nu, au milieu de tribus hideuses, vivant d'opossum, incapable de travail, aussi brute, aussi misérable que ses frères. On dirait vraiment qu'un mauvais génie veut les laisser spectateurs impassibles et ignorants de toutes les merveilles que les Blancs accomplissent sur leur sol!

23 *octobre*. — Dès le matin, nous allions rejoindre en rade notre *Hero*; avant d'arriver au quai, j'ai regardé tout autour de moi : je sentais quelque chose d'étrange. Je ne connais rien de bizarre comme une ville naissante : il y a ici des édifices publics qui sont de vrais palais, et pourtant ceci n'est qu'un grand village; les rues sont tracées, mais c'est presque au milieu d'une forêt de cèdres rouges, de tulipiers, de bois de fer! Au bout d'une rue qui compte trois ou quatre coquettes boutiques de nouveautés, est un précipice ou un torrent; plus loin, j'ai vu écrit sur une bâtisse : « Trésor public », et il n'y avait alentour que les tentes des immigrants arrivés depuis quelques jours.

C'est qu'en effet Brisbane est une colonie qui sort de terre : son territoire, le « Queen's Land », comprend toute la partie Nord-Est du continent austral, et son étendue est égale à trois fois celle de la France. Il y a quarante-deux ans que le premier Européen entra dans Moreton-Bay; ce devint vite un des districts pastoraux de la Nouvelle-Galles du Sud : en 1859, il y avait à peu près vingt mille habitants; ils souffraient de l'éloignement du siége du Gouvernement; le district devint à cette date colonie indépendante.

Singulière chose que ce besoin inné d'indépendance, d'initiative et d'aventure, de ces rassemblements d'hommes, qui ne craignent pas de faire banqueroute en perdant la protection d'un État anciennement établi, et qui veulent courir la chance de surpasser, grâce à leur autonomie, la prospérité de leurs voisins! C'est qu'on ne mesure bien que sur place le remède au mal, l'encouragement véritable au travail, les sources naturelles de la prospérité dont un sol est capable. Ils ont voulu avoir, et ils ont en effet, une Chambre nommée par le suffrage de tous, des ministres responsables : tout un gouvernement à eux. Ils ont voulu marcher à pas de géant, et débuter par les bienfaits comme par les dépenses de l'immigration. Voilà déjà au nombre de quatre-vingt-dix mille les membres de cette colonie, née en 1859 : ils comptent dans leurs pâturages 6 millions de moutons, 900,000 bêtes à cornes, 50,000 chevaux; ils exportent déjà pour 37,500,000 francs par an; ils ont des mines de cuivre; on vient de découvrir des mines d'or : les Darling-Downs ont une terre végétale que l'on compare à celle d'Angleterre. Aussi un flot de capitalistes et de « squatters » des autres colonies a inondé ce pays presque sauvage. Ces messieurs à cent cinquante mille moutons se trouvaient à l'étroit dans les « runs » du Sud, et, poussés par l'esprit d'aventure, ils se sont hardiment répandus dans l'intérieur, pour avoir encore les coudées plus franches.

Les immigrants reçoivent en débarquant un « non transferable land order » qui leur donne le droit de choisir un rectangle de terrain de soixante hectares. En outre, à raison de 12 fr. 50 c: l'hectare, le gouvernement leur en loue tant qu'ils en veulent ; et, pour des baux de quatorze ans, il donne au même prix un mille carré ! Les mines et les moutons, voilà décidément l'alpha et l'oméga de toute l'Australie.

Il est vrai que les coffres du Trésor brillent par leur légèreté ! Ainsi l'ont voulu des excès, des abus d'énergie, des transports gratuits d'immigrants et des créations de chemins de fer, de ports, de télégraphes. Mais dans un pays où en dix ans la dette ne portera plus sur quatre-vingt-dix mille habitants, mais sur cinq cent mille, où la valeur de milliers de kilomètres carrés passe en deux ans de zéro à 600 francs, on ne s'effraye pas d'une dette de 20,775,000 francs, née avec la colonie.

Ce premier embarras, dont souffre aujourd'hui la Terre de la Reine, des gens qui n'ont pas trente ans l'ont vu en Victoria, en Nouvelle-Zélande, et ce sont maintenant des colonies merveilleusement prospères. Comme Melbourne, Brisbane a eu ses émeutes ; mais si le sang n'a pas coulé, ce n'est pas grâce au déploiement de la force armée : s'il n'y a que *sept* soldats en Tasmanie, il y en a *seize* seulement à Brisbane! Maintenant, tout est dans l'ordre, et si cette terre sort de sa crise financière, si elle ne succombe pas la première dans la guerre de tarifs qui commence entre les colonies australiennes, ce sera un exemple des plus frappants des difficultés que rencontre une création lointaine, mais aussi de la rapidité et de la confiance avec lesquelles elle peut les vaincre, et s'élever, du jour au lendemain, du néant à la prospérité.

Dans dix ans peut-être ce pays-ci sera-t-il déjà un grand État! Je serai alors heureux de me rappeler d'avoir vu sa capitale à l'état de grand village, ses habitants sous la tente, son enfance en danger. J'aurai vu le fondement d'un empire, et tout ce que, sous l'aile de la liberté, peut tenter et exécuter, sur une terre sauvage, la puissance humaine. Mais je n'ai vu qu'un ensemble d'une ville qui se forme : les détails n'ont pu m'apparaître dans un temps si court. Seule, la conversation du Gouverneur et de quelques « squatters » m'a appris ce que je vous donne, et, pendant que j'écris, *le Hero* déjà file ses dix nœuds vers le Nord, en serrant la côte que nous ne devons plus perdre de vue d'ici à longtemps.

25 *octobre*. — C'est un véritable bonheur, un repos nécessaire, qu'une navigation après trois mois d'une vie surmenée! Rien alors ne nous paraît si bon que de reprendre nos paisibles promenades

sur la dunette, de respirer librement la fraîche brise et de recueillir, comme dans un rêve, tous nos souvenirs. Je ris quelquefois de bon cœur en entendant les récits du docteur du bord, embarqué sur *le Hero* le lendemain du jour où il arrivait d'Irlande en Australie, sur un navire où il avait la haute et agréable surveillance de cinq cent cinquante jeunes vierges de la verte Érin, envoyées par une société d'encouragement pour l'amélioration des races dans la Terre de la Reine. Le voyage avait duré cent quatorze jours : je laisse à penser si les donzelles doivent danser sur la terre ferme pour le moment !

Nous avons un compagnon bien aimable dans M. Van Delden, président de la chambre de commerce de Batavia, qui est venu étudier les colonies australiennes, et chercher précisément à nouer ces relations commerciales dont *le Hero* est l'avant-coureur.

A la nuit, les cuisiniers prennent leurs harmonicas, et, au bruit d'une mélodie irlandaise qui agace même les mouettes, tout l'équipage danse gaiement la gigue à l'arrière du navire. Les heures d'une nuit étoilée, sur une mer d'azur, sont des heures de douce causerie, et je me promène longuement sur le pont en questionnant avidement un des hommes les plus intéressants que j'aie rencontrés, et qui ne sera malheureusement notre compagnon que

18.

pendant cinq jours encore. C'est M. Haran, chirurgien de la marine royale, qui se rend au « poste de sauvetage » du détroit de Torrès, où il vit avec quelques soldats au milieu des Cannibales : sa femme y est devenue folle, et ses deux fils y sont morts d'insolation!

Ce bon docteur a été partout et a voyagé dans les pays les plus inconnus. Depuis vingt-huit ans qu'il court les mers, il a eu la chance de visiter toutes les côtes orientales et occidentales de l'Amérique, de l'Afrique, et les deux tiers de l'Océanie. C'est lui qui accompagna, en 1862, le commodore anglais Eardley-Wilmot, sur *le Rattlesnake*, quand celui-ci fut chargé par la reine Victoria de porter des présents au roi de Dahomey (côte Ouest d'Afrique, 3° latitude Nord), et de le supplier de renoncer à ses trop fameux sacrifices humains et à la vente de ses nègres aux pirates. Ces trois hommes, le commodore, le docteur Haran et un autre officier de marine, débarquèrent seuls, sans armes, et s'avancèrent hardiment, au milieu de ces populations cannibales, vers les palais de Dahomey, si renommés pour leurs colonnes construites de crânes humains. Le roi vint au-devant d'eux, suivi d'une armée de cinq mille amazones, gaillardement armées en guerre. Il les reçut avec pompe, les présenta à tout son peuple assemblé, et les garda hospitalièrement pendant sept semaines. Mais il leur fallut s'exposer aux spectacles les plus étranges : trois ou quatre fois pendant le premier mois, cinq têtes furent tranchées sur le passage du prince, pour appeler sur lui les bénédictions de la Divinité. Un jour, il y eut un sacrifice solennel : une longue procession s'engouffra dans une tour, et, sur le sommet, furent décapités d'abord cent poulets, puis des cochons, des dindons, des moutons, des bœufs, enfin soixante hommes et soixante femmes. C'était une grande réjouissance pour le peuple, qui célébrait sa victoire sur une tribu vaincue, toujours pour la plus grande gloire de la Divinité et la prospérité de la dynastie. Le roi voulait convaincre les envoyés britanniques de la légalité de ses sacrifices humains, en leur montrant les transports joyeux des spectateurs, « et un souverain, leur dit-il, qui ne ferait pas couper les têtes à une partie des ennemis qu'il a défaits, serait détrôné; car le peuple de Dahomey veut que son prince soit fidèle à la religion de ses ancêtres et sacrifie plusieurs fois par mois. » Toutes les raisons d'humanité une fois épuisées, le commodore proposa une indemnité d'argent très-considérable. « Des dollars, jamais! répondit le roi : votre reine ne saurait m'en donner assez. Songez que je vends chaque Noir prisonnier trois cents francs aux pirates portugais, qui sont les bienvenus chez moi. Restons amis, mais chacun selon sa religion et ses mœurs. » Et sur ce, il les mena à un festin, où ses chambellans à peau noire se passaient gaiement les vins épais de ces contrées dans des coupes blanches et polies, qui n'étaient autre chose que des crânes d'hommes. Puis les convives s'arrachaient de jolies tranches de jambons humains, mêlés aux herbes aromatiques. « Je n'ai jamais eu si peur de ma vie, me disait le docteur, car nous avons énergiquement refusé de tout et nous jouions là notre vie : heureusement nous avions réservé pour ce moment une distribution de chapeaux galonnés à hauts panaches, de fusils et de montres, qui nous fit pardonner de n'avoir pas mangé de l'homme. » On s'arracha les panaches, et les seigneurs noirs, tout nus, firent un effet admirablement comique sous leurs coiffures d'officiers d'état-major, sous le chapeau à « plumes de poisson », comme disent les marins. Les devins, jetant en l'air des petits cubes d'ébène, disent chaque matin au roi ce qu'il doit faire dans sa journée ! Les Anglais durent rejoindre la frégate sans avoir rien obtenu de ce qu'ils demandaient : le roi les congédia très-poliment en alléguant toujours *des motifs d'un ordre supérieur*, et crut les consoler en leur donnant à chacun de belles défenses d'éléphant, des cornes de rhinocéros et deux femmes de son harem. J'admire le courage de ces hommes, et j'aurais donné tout au monde pour faire cette belle équipée.

Ce récit est de l'exactitude la plus scrupuleuse, car Fauvel avait rencontré à Rio, l'an dernier, l'illustre

Burton qui, chargé, deux ans plus tard, de la même mission, lui en avait fait mot pour mot le même récit.

26 *octobre*. — La brume est venue mettre obstacle à la rapidité de notre route; nous avons passé toute une journée à nous écarquiller les yeux pour découvrir Lady-Elliot-Island, qui devait déterminer notre position; car le point estimé était trop incertain avec des courants d'une impétuosité incroyable; enfin nous l'avons trouvée. Puis hier nous passions le Tropique du Capricorne au lever du soleil; la houle est tombée : les iles innombrables de corail nous tiennent à l'abri; des nuées d'oiseaux blancs les annoncent de loin. Nous passons Peak-Island, haute roche percée d'un trou ovale en son milieu, dans la direction N.-O.-S.-E. C'est une retraite des pélicans et des tortues, un point bizarre et invraisemblable. De là nous suivons un long chenal entre la côte du continent et les iles désertes K. 11, 12, 13 et M., aussi sauvages que leurs noms sont peu pittoresques, et nous voici dans la rade de Bowen. *Le Hero* a cela d'excellent qu'on l'arrête un peu où l'on veut : un temps superbe, une baie riante qui s'ouvre dans la déchirure de bois de pins, nous tentent, et sautant dans la baleinière, nous allons à terre voir le dernier village de l'Australie orientale.

L'arrivée de notre navire, que nous annonçons par le bruit du canon, est un événement pour une population qui a rarement, dans une année, l'occasion de voir un vapeur. Nous sommes tout étonnés de tomber dans une république allemande : des Prussiens, moins brillants que ceux de Sadowa, tout heureux de la nouvelle des victoires du fusil à aiguille que nous leur apprenons, des Badois que n'agitent plus les émotions de la roulette, construisent leurs huttes de bois dans cette cité tropicale âgée de deux ans, où les points de repère sont une église et sept cabarets ; où mille habitants, à peine débarqués, luttent contre les serpents et les Naturels, contre un soleil de feu et des forêts vierges.

Voilà l'Australie comme on se la figure tout entière en Europe : voilà des colons à l'œuvre, des immigrants pauvres sous la tente ! Voilà bien les malheureux de nos pays venus s'exiler sur ces terres lointaines, pour trouver leur pain ! C'est la misère et le désespoir qui les ont fait partir, et les voilà dans leur premier étonnement de se trouver isolés sur un sol où tout est nouveau pour eux ; là, le colon n'a rien à espérer, sinon de son énergie, et il doit tout tenter, pour tout créer. Un brave paysan prussien, qui pleurait de joie en nous entendant parler sa langue, clôturait le champ voisin de sa cabane, et ne quittait pas de l'œil un maigre troupeau de quarante brebis ; nous lui disions que nous avions vu, dans le Sud, des soixante mille moutons errant sans barrières. Alors, donnant un plus violent coup de hache dans le bambou qu'il abattait : « Avant de mourir, nous répondit-il, je puis donc espérer de contempler heureuse et prospère toute cette petite troupe d'enfants ! Les premiers sont nés en ma chère Allemagne ; celui-ci en mer, presque dans les glaces ; celui-là, sous le Tropique ! Ils sont pâles et en guenilles ! Je gagnerai pour eux un « run » florissant, avec des milliers de bœufs ou de moutons ; ils deviendront riches et heureux : Oh ! Gott sei dank ». Pour prendre courage, qu'ils imitent leurs prédécesseurs en Victoria et dans la Nouvelle-Galles du Sud, leurs contemporains dans la Nouvelle-Zélande !

Nous avons parcouru la campagne qui entoure le « settlement » : des serpents qui fuient dans les herbes, des groupes lointains de Naturels qui nous évitent toujours, mais qui ne manquent jamais de leurs dards les troupeaux du voisinage, voilà ce que nous avons vu ; il fait bon d'être armé. Tout Bowen est en émoi, parce que deux naufragés ont été pris sur une grève non éloignée, et, quand on est arrivé pour les secourir, la tribu était déjà en train de les manger à belles dents.

Nous sommes sous les Tropiques, c'est dire que les moustiques les plus tenaces et les plus cuisants nous affolent, en même temps qu'une soif affreuse nous ferait donner une année d'existence pour un verre d'eau fraîche. Je comprends maintenant, après notre excursion dans les lianes, que les excellents habitants de Bowen consomment pour 250,000 fr. de boisson par an!

Vous croirez que c'est une illusion, mais j'ai positivement senti la choucroute, et entendu une délicieuse symphonie à Bowen. Chaque peuple emporte toujours avec soi les traits distinctifs de sa vie matérielle et de sa vie morale. Les Allemands émigrent généralement mariés et sans esprit de retour, traînant avec eux toute une escouade d'enfants qu'ils arrachent à la mendicité et aux douleurs de la misère; la politique les occupe peu, et, dès que leur colonie prospère, ils fondent un orphéon à gros instruments de cuivre, et cette institution suffit à leur bonheur : les échos de la forêt vierge répètent les accents de Beethoven et de Meyerbeer.

Le Français émigre plus souvent après un coup de tête; il fait, avec une souplesse inouïe, un peu tous les métiers : nous l'avons vu maître de danse, acteur, confiseur, et surtout pâtissier! Il n'a qu'une idée, faire bien vite fortune, trop vite quelquefois, et revenir sur le boulevard, pour la dépenser joyeusement. Il est tellement attaché au sol, et surtout au pavé natal, il aime tellement sa patrie, qu'il est comme une abeille qui voltige de fleur en fleur, pour prendre à chacune un atome de suc nouveau, et revenir à la ruche ; il est si léger et si amateur du bourdonnement de Paris !

Mais, pour la race britannique, émigrer c'est créer un « home » nouveau ; sa première fondation est un parlement ; les clochers de ses églises, signes d'une installation durable, s'élèvent rapidement sur le sol que foulaient, un instant auparavant, les races païennes : il y a dans les colons qui débarquent l'étoffe d'un « speaker », de ministres, de publicistes. Vêtus selon la « fashion » de Londres, ils vivent dans le « comfort » du « club » et du « cottage » ; la colonie devient vite une prospère et libérale Angleterre...

Quand nous sautons du sable du rivage dans notre baleinière, *le Hero* n'est plus en vue ; le jusant l'a fait déraper de la rade, et un promontoire nous cache ses feux : la nuit est belle et fraîche ; la houle de l'Est nous balance au milieu des flots phosphorescents, agités par les avirons qui laissent retomber chaque fois des gouttelettes de lumière ; on respire avec bonheur. Nous ramons tous pour franchir les huit milles (quatorze kilomètres) qui nous séparent encore de notre navire. Pas un souffle, pas un bruit ! Notre attention est captivée par les grands feux des Cannibales accourus sur la côte au bruit du canon : une longue lueur rougeâtre dessine la crête des falaises.

28 *octobre*.— Notre chenal se resserre de plus en plus entre les récifs de coraux et le continent.

A gauche, la côte est brûlée et semble déserte le jour; à droite, un éternel chapelet d'îlots plats et verdoyants se déroule à nos yeux. Quelle formation curieuse et intéressante que celle de toutes ces îles de corail! Les branches de l'animal-arbre, prenant naissance au fond de la mer, s'enlacent et se tordent entre elles comme les lianes d'une forêt; d'un tronc unique s'échappent mille rameaux gonflés de molécules pierreuses et vivantes : cette forêt sous-marine s'élève, elle atteint bientôt de ses branchages multiples la surface des lames; le soleil et l'air les tuent à leur extrémité; les algues marines, qui flottent à fleur d'eau, s'enchevêtrent dans ce sommet mourant d'un arbre vivace, un tissu se trame : c'est un barrage sur lequel s'accumulent les herbes et les bois errants; un sol moitié sable, moitié terreau, en est formé, et l'île couverte d'arbustes verts semble une large oasis flottante, tout épanouie et reposant sur le tronc d'un seul arbre de pierre. Nos heures s'écoulent sur la passerelle à suivre attentivement tous nos méandres dans ce dédale périlleux : tant que ces îles sont assez visibles pour que nous puissions les relever, la navigation n'est que palpitante et animée par d'habiles manœuvres; mais, avant d'atteindre la forme d'une île, ces massifs de coraux sont cachés; souvent ils s'élèvent jusqu'à un mètre au-dessous de la surface des eaux. Que de dangers!

Nous avons toujours deux hommes sur les barres

de cacatois pour avoir l'œil ouvert sur les récifs : beaucoup sont marqués sur la carte ; nous devinons les autres à la couleur de la mer qui les recouvre : ils la rendent d'un vert plus clair, mais il faut du « look-out » !

Depuis notre départ de Newcastle, Logan n'a pas un instant quitté la passerelle : il y prend ses repas, et ses yeux inquiets ont une animation fébrile. Vers six heures et demie du soir, nous filions nos onze nœuds, toutes voiles dessus, avec une fraîche brise de Sud-Est, dans le chenal qui borde la longue muraille de coraux entrecoupés ; nous devions passer à bâbord des îles Howick. Mais le soleil couchant sur l'horizon d'une mer de marbre la rendait semblable à un miroir qui reflète une lumière éclatante ; il était impossible de fixer le regard à l'avant, et cela nous a donné une petite émotion : l'occasion la plus affreuse de « faire le trou dans l'eau. » Le malheur a voulu que, dans cet éblouissement général, le timonier gouvernât d'un quart trop au Nord. Tout d'un coup la vigie, perchée au haut du grand mât, pousse un cri d'effroi : « Les écueils devant ! » Nous sommes déjà par le travers de l'île n° 1, et nous apercevons alors, mais à grand'peine encore, deux bancs de corail à fleur d'eau, à quatre cents mètres devant nous ; nous gouvernions droit dessus ! Avec notre vitesse et notre élan, en trois minutes de plus le tour aurait été joué ; nous aurions frappé avec une effroyable impétuosité contre le roc, et notre coque de fer se serait ouverte en deux pour couler à pic. Il est déjà trop tard pour prendre encore notre gauche par un violent coup de barre : nous virons à droite, rasons *à quelques mètres* le bord du récif, retournons en arrière le long des îles n° 2 et n° 3, et décrivons en un mot un cercle complet qui nous remet enfin dans la bonne voie, à la gauche du groupe Howick. Le moment d'angoisse avait duré deux minutes, et la manœuvre entière une demi-heure. Comme de juste, quelques capons ont pâli et perdu la tête, au moment où il fallait de l'énergie. Dans ce virement subit, cap pour cap, qui nous a mis la brise sur le nez, le petit hunier s'est cassé comme une allumette, et le reste de la voilure a battu avec fracas contre le gréement; la secousse a été affreuse, mais nous sommes hors d'affaire. Vogue la galère, petit bonhomme vit encore !

Ici la navigation serait trop dangereuse de nuit ; à la tombée du jour, nous mouillons abrités par un croissant régulier de récifs qui s'avancent en estacade, comme des aiguilles hautes d'un mètre environ. Nous nous mettons vite à pêcher : un énorme requin vient se prendre à nos lignes; pendant près d'une heure, il se démène sous les sabords de l'arrière, comme une chaloupe vivante à la remorque du navire. Long de seize pieds, rond et plein, vigoureux et féroce, ce diable des mers a l'aspect le plus effrayant. C'est une chose fort curieuse que de voir nager autour de lui ces petits poissons rayés de blanc et de noir qu'on appelle « les pilotes »; deux d'entre eux se tiennent contre son immense mâchoire à quatre rangées de dents, et les autres contre sa dorsale : il semble que, véritables « chiens d'aveugle » du monstre, ils ne le quittent jamais et le guident dans toutes ses manœuvres. Singulière association entre le très-grand et le très-petit habitant des mers ! Enfin, après une vigoureuse lutte, nous le hissons à bord par un « cartahu »; il donne d'immenses coups de queue : on l'assomme, on l'ouvre : il a dans le corps trois petits requins. Ces monstrueuses bêtes avalent un poisson comme une pilule, car un des mangés est encore tout vivant, tout frétillant; nous le mettons dans la grande poêle à frire, en le baptisant du nom de Jonas : c'est exécrable à manger.

XIV.

LES CANNIBALES ET LE DÉTROIT DE TORRÈS.

Navigation dangereuse. — Débarquement dans une île déserte. — L'oiseau constructeur. — Le poste de sauvetage. — Échanges curieux avec une tribu. — Les restes d'un repas de Cannibales. — Un tueur de Noirs. — Les navires naufragés sur le corail. — Un rocher-boîte aux lettres. — Adieu à l'Australie. — Le feu à bord. — Les chaleurs de la mer d'Arafoura et la nature luxuriante de l'archipel malai.

29 *octobre*. — Nous doublons le cap Melville, et glissons, comme une salamandre, entre les coraux rouges et blancs. Souvent, à cinq mètres de profondeur, tout près de nous, nous apercevons la forêt aquatique ; nous jetons la sonde toutes les trois minutes, un courant de douze milles à l'heure nous emporte. Le cap est curieux, c'est une pyramide de boulets de pierre ronds et brillants, que le jeu de la nature a entassés de la façon la plus extraordinaire ; des langues de corail blanc qui ne dépassent la nappe de l'eau que de quelques centimètres, sont couvertes de pélicans et de frégates. Un coup de vent violent s'élève, et nous entendons le roulement sourd et périodique des vagues de l'Océan Pacifique se brisant sur la face orientale de la barrière de

coraux, longue de quatre cents lieues, qui nous en sépare. Nous trouvons un bon mouillage vers le soir sous le vent d'une des îles Claremont, marquée n° 10 sur la carte; la nuit est noire et orageuse.

Comme chaque soir, depuis notre départ de Bowen, toutes les crêtes des montagnes du continent sont éclairées par les feux des Cannibales; nous sommes assez près pour distinguer cinq feux sur chaque sommet : c'est un signal qui se propage de promontoire en promontoire vers le Nord. Les côtes que nous laissons derrière nous restent obscures; l'arrivée du *Démon de feu* et de la chair fraîche qu'il porte est ainsi annoncée à toutes les tribus de la côte, dans cette partie où elles ont victorieusement repoussé l'invasion des Blancs. C'est un spectacle qui a je ne sais quoi de farouche et d'imposant; le vent qui gronde attise tous les tourbillons de flammes, et projette dans l'obscurité les lueurs rougeâtres qui se dessinent sur les cimes rocheuses. Un moment, nous distinguons les silhouettes de groupes d'hommes qui apportent des amas d'herbes, dont la flamme, tout à coup plus haute, double et triple la lueur du brasier. Le docteur Haran me dit qu'en sa solitaire station du cap York, quand de loin en loin un voilier apparaît dans les parages de Bowen, les feux des Naturels le lui annoncent en moins de trois nuits, et il y a pourtant plus de trois cent cinquante lieues. C'est leur télégraphe de nuit pour se communiquer l'espoir d'un bon déjeuner! Avec notre hélice, tant que nous ne nous briserons pas contre un roc et que notre machine ne se cassera pas (ce qui est moins facile à éviter), nous ne craignons guère les Anthropophages : nous avons aujourd'hui, par un bon jet de vapeur lancé dans le sifflet, mis en fuite une vingtaine de pirogues qui se dirigeaient sur nous. Mais, si notre machine s'avariait, et si, pris en calme, nous étions entraînés à la dérive par les courants, notre position serait peu enviable. Tout est prévu : nos hommes ont fourbi les haches et les vieux sabres du bord; les canots de sauvetage sont parés et chacun est muni de huit fusils, d'un baril d'eau-de-vie, de cartes, d'instruments, puis de viande salée, de biscuit et d'eau douce pour dix jours. Logan a désigné ceux qui prendraient place dans sa chaloupe; un second capitaine, que le gouvernement a mis sur *le Hero* en cas de maladie ou de mort du premier dans une attaque, aurait le commandement de la seconde embarcation; les deux officiers subalternes du bord dirigeraient les autres.

30 *octobre*. — Passe des îles du Poivre. — Ici est le « canal providentiel », passage tout étroit entre deux bancs et des roches, où Cook (1770) eut la chance d'entrer sans talonner, comme par miracle, en venant de la haute mer. Là, à droite et à

gauche, sont marquées sur la carte ces notes consolantes : récifs du naufrage du *Sir Campbell,* de *l'Aurora,* en 1843, du *Fergusson,* de *la Martha-Ridgway;* et à chaque instant « corail de position incertaine, rocs à un mètre sous l'eau, bancs de sable mouvant ». Nos relèvements, nouveaux à chaque instant, donnent pour nous à cette navigation un intérêt immense, et nos cartes vous montrent tous nos zigzags et toutes nos alertes.

Dès quatre heures nous jetons l'ancre, n'étant pas certains de trouver plus loin un ancrage sûr. Nous sommes sous le vent de l'île Cairncross. Quoique la mer soit fort agitée, nous prenons un canot pour aller explorer l'île, qui semble déserte : munis de hautes bottes contre les serpents, de plomb pour les oiseaux, de balles pour les Cannibales, s'il y en a et s'ils nous attaquent, nous abordons en nous jetant au milieu des récifs, avec de l'eau jusqu'à la ceinture. Un vol de peut-être deux milliers de pigeons s'éleva en un instant au-dessus de nos têtes, et ces pauvres bêtes, qui n'avaient jamais été tirées, tournaient en rond, comme dans un manége, à vingt mètres de haut. Nous n'avions que le temps de faire feu et de recharger ; il en tombait des paquets, et, quand nous eûmes chacun vidé notre poire à poudre, quatre-vingts pigeons étaient déjà dans la chaloupe, ce qui fera, à la joie générale, de la viande fraîche pour tout le monde ; nous en avons perdu tout autant dans un fouillis de broussailles impénétrables. Puis ce fut un grand plaisir de parcourir les anses de cette île déserte, de ramasser des tortues, des coquilles, des éponges, des branches coralines tout entières. Mais la nuit malheureusement nous arrête trop tôt dans nos explorations, et nous regagnons *le Hero*, non sans difficulté, ruisselants de sueur, chargés de choses curieuses, ravis de notre équipée. En quittant l'île, nous avions voulu mettre le feu aux fourrés obscurs qui la couvrent : quelles belles flammes auraient données tous ces arbres morts amoncelés, toutes ces lianes et ces herbes sèches ! Des serpents, des lézards sauvages qui nous avaient fuis, en seraient sortis et se seraient jetés à la mer; mais nous avons pensé à temps que la bourrasque aurait sûrement porté toutes les flammèches sur notre navire, et c'eût été vraiment faire la part trop belle aux Anthropophages qui nous surveillent sur la rive opposée, que de tomber entre leurs mains comme des alouettes toutes rôties.

Il est vrai aussi que le feu aurait détruit les plus minutieuses constructions qu'on puisse voir, le palais d'un oiseau. Les naturalistes de l'Australie nous avaient beaucoup parlé du « bower-bird » (oiseau constructeur) : aujourd'hui nous avons vu un village bâti par ce volatile étrange. Figurez-vous que chaque maison est un talus de trois à quatre pieds de haut : de la glaise piétinée, unie et rebattue, forme le parquet; des brins de branches de corail ou de pin sont les poutres qui soutiennent des voûtes régulières, de longues herbes sèches font le toit. C'est exactement, sur la surface du sol, ce que le castor construit sous terre; on voit que l'oiseau a apporté brin à brin avec son bec tous les matériaux de sa demeure. Elle est si solide qu'il nous fallut de vrais efforts pour la mettre à découvert : ces voûtes sont des corridors qui mènent à des chambres carrées : il y en a cinq ou six par nid avec de petits labyrinthes, un étage supérieur, et je dirai presque des boudoirs. La patte de l'oiseau avait laissé son empreinte seulement en deux ou trois points d'un escalier en pente douce. Voilà ce que j'ai vu dans un ensemble de perfection et d'architecture qui a fait mon admiration. Je ne puis affirmer que ce qui a frappé mes yeux et ce que j'ai démoli de mes mains; voici maintenant ce que nous avaient raconté les savants : il paraît que cet oiseau enfouit ses œufs dans un talus de sable de quatre à cinq pieds de haut, et c'est la chaleur du soleil qui se charge de les faire éclore. (Nous avons aussi trouvé un de ces nids avec des traces de pieds grands et petits : évidemment cette famille d'architectes avait déjà déménagé.) Mais le plus curieux, c'est qu'après avoir passé de longs mois à construire son palais, le « bower-bird » invite, dit-on, tous ses semblables à l'ouverture de ses salons et donne un bal ! Ce récit, je l'avoue, m'avait beaucoup amusé, comme un joli conte de fée ; maintenant que j'ai exploré les bâtisses charmantes de l'oiseau australien, ce joujou d'enfant, ce travail étonnant, il me semble que je vois un quadrille de « bower-birds », et en tout cas des couples fort heureux dans de champêtres cabinets particuliers.

31 *octobre*. — A cinq heures du matin, nous levons l'ancre et nous continuons notre course rapide le long des côtes. Nous doublons le cap Tête-de-tortue, et à neuf heures nous entrons, comme dans une rivière, dans le détroit de moins d'un kilomètre de large, qui sépare l'île d'Albany de la pointe septentrionale du continent australien : la côte de sable est haute, sauvage et sombre, couverte de bois de sapins ; nous tirons le canon pour annoncer notre arrivée au poste naval du cap York. Après trois heures d'une véritable navigation d'eau douce dans cette gorge encaissée, nous jetons l'ancre ; quatre baraques de planches se montrent sur la grève au milieu du bois ; nous débarquons. Le « commander » Simpson et quelques soldats des Royal-Marines, amaigris et pâles, nous reçoivent avec un bonheur indicible. Pauvres gens et dignes esclaves du devoir ! ils sont là, perdus au milieu des bois et des Cannibales, à trois cent cinquante lieues du premier village de Blancs. Le gouvernement les a envoyés, il y a deux ans seulement, pour planter le

pavillon britannique sur cette côte, pour prendre possession de ce poste très-important au point de vue militaire, puisqu'il commande le détroit de Torrès et ferme le long chenal des coraux jusqu'à Bowen, et enfin pour porter secours aux navires qui franchissent, en ce point, la passe entre l'Océan Indien et l'Océan Pacifique, et qui, cinq fois sur dix, nous dit le « commander », y font naufrage.

Il y a là treize Royal-Marines : de vingt, voilà ce qui reste ! Sept ont été tués et mangés par les Noirs ; huit mois se sont passés depuis qu'ils ont reçu leurs derniers vivres, et les dernières nouvelles d'Australie et d'Europe : huit mois, sans voir un homme blanc ! *Le Hero* leur apporte trois caisses de journaux et une soixantaine de tonneaux de vivres ; en voilà pour un an.

C'est là que le docteur Haran descendit pour reprendre son poste d'exil, « plus effrayant, murmurait-il, que les colonnades de crânes humains des palais de Dahomey. » Nous montons à sa cabane, située au sommet d'un roc ferrugineux, une guérite de faction sur deux Océans, et il nous donne les photographies, faites par lui, de quelques prisonniers et prisonnières qu'ils ont gardés une fois d'une tribu d'Anthropophages. « Il y a une tribu qui n'est pas loin dans les bois, nous disent quelques soldats ; si vous y allez à cinq ou six, et bien armés, vous pourrez les voir ; mais tenez-vous bien serrés et ne cragnez rien. Si vous vous isolez les uns des autres, vous êtes perdus. » C'était mettre le feu aux poudres. Nous partons vite, les poches pleines de clous, de tabac, de verroterie, et nous nous enfonçons, le Prince et moi, avec Haran et le docteur Cannon, dans la forêt vierge. Nous suivons d'abord une sorte de sentier de bête fauve au milieu de lianes épaisses, dans un fourré de plantes entrelacées, et sous un ciel de feu. Nos compagnons poussent à différents intervalles le cri de « Coo-hoo-hoo-e », qui est le cri de ralliement des Nègres dans toute l'Australie. Une jeune fille de quinze ans, noire comme de l'encre, sort du fourré : c'est une captive, la « jardinière » du poste. Elle montre ses grandes dents blanches et vocifère un charabia indescriptible, qu'elle accompagne du dandinement et du rire éternels de la race noire. Quant à son costume,

> Ce que c'était, je pourrais vous le dire,
> Mais je me tais par respect pour les mœurs.

c'était, en tout et pour tout, un petit panier d'osier contenant des fruits et passé en sautoir, un petit bracelet d'herbes tressées au bras droit, et une petite plume de cacatois fichée dans les cheveux. Rien ne semble l'embarrasser, et, trottinant lestement, elle prend les devants, et se faufile avec une souplesse inouïe à travers les hautes herbes et les lianes. Après une demi-heure de marche, nous apercevons sous bois des brasiers fumants ; nous sommes au camp de la tribu. Quelle n'est pas notre surprise de n'y trouver personne ! Quelques braises, des graines rouges et des haricots larges d'un pouce (les nardous), voilà les seules traces qui restent. La vérité est que la troupe, ayant entendu le canon ce matin, a cru que nous venions l'attaquer. L'ingénue qui nous sert de guide, nous montre du doigt un bras de mer au fond du ravin et un groupe de palétuviers, ces arbres touffus qui poussent au bord de la mer, et dont les innombrables racines rebondissantes forment comme une voûte, à une hauteur d'homme au-dessus de l'eau d'un côté, et du sol de l'autre. C'est là qu'est cachée la tribu ; nous envoyons la jeune fille vers les Noirs pour leur porter des paroles de conciliation, et nous arrivons à leur second campement où ils nous attendent, groupés ensemble et immobiles. Les voilà, les voilà ! complétement nus, tout noirs et fétides. Il y en a qui sont assez indécents pour n'avoir pas de bracelet au bras droit ! J'ai compté environ soixante hommes, trente enfants et dix femmes : les premiers nous entourent dès qu'ils voient nos gestes d'amitié, et nos revolvers non plus à la main, mais dans nos ceintures. Ils nous serrent de près, tâtent nos étoffes, nous tapent sur le ventre, nous débitent un flot de paroles avec une volubilité étonnante. Ils avaient en partie déposé leurs armes et se montrèrent bons enfants, en voyant les cadeaux que nous leur préparions ; mais leur odeur était celle d'un abattoir en été. Pendant ce temps, ces dames également vêtues d'un rayon de soleil, portant leurs enfants sur le dos, se tiennent un peu en arrière dans une pudique réserve. Nous nous empressons de leur présenter nos devoirs : c'est évidemment la femme du chef qui porte nouée aux reins une ceinture large d'un pouce, en herbes rouges ; les autres n'ont que des bracelets et des colliers qu'elles nous montrent avec une grâce d'orang-outang. Mais en voici une vieille, à la peau sèche et pendante, une vieille noire à cheveux de neige : elle porte au cou un collier de cinq os humains qui semblent avoir passé au feu. Haran appela la jardinière, pour demander, en patois de mangeur d'hommes, ce que c'était que cette relique : « La main de ma mère », fut la réponse. — On la connaît, la croix de ma mère !... Mais la jeune fille dit à Haran que, selon elle, c'étaient des ossements d'homme blanc. J'avais aussi, dès le premier moment, pensé à ce reste d'une fricassée humaine, et j'avoue que, dévoré de curiosité, j'ai voulu obtenir à tout prix de la vieille ce collier fantastique : je lui ai offert trente, quarante, soixante clous, cinq verres de montre, ma veste et même un couteau anglais à dix-huit pièces, qui avait toujours été mon fidèle compagnon et auquel je tenais beaucoup ; aucune de mes bassesses n'a pu la vaincre, rien ne l'a tentée. Je me rapproche alors de ses compagnes, et les échanges commencent : elles nous entourent, nous serrent, nous tapotent et nous infectent. Nous voulons avoir leurs piques, leurs lances empoisonnées, ornées d'arêtes de poisson, leurs colliers et leurs bracelets ; mais les farceuses, qui ricanent à cœur joie, veulent quelque chose en échange, et ne lâchent d'une main que lorsque nous leur donnons dans l'autre.

C'est d'abord tout notre tabac que nous leur distribuons, et vite tous le fument dans une pipe de bambou longue d'un mètre. Nous avons déjà un faisceau de plus de trente armes, plus baroques les unes que les autres ; mais nos provisions d'échange sont épuisées, et les plus beaux casse-têtes en ébène ne sont pas encore en notre pouvoir. J'avais par bonheur mis le matin certaine cravate de soie voyante qui datait du dernier Derby anglais ; je l'ôte pour faire ma cour à ces dames qui semblent en raffoler : le casse-tête de la femme du chef et sa ceinture qu'elle me laisse dénouer, en sont le prix. Elle s'habille alors dans ma cravate et se promène toute fière. Elle a quatre filles vêtues d'une plume dans les cheveux et armées du « boomerang » : mon faux-col, mon mouchoir et les feuilles de mon carnet de poche me gagnent tout leur équipement. Nous nous tordions de rire en les voyant se pavaner, celle-ci avec un faux-col blanc sur sa peau noire, celle-là avec un morceau de papier en médaillon suspendu à une herbe tressée ! Bientôt je n'eus plus rien dans les mains, rien dans les poches ; une idée lumineuse me vint : en coupant tous les boutons de ma veste, de mon gilet et de tous mes vêtements, je fis une rafle générale des costumes complets de vingt-deux demoiselles de la tribu, et le tout tenait dans ma poche ! Un bouton de chemise valait autant qu'un louis, pour ces grands enfants des forêts vierges.

Nous les avons vus allumer leur feu avec des bâtonnets, je n'en reviens pas encore. Un vieux Noir prit deux bâtons de bois blanc à reflets verdâtres ; il rabota la surface de l'un avec une pierre aiguisée, nouée solidement au bout d'un manche, ce qui faisait une hache ; puis il tailla l'autre en pointe. Appuyant le premier contre un arbre d'un côté et contre sa poitrine de l'autre, il fit pirouetter la pointe du second sur le bois poli, et pirouetter si vite, qu'elle y entra comme une vrille : dans le petit trou ainsi formé, la rapidité du frottement engendra une légère fumée ; une teinte noire de combustion s'y dessina, comme lorsqu'on met un fer rouge sur une planche, et l'incandescence se propagea sous l'action de cette vrille grossière, ce briquet donné par la nature.

Puis un oiseau vint à passer et s'arrêta sur une branche. Un des Noirs prit un des « boomerangs » qu'il nous avait déjà donnés et le lança. C'est une arme incroyable : sorte de latte en bois de fer, épaisse au centre d'environ un centimètre, courbée naturellement en cintre comme un arc qui serait tendu, et effilée en lame de couteau sur son bord extérieur et convexe, le « boomerang » n'a guère plus de deux pieds de long. Notre homme le lança horizontalement, comme une pierre qu'on veut faire ricocher sur l'eau, dans la direction de la petite broussaille sur laquelle l'oiseau était perché. La bête s'envola trop tôt : quand l'arme, pivotant sur elle-même et volant comme un dard, arriva au point visé, l'oiseau n'y était plus ; mais ce qui est fort curieux, c'est que le « boomerang », ne dépassant ce point que de quelques mètres, continua son mouvement giratoire en décrivant une courbe fort haute en l'air, et revint, par une parabole, tomber presque à nos pieds. C'est le cerceau auquel on imprime un mouvement rétrograde et qui revient dès qu'il touche terre, pensai-je au premier moment. Mais non, il y a quelque secret qui tient à la fois du tour de force et du tour d'adresse, dans le mouvement de première impulsion ; car le « boomerang » est revenu en l'air, et sans avoir rien touché. Quelques minutes après, un grand martin-pêcheur bleu vint à passer ; l'arme l'atteignit et tomba à terre en s'enguirlandant dans l'oiseau mourant, comme un épervier avec une perdrix qu'il a prise au vol.

Mais nos premiers sourires au moment où le Nègre avait manqué l'oiseau, et l'accaparement que nous avions fait successivement d'une grande partie de leurs armes, avaient déjà fait froncer quelques sourcils de ces faces tout à l'heure si riantes. Plusieurs dards écarlate avaient été repris au pied d'un arbre : l'œil du docteur Haran s'assombrissait; nous nous comprîmes. Nous fîmes très-bruyamment des oh! oh! ah! ah! d'adieu à la tribu, en la laissant vêtue de nos cols, cravates et boutons, mais désirant n'y pas laisser notre peau. Nous nous quittâmes avec cette expansion de gestes amicaux et de sourires affables de gens qui sont extrêmement pressés et enchantés de se séparer ! Et, en partant d'un air crâne, nous avions soin de nous retourner, moins pour leur faire par signaux nos derniers adieux, que pour veiller à la sûreté de notre retraite.

Notre jardinière, évitant les épines, dandinant ses hanches, dessinant sur son corps d'ébène les moindres inflexions de ses mouvements, ouvre la marche en piqueur. Pendant une demi-lieue environ, nous cheminons sous bois, et nous arrivons enfin au bord de la mer. Une pirogue montée par six Noirs se prépare à aborder; mais dès que nous sommes en vue, elle repart à toute vitesse. C'est l'écorce d'un gros arbre à gomme dont on a retiré le tronc, et qu'on a nouée aux deux extrémités. Rien de léger comme ces embarcations; un coup de pagaye les fait filer gracieusement : semblables à des canards qui étendraient les ailes pour se mieux soutenir sur l'eau, elles ont, à deux mètres environ de chaque bord, des leviers en écorce qui les appuient et qui, nacelles conjuguées, les rendent stables sur la lame. Toute une flotille de Cannibales apparaît soudain et nous observe à distance respectueuse, mais en hostilité très-apparente. Ce sont de ces cas où il faut ouvrir l'œil et former un groupe compact.

Nous voici bientôt de retour à la cabane du « commander » Simpson ; nos mains sont tout infectées du contact des Naturels et de leurs armes encrassées ; nos vêtements quelque peu en désordre, grâce à toutes les attaches dont nous les avons privés en faveur des Noirs, et aussi à cause d'une chaleur à mourir sur place, donnent à notre bande un assez triste aspect. Les rafraîchissements de madame Simpson furent d'autant plus précieux et fêtés. Pensez-y, le « commander » a amené sa femme dans son exil militaire : c'est une blonde Anglaise, servie par une Écossaise ; ce sont les seules blanches de la colonie. Cette dernière nous donna la comédie : quelques Noirs tout nus qui nous avaient suivis, l'ont aperçue cueillant des légumes à deux cents pas de la cabane, et lui ont couru sus avec un élan indescriptible ; elle, de prendre la fuite, les jambes à son cou, sans avoir même le temps de s'écrier : « Shocking! »

La maîtresse du logis nous raconte sa vie tantôt

paisible, tantôt pleine d'émotions : elle est encore tout impressionnée du sauvetage de trente-sept naufragés de *la Louisiana* dans le détroit de Torrès. Nous tombâmes unanimement d'accord pour déclarer que si tous ces Noirs étaient les descendants de Cham, ce fils de Noé devait être épouvantablement laid! Ce qui m'a frappé encore plus que la peau de crocodile, la face de singe et l'aspect repoussant de ces êtres humains qui sont nos frères, c'est qu'ils vivent plus sauvages que les bêtes féroces. Le lion a sa tanière et le tigre son antre : ces Cannibales n'avaient même pas une hutte en feuilles d'arbre ; et pourtant il y a ici des arbres dont huit ou dix feuilles suffiraient pour faire un abri ! Non, sous un climat brûlant, ils dorment un jour au pied d'un arbre, à l'ombre d'une grande herbe un autre jour ; ils reposent nus sur la terre nue, n'ayant d'autre signe de domicile, que le feu qu'ils allument çà et là dans la forêt vierge pour rôtir le nardou, cette plante dont vécut King, le compagnon de Burke, le nardou destiné à assaisonner le fricot humain que leur donnera le premier naufrage, et où ils pourront lutter cinq cents contre un homme désarmé!

Au moment où nous nous mettons dans l'eau jusqu'aux épaules pour rejoindre notre canot, qu'un récif de corail tient à vingt mètres du rivage, voilà un cheval qui arrive au galop : son cavalier est un gaillard de vingt-quatre ans, une des figures les plus énergiques que j'aie jamais aperçues, voire même une figure de beau brigand comme on en rêve. On nous avait beaucoup parlé de lui : il vient à bord, où son costume, chemise de flanelle ouverte, grande cape de toile blanche, ceinturon avec cartouches et pistolets, fait, avec sa figure martiale, un véritable événement. — J..., un gaillard aventureux, une imagination vive, un cœur de fer : c'est le héros du cap York. Il y a quatre ans, il est parti de Rockampton (entre Brisbane et Bowen) avec trois serviteurs blancs, et, suivant sa boussole dans ces terres inconnues, il a mené devant lui trois cents vaches et cent chevaux, pour fonder un « run » dans le Nord et prendre pour lui seul possession de la presqu'île tout entière du cap York. Pendant neuf mois cet homme énergique a marché, sans savoir s'il aurait de l'eau à boire le lendemain, au milieu de Cannibales qui l'attaquaient la nuit et qui lançaient leurs flèches sur ses troupeaux. Il a ainsi franchi quatre cent cinquante lieues : il est arrivé au cap York, après avoir le premier exploré toute cette partie de l'Australie septentrionale : il a bâti sa hutte et gardé ses troupeaux. Deux cents vaches et trente chevaux seulement avaient pu parvenir jusque-là : il compte déjà sept cents têtes de bétail en tout, et il espère que son « run » prospérera; car désormais le poste militaire est là pour prêter main-forte à l'aventureux « squatter ». Il ne se passe pas de mois qu'il ne soit attaqué et que les dards des sauvages ne viennent percer ses bœufs; mais il tient bon, il tue ces pauvres Noirs comme des chiens; et il nous montre sa carabine favorite sur laquelle il a fait *trente-huit* entailles : « Les deux armes que j'ai encore dans ma hutte ont, l'une *douze,* et l'autre *quinze* marques semblables », nous dit-il, et chaque entaille veut dire mort d'homme : le jour comme la nuit il est au guet! Voilà l'homme d'une trempe de fer, l'explorateur hardi, le brigand impitoyable et le fou de vingt-quatre ans qui a dîné à midi à la table du bord avant notre départ. Son regard fait frémir, ses actes font horreur, et pourtant il y a dans sa conversation quelque chose d'extraordinaire et de fascinant. Quand il nous a quittés pour retourner à terre, j'étais profondément impressionné. Le poste militaire sauve les naufragés et ne tue les Cannibales que lorsqu'ils l'attaquent; mais évidemment cet homme veut balayer des peuplades noires la presqu'île qu'il a envahie : il les tue à petit feu : « Ça roule comme un lapin, c'est un delightful sport! » nous disait-il. Il y a loin de là à la légitime défense, et quand on a tué *soixante-cinq* êtres humains à vingt-quatre ans, on est plus bas qu'un Cannibale. Quand on le veut fermement, nous nous en sommes convaincus par nous-mêmes, on réussit bien souvent à éviter le conflit : mais, pour moi, rien ne ressemble moins au courage que la cruauté. Cet homme, qui enlève non-seulement le sol, mais la vie aux Nègres par passion de sport, fait tache en Australie. Toutefois, il est consolant de dire qu'il est seul de son espèce, et qu'il fait un singulier contraste avec les « Comités de secours pour les Aborigènes », qui donnent 300,000 francs à Melbourne, 500,000 à Sydney, avec les « squatters » paternels, évangélisant et voulant tirer de leur misère les Nègres qui les entourent.

A une heure et demie de l'après-midi, après huit heures que je n'oublierai jamais de ma vie, nous levions l'ancre, et la fumée noire de notre tuyau, en s'étendant au loin sur ces baies inexplorées, mettait en fuite des centaines de pirogues qui, aussitôt que nous étions passés, revenaient à notre suite et faisaient le guet. Nous entrions dans la dernière, mais plus difficile partie de notre navigation entre les coraux : le détroit même de Torrès. Il a 30 milles de large, et plus de 900 écueils des plus traîtres y sont disséminés. Au-dessus du continent proprement dit, il y a un premier groupe d'une vingtaine de grandes îles entourées de ceintures cachées et d'estacades coralines qui briseraient net le navire, s'il les touchait. Plus haut est un groupe de six récifs longs d'une dizaine de milles et larges de deux ou trois, échelonnés comme par gradins les uns au-dessus des autres, séparés entre eux par deux cents mètres seulement en quelques points : ces récifs atteignent à peine la surface de l'eau à marée haute ;

puis viennent les barrières impénétrables des bancs de Mulgrave, de Jervis, et trente-six milles de coraux jusqu'à la Nouvelle-Guinée. Voilà où il nous faut trouver un passage. Si le malheur avait voulu qu'il y eût aujourd'hui brume dans ces parages, nous aurions coulé en une heure ; car nous ne nous maintenons dans les canaux étroits, bordés de récifs tout proches, souvent invisibles, que par des relèvements continuels avec les petites roches hautes de deux mètres seulement; quoique éloignées, nos yeux les découvrent. Notre plan est toujours de gouverner, d'après la carte, droit sur un écueil, jusqu'à ce que nous le voyions ; alors, sûrs de notre position, nous mettons le cap sur un autre.

Au moment où nous sommes par le travers des roches « Mardi », nous voyons un trois-mâts échoué : d'après les récits du poste militaire, ce doit être *la Louisiana*. Plus loin, par le travers de l'île « Mercredi », voilà deux mâtures qui s'élèvent au-dessus de l'eau, à partir des hunes : les navires ont coulé l'un dans les récifs « Torrès-Sud », l'autre dans le récif « Nord-Ouest ». Un de ces deux navires est *le Saphyr*, qui, en temps de calme, fut pris par un courant rapide : dix-huit hommes sur vingt-neuf ont été tués et mangés! C'est aussi dans ces parages, me disait Fauvel, que *l'Astrolabe* et *la Zélée* furent portés par un ras de marée sur des sables : pendant huit jours, la mer, qui s'était soudainement retirée, les y laissa à sec; puis, un beau matin, les vagues revinrent les prendre. Pour nous, le jour qui va bientôt finir nous presse : nous prenons le chenal *de moins d'un mille de large* qui est entre l'île Hammond et le récif Nord-Ouest; nous passons à cent mètres de la roche Hammond, une vraie borne de village; nous côtoyons les dentelures du corail à notre droite, où la lame brise un peu; nous pointons droit sur les « Ipili », sept aiguilles de corail de la hauteur d'un homme, sur lesquelles porte un courant de foudre; et nous gagnons la dernière île de ce dédale de dents, de pointes, de bancs et de récifs, « Booby-Island »! En cinq heures, durant lesquelles une seule minute d'hésitation nous eût perdus, le détroit est franchi, et Logan épuisé, fiévreux autant qu'il était calme à l'heure du danger, est tellement heureux de son passage, qu'il ne veut pas s'arrêter à Booby, sur laquelle le soleil couchant étend la teinte rosée de ses derniers rayons.

Cette île est un roc de dix mètres de hauteur, sur lequel viennent nicher des milliers d'oiseaux de mer. A notre approche, leurs vols forment comme un nuage qui tourbillonne au-dessus d'elle : tout le plateau du sommet est de la blancheur du cygne d'Europe, tandis que des cavernes, aussi noires que le cygne d'Australie, se dessinent à sa base : de génération en génération, les oiseaux ont laissé là une couche épaisse des traces séculaires de leur séjour.

Là, il y a une *boîte aux lettres,* comme au détroit de Magellan : les navires qui passent y déposent leurs paquets, et prennent ceux qui sont adressés à l'hémisphère vers lequel ils naviguent. C'est le bureau de poste fondé sur la confiance publique entre le Pacifique et l'Océan Indien : nous voyons la caverne où la boîte est creusée; elle contient aussi des vivres, des vêtements, des planches pour les naufragés.

Sur ce rocher, aucun être ne respire : bien des navires y ont laissé de leurs nouvelles avant de sombrer dans cette fourmilière d'écueils.

Le globe de pourpre du soleil disparaît, et les derniers feux des Cannibales éclairent pour nous les dernières silhouettes du continent australien!

Nous avions aperçu pour la première fois, il y a trois mois et demi, les côtes méridionales de cette terre sous la lumière électrique d'un phare perfectionné et sous la lueur du gaz d'une ville européenne. Après avoir vu l'Australie dans ses villes et ses prairies, dans sa politique et dans son commerce, dans ses salons et dans ses Cannibales, nous la quittons en un point septentrional où la race des Anthropophages allume des feux sinistres avant de mourir! C'est un monde de contrastes qui bouleverse les idées des peuples anciens. Une seule chose n'y change pas, — c'est le colosse anglais dans toute sa richesse et dans toute sa puissance!

L'Angleterre avait perdu l'Amérique : elle est venue créer l'Australie. Ici j'ai retrouvé partout le nom de Collins : il avait pris part à la bataille de Bunkers'-Hill, qui avait été le signal de l'extinction de la puissance anglaise dans le nouveau monde; il fut donné à ce même homme, quand le Gouverneur Philipp débarqua à Port-Jackson, de proclamer par les paroles sacramentelles la domination de la Grande-Bretagne sur cet immense continent. N'est-ce pas un grand exemple? — Là, les fondateurs furent des puritains, fuyant la métropole par honnêteté politique et religieuse, s'inspirant de la Bible pour former une société : — ici ce furent des « convicts » expulsés pour leurs vices et brûlant leur première église pour n'y pas être conduits de force. — Mais ici la tache du *convictisme* n'a duré qu'un moment et a été hors la loi : — là, la tache légale de l'esclavage, en proportions effrayantes, a été de plusieurs siècles. — Jadis, en Amérique, le fait d'une opposition politique dans l'administration de la colonie, étant puni, sous la domination anglaise, comme un crime de haute trahison par une vice-royauté despotique, a fait perdre ces belles possessions à l'Angleterre; — en Australie, au contraire, en les engageant à se former en fédération, en relâchant le lien qui les retient à elle, en leur donnant autonomie et liberté, la reine Victoria s'est attaché ces « États coloniaux » d'autant plus fermement qu'elle a favorisé davantage leur essor.

En Français toujours séduit par l'histoire de la guerre de l'Indépendance, j'avais pensé qu'en abordant à Melbourne, je trouverais bien vite des symptômes tendant à l'émancipation d'une nouvelle Amérique : au lieu de cela, je pars avec la conviction que l'Australie, à laquelle la métropole n'impose pas une seule charge, mais seulement des bienfaits, et offre une source inépuisable et un débouché constant pour alimenter son commerce, restera anglaise avec l'Union-Jack pour pavillon, comme une fille majeure de la mère patrie, fière d'avoir ses mœurs, ses institutions, sa responsabilité. — La première tente y a été posée il y a soixante-dix-sept ans : pour la vie d'une nation, ce sont les années de l'enfance. On vient à peine de tirer au cordeau les lignes droites d'une configuration de marqueterie gigantesque, qui déterminent les juridictions de *six* Parlements politiques, dont *trois* ont moins de quinze ans. Et pourtant, voici déjà que ces colonies nous donnent le spectacle de *quinze cent mille* Anglo-Saxons faisant un commerce annuel d'*un milliard et demi*, possédant *trente-six millions* de têtes de bétail qui peuvent être centuplées dans les espaces de prairies encore libres, ayant déjà extrait environ *cinq milliards* d'or de ce sol dont les gisements en contiennent encore, suivant l'expertise, six cent soixante-quatre.

A peine née, l'Australie prend sa part toute grande sous le soleil et commence son existence, forte de tout un ensemble d'institutions, de sciences, de machines, de progrès matériels et moraux qu'elle applique à tout ce qui naît en elle sans les entraves d'un passé, tandis que bien des peuples de l'hémisphère nord semblent avoir seulement atteint, à la fin de leur longue course, le point d'où elle part, et avoir recueilli à grand'peine une laborieuse moisson, dont elle fait sa semence première! Au progrès prodigieux de ses mines, de ses troupeaux, de ses villes, de ses chemins de fer, il n'est qu'une chose qui mettrait un arrêt : ce serait précisément sa rupture avec la mère patrie.

Je ne vois qu'un seul cas où ce triste événement puisse se réaliser, non par une succession de refroidissements politiques, mais du jour au lendemain : c'est celui d'une guerre européenne. Ce jour-là, les colonies australiennes, que la métropole ne saurait tenter de défendre, n'auront, pour empêcher les flottes ennemies de venir bombarder des villes florissantes, piller leurs trésors et ruiner les habitants, qu'à se déclarer indépendantes et à arborer un pavillon neutre. Car, avant toute chose, il faut qu'elles conservent le précieux apanage de la liberté, qui fait couler rapidement le sang dans leurs veines, entretient leur esprit d'aventure, de hardiesse et d'énergie, qui enfin, en formant un faisceau d'une richesse génératrice inouïe, destinée à faire équilibre aux produits stationnaires de l'ancien monde, montre la prospérité immense d'une colonie *libérale* opposée à la stagnation pénible des gouvernements de dictateurs.

Je n'ai pu quitter ce grand pays sans vous faire part de cette impression générale que chaque point nouveau visité par nous arrêtait ou corroborait en moi; comme les crêtes des côtes australiennes tout à l'heure, tout s'efface vite sur l'horizon, et bien des pays doivent se confondre dans notre sillage autour du monde; mais oublier la prospérité et les charmes de l'Australie.... jamais!

7 novembre 1866. — Depuis huit jours nous voguons sur les flots paisibles et étouffés de la mer d'Arafoura : plus de coraux ni de récifs, une grande houle du Sud nous berce langoureusement sur une mer d'un beau bleu; nos petits amis les poissons volants viennent, par nuées, croiser leur vol et leurs chutes; des bandes d'oiseaux blancs ne s'effrayent pas de notre passage, et restent flottants sur la surface des eaux, paraissant et disparaissant tour à tour avec les vagues qui les portent. Puis nous fendons, par notre avant, de longs bancs de frai de poisson, de plus d'un pied d'épaisseur, sorte de glu huileuse et jaunâtre qui modère le mouvement de la houle sur toute l'étendue qu'elle couvre; plus loin, des courants opposés se choquent les uns contre les autres, et se révèlent en plein calme par une écume bouillonnante, au point de faire croire à des récifs. Voilà les mille incidents qui font diversion au repos que nous goûtons sur la dunette. Fauvel, qui a navigué vingt-cinq ans, porte en lui cette instruction pleine de charmes des officiers de marine; il est si heureux à la mer que tout le monde devient heureux avec lui : aussi le temps passe-t-il vite.

Nous avons vu de près la nature montagneuse et verdoyante de Timor, où les Hollandais et les Portugais luttent encore contre les Sauvages; les ilots de Rotti, de Samba, célèbres par leurs « ponies » grands comme des chiens de Terre-Neuve; les bois touffus de Sombawa, et enfin le beau pic de Bali, haut de plus de 12,000 pieds, plus escarpé que celui de Ténériffe, et commandant majestueusement par sa crête volcanique la passe étroite de Lombock. C'est par elle que nous entrons dans la mer de Java, en forçant la longue chaîne d'îles tourmentées qui relie à l'Asie le continent australien.

La chaleur s'est concentrée d'une façon déplorable dans notre étuve de fer : la température varie sur le pont, à l'ombre, de trente-huit à quarante degrés, sans abaissement bien sensible pendant la nuit, et dans les cabines la machine donne une douzaine de degrés de plus! Aussi je n'y couche plus; je dors sur le pont à la belle étoile, quoiqu'on y soit bien exposé aux ophthalmies. A quatre heures du matin, pendant que les matelots font la toilette du bord, nous nous laissons arroser de trente ou quarante seaux d'eau : c'est la seule heure où l'on jouisse de toutes ses facultés.

Pour mettre le comble aux charmes de cette rôtissoire, un nouvel incident s'est produit deux fois : à la première, je me réveille en sursaut; un matelot s'était pris en courant les pieds dans mes bras, et avait roulé sur moi avec deux seaux pleins d'eau ; il allait au feu qui s'était déclaré à l'arrière du navire. Ça flambait à faire peur, comme si on avait répandu un baril d'esprit de vin sur le pont. Un peu de confusion d'abord..., puis tout fut éteint en une demi-heure, mais ç'a été une demi-heure désagréable, car la flamme courait sous le vent et gagnait vite.

10 *novembre* — Depuis deux jours nous naviguons à toute vapeur le long des côtes de Java. M. Van Delden nous y promet des réceptions d'un luxe asiatique chez les princes indigènes, la vue de leurs harems, des chasses aux crocodiles et aux rhinocéros. Au lever du soleil la brise de terre nous amène les légères flottilles de pirogues malaises, déployant leurs grandes voiles coloriées, faites de joncs tressés, souples comme de la toile; des singes

noirs à la longue queue gambadent dans leurs haubans. — Le soir, c'est un plaisir de voir leurs courses rapides, quand elles reviennent de la pêche, chargées de poissons qu'elles nous offrent; les baies, couvertes de bananiers et de palmiers, sont dominées par de hautes montagnes volcaniques dont les cimes, à cette heure, se dessinent en noir sur un ciel embrasé.

Nous jetons l'ancre; une centaine de pirogues et de « sam-pangs » nous entourent de toutes parts, apportant des légumes, de la viande, des fruits de toute beauté et que je vois pour la première fois de ma vie : les singes, leurs gabiers de beaupré, nous en jettent en pirouettant; nous sommes envahis par une foule de Malais criant, hurlant, et se disputant nos personnes comme nos bagages. Ils ont des chapeaux-parasols dorés, ou bariolés de toutes les couleurs les plus criardes : l'écarlate, le jaune, le vert, voilà la mode; une ceinture bleue, nouée aux reins, serre une veste indienne rose et retient, même pour les hommes, un jupon collant, à dessins baroques; un turban à filets d'or entoure, comme une auréole, leur face couleur chocolat, au nez épaté, aux grosses lèvres, aux yeux fendus en amandes. Tout en nous bousculant, ils se prosternent devant nous, s'emportent, vocifèrent, puis s'humilient. Tous les costumes se confondent sur le quai encombré de monde, qu'ombragent les beaux arbres de la végétation tropicale, d'une verdure ravissante. Les grands cocotiers, surchargés de fruits, étendent leurs panaches dorés sur les bouquets touffus des manguiers; des bananiers, et les flamboyants s'élèvent tout écarlate de leurs fleurs de feu. C'est une vraie décoration d'Opéra! c'est la splendeur indienne, l'éclat oriental. — Nous sommes à Batavia.

FIN DU TOME PREMIER.

TABLE.

	Pages
Avant-propos	v

I. Départ 1

II. Notre traversée jusqu'aux approches de l'Australie. 3

III. Débarquement a Melbourne. — Première vue de la terre. — Entrée dans la baie de Port-Philipp. — Nouvelle de la mort du Prince de Condé. — Débarquement. — Chemin de fer. — La ville. — Aborigènes devant l'Opéra. — Le musée. — Les prisons. 20

IV. Monument élevé a Burke. — Un bronze coulé dans la colonie. — Feuilles autographes du journal de l'explorateur Burke. — Il traverse l'Australie du Sud au Nord. — Fatale méprise de ses compagnons. — Il meurt de faim au retour. — Ses restes retrouvés. 60

V. Melbourne et ses environs. — Quartier européen. — Quartier chinois. — Chasse au cerf. — Perruches et cacatois. — Récits sur la Nouvelle-Zélande. — Premiers kanguroos. — Un ex-zouave nous porte secours. 83

VI. Les Mines d'or. — Aspect étrange de Ballarat. — Un lingot de 184,000 francs. — Un théâtre aux mines. — Traitement des filons de quartz aurifère. — Puits creusés dans les sables d'alluvion. — Orpailleurs à la superficie. — Port de Geelong. — Ravages des lapins importés. 104

VII. Impressions sur les institutions politiques et sociales. — Éléments de la colonie. — «Self-government». — Suffrage universel. — Parlements et ministres. . . 136

VIII. Voyages dans l'intérieur. — Bendigo. — Marche à la boussole dans les prairies. — Le Murray. — Chasses aux cygnes, aux pélicans, aux dindons sauvages. — Duel avec un vieux kanguroo. — L'autruche d'Australie. — Les Noirs. — Une « station » de bœufs. 151

IX. Un propriétaire de soixante mille moutons. — Thule. — Pêche aux flambeaux. — Un « corrobori », danse de guerre des Noirs. — Bilan d'une « station » de moutons. — L'ornythorynx. — Contrastes dans la nature australienne. — Echuca et son chemin de fer. 186

X. Derniers jours en Victoria. — « L'Africaine » en Australie. — Clubs et réunions. — L'oiseau-lyre. — Le clergé. — Réservoirs de Yean-Yean. — Jardin botanique. — Résumé statistique. 206

XI. Terre de Van Diémen. — Détroit de Bass. — Une rencontre intéressante à Launceston. — Hobart-Town. Des bals aux Antipodes. — Ruines de tombes françaises. — Pisciculture. — L'arbre de Cook. — Les adieux. — Ouragan. — Souvenirs politiques. — Refuge à Éden. 225

XII. Sydney. — Baie féerique. — Les missionnaires français. — Charme et distinction de la société. — Botany-Bay et souvenirs de La Pérouse. — « Convicts » et immigrants. — Écoles. — Les Montagnes Bleues. — Les fils de l'illustre Mac Arthur. — Rapports avec la Nouvelle-Calédonie. — Les institutions et les richesses de la Nouvelle-Galles du Sud. 263

XIII. Côte orientale de l'Australie. — Une occasion unique pour franchir le détroit de Torrès.— *Le Hero*. —Newcastle et ses charbons. —Brisbane et ses renards volants. — La Terre de la Reine, colonie naissante. — Un récit des sacrifices humains à Dahomey. — Une cité âgée de deux ans. — Les feux des Cannibales. — Les îles de corail.— Où *le Hero* faillit sombrer. . . . 303

XIV. Les cannibales et le détroit de Torrès. — Navigation dangereuse. —Débarquement dans une île déserte. — L'oiseau-constructeur. — Le poste de sauvetage.— Échanges curieux avec une tribu. — Les restes d'un repas de Cannibales. — Un tueur de Noirs. — Les navires naufragés sur le corail. — Un rocher boîte aux lettres. — Adieu à l'Australie. — Le feu à bord. — Les chaleurs de la mer d'Arafoura et la nature luxuriante de l'archipel de Malaisie. 330

FIN DE LA TABLE.

Photographie. — Tatambo King. . . . . *Frontispice.*
Carte. — Océan glacial. . . . . . . *Après l'Introduction.*
Photographie. — Tête. 172
Carte. — Mer des Indes. 151

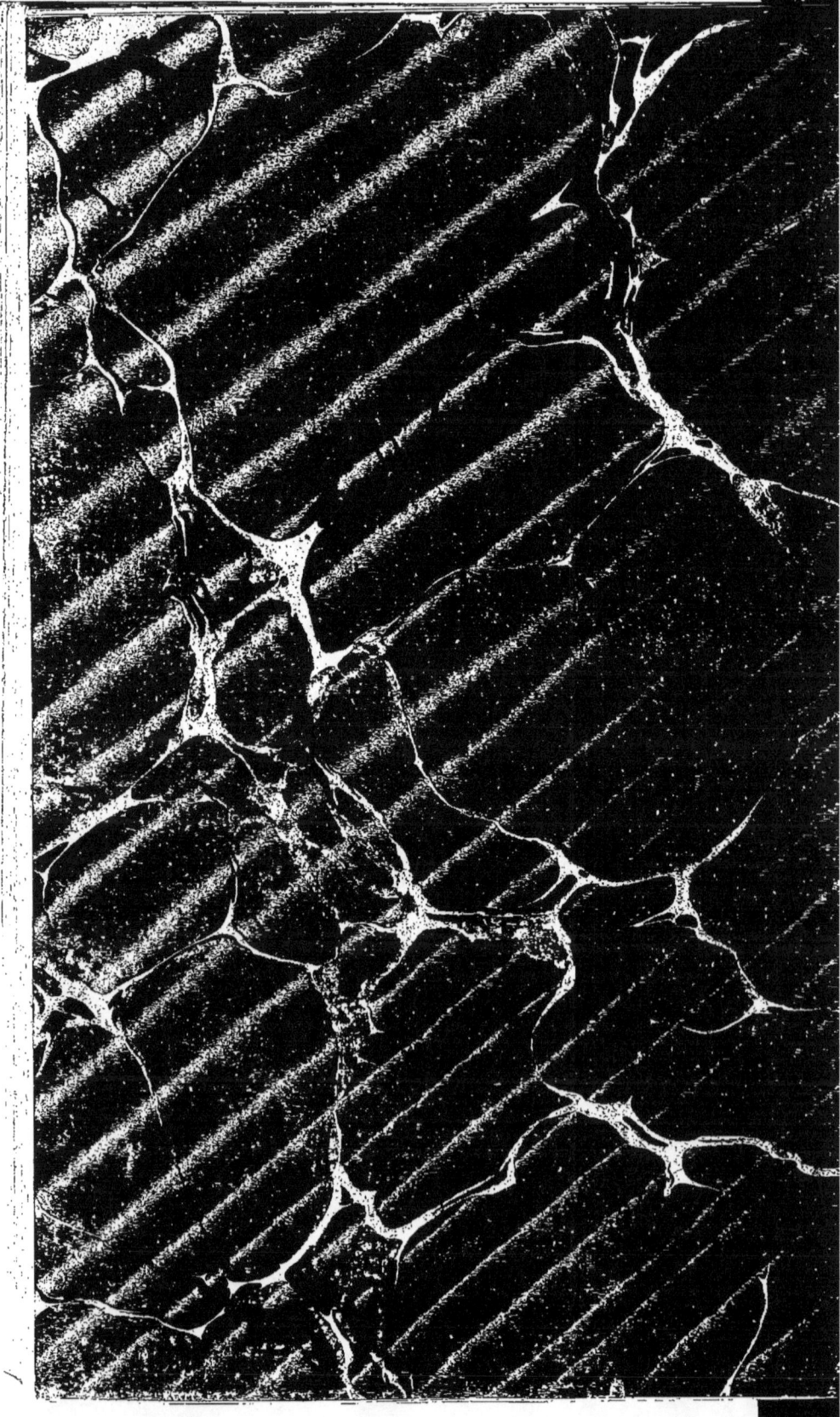

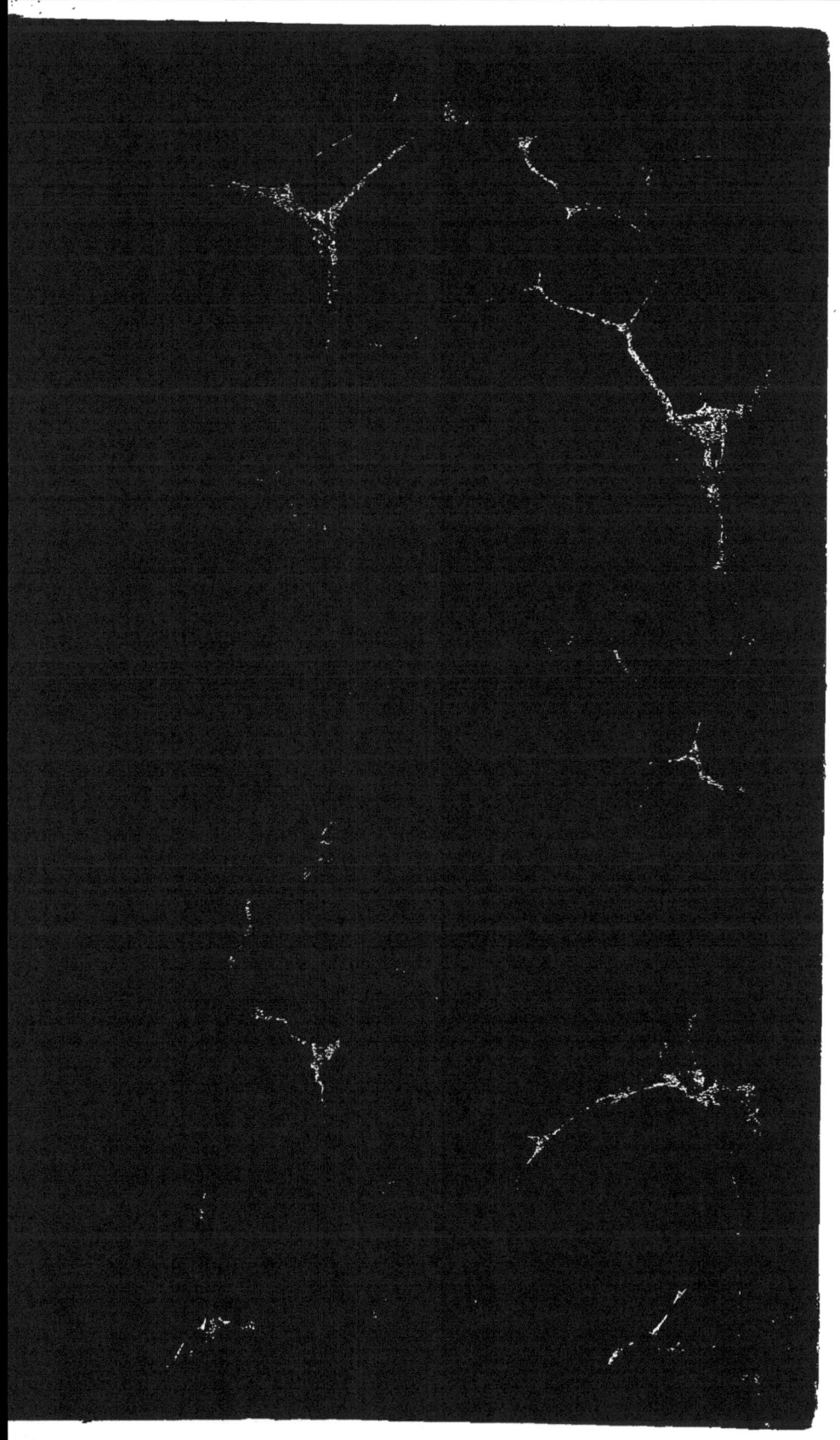

www.ingramcontent.com/pod-product-compliance
Lightning Source LLC
Chambersburg PA
CBHW050431170426
43201CB00008B/629